EL PODER DE LA FÍSICA
Y LAS MATEMÁTICAS

Ismael Roldán Castro

El poder de la física
y las matemáticas

Una historia apasionante para entender
el mundo que nos rodea y sus aplicaciones
en la ciencia, la tecnología y la vida cotidiana

© Editorial Pinolia, S. L., 2025
Calle de Cervantes, 26
28014, Madrid
© Ismael Roldán, 2025

www.editorialpinolia.es
info@editorialpinolia.es

Colección: Divulgación científica
Primera edición: febrero de 2025

Depósito legal: M-974-2025
ISBN: 979-13-87556-18-1

Diseño y maquetación: Almudena Izquierdo
Diseño de cubierta: Óscar Álvarez
Impresión y encuadernación: Liberdúplex, S. L

Printed in Spain - Impreso en España

A mis padres, Ismael y Aurora

ÍNDICE

PRÓLOGO

Este es un libro de divulgación científica escrito desde la experiencia del autor tanto como profesor de matemáticas, física y teoría de la comunicación, como por su condición de actor y escritor de piezas teatrales en el ámbito de la ciencia.

Muchos de los capítulos que se desarrollan en el libro, aunque no todos, proceden de los guiones radiofónicos, ahora notablemente ampliados, que el autor escribió para presentar sus programas de divulgación científica en Canal Sur Radio y EMA-RTV: *El rincón matemático* y *El electrón libre*, respectivamente.

En los sesenta y un capítulos de que consta el libro, existe una gran diversidad temática que puede presentar innovaciones dentro del género de la divulgación científica por varias razones. En primer lugar, se han elegido temas de la historia de la ciencia tanto de índole matemática como física. No es habitual encontrar ambos ámbitos en un mismo libro de divulgación. Esta circunstancia contribuye a ofrecer una visión desde una perspectiva más amplia y real. En cualquier fenómeno físico estudiado resulta crucial el tratamiento matemático de este.

En segundo lugar, el autor se ha esmerado en crear una colección de gráficos e imágenes, casi en su totalidad utilizando el programa Geogebra, como recurso complementario que contribuya a entender mejor el asunto desarrollado, así como a incrementar su interés y atractivo desde la visión puramente gráfica. También se efectúan los desarrollos matemáticos completos cuando el autor lo ha considerado conveniente para llegar a un determinado resultado que demuestra alguna propiedad. La presencia de estos puede ser obviada por el lector en cualquier momento sin menoscabo de la comprensión de esas entradas.

En tercer lugar, y quizá uno de los elementos más característicos de esta publicación que lo diferenciará de otras ediciones del mismo género, se presenta una serie de «momentos de relajación teatral». Pues el lector, tras la lectura de alguno de los capítulos que hayan necesitado cierta atención y concentración, puede recibir con agrado una especie de descanso puntual donde una breve pieza teatral en clave de ciencia puede resultarle a la vez divertida y sugerente. Y es que, en su experiencia como docente y divulgador, el rigor no es incompatible con el sentido del humor. Todo lo contrario, con ambos ingredientes resulta más eficaz la comunicación social de la ciencia.

En definitiva, se propone un viaje por la historia de la ciencia que pretende resultar insólito para el lector, clarificador y emocionante, donde la percepción de la belleza de estos temas llegue a través de los textos, demostraciones e imágenes para alcanzar una experiencia global placentera. Hay una intención, que no se oculta en ningún momento, de buscar la complicidad con el lector.

1

PI, ESE FAMOSO IRRACIONAL

> El rostro de Pi estaba enmascarado; se
> sobreentendía que nadie podía contemplarlo
> y continuar con vida. Pero unos ojos de
> penetrante mirada acechaban tras la máscara,
> inexorables, fríos y enigmáticos.
>
> Bertrand Rusell (1872-1970)

Comencemos esta singladura físico-matemática con la presentación del mítico y legendario número pi. Monosílabo y trascendente, cargado de mucha historia, es uno de los más famosos números irracionales en el conjunto de los infinitos números reales. Algunos de su misma estirpe, como el número *e* o el número de oro, harán su aparición a lo largo de este libro. Tanto unos como otros comparten el hecho de ser caóticos e impredecibles por razones que expondremos más adelante.

La historia de pi se remonta muchos siglos atrás. Aparece por vez primera en un documento egipcio hacia el año 1650 a. C., el cual puede ser una posible transcripción de otro aún más antiguo. Se trata del Papiro de Ahmes, así llamado por el nombre del escriba, que también se conoce como Papiro de Rhind a causa del anticuario escocés Henry

Rhind, que lo compró a mediados del s. XIX en Lúxor, una ciudad a orillas del Nilo. Actualmente se encuentra en el British Museum de Londres.

El Papiro de Ahmes es una compilación de conocimientos matemáticos egipcios donde se puede llegar a deducir el valor aproximado de pi como 3,16. En efecto, en el problema 50 de dicho Papiro, Ahmes considera que el área de un círculo de 9 unidades de diámetro es aproximadamente igual al área de un cuadrado de 8 unidades de lado. Utilizando la notación actual: $A_{\text{círculo}} = \pi \cdot r^2$, $A_{\text{cuadrado}} = l^2$, con lo cual: $64 = \pi \cdot 4{,}5^2$, de donde: $\pi \approx 3{,}16$.

El número pi está muy vinculado a los objetos circulares y esféricos. La longitud de la circunferencia, el área del círculo y el volumen de una esfera contienen el número pi. Cuando Ahmes aproximó el área de un cuadrado con la de un círculo determinado, no se topó con el problema posterior de los griegos que pretendían conseguir, solo con regla y compás, el lado L de un cuadrado cuya área fuese la misma que la de un círculo de radio R. Esto es la cuadratura del círculo. Planteado algebraicamente con nuestra notación actual no existiría problema alguno:

$$L^2 = \pi \cdot R^2 \Rightarrow L = R \cdot \sqrt{\pi}$$

No obstante, hubo que esperar hasta el s. XIX para que quedase demostrada la imposibilidad de la cuadratura del círculo con regla y compás (se verá más adelante). Esta es la razón por la cual, cuando algo no es posible de conseguir, se recurre a la expresión popular de la «cuadratura del círculo».

Los orígenes de pi proceden de la geometría, aunque se encuentra presente en otros escenarios matemáticos como el análisis, la teoría de números, la probabilidad, etc. El hecho de tomar como valor de pi el número decimal finito 3,1416 no es más que una consecuencia de la técnica de aproximación por redondeo. El número pi, como cualquier número irracional, tiene infinitas cifras decimales no periódicas, algunas de ellas son las siguientes:

$$\pi = 3,1415926535897932\ldots$$

Si queremos aproximar pi a las diezmilésimas (cuatro cifras decimales) mediante la técnica del redondeo, hemos de fijarnos en la cifra de las cienmilésimas que es 9. Por ser 9 una cifra igual o mayor a 5, se elimina junto a todas las que van detrás de ella y se le suma una unidad a la cifra anterior, las diezmilésimas, que de ser 5 pasa a ser 6. De ahí que resulte como valor de pi el número tan popular 3,1416. Si la cifra a tener en cuenta para el redondeo fuese menor que 5, se eliminaría junto a todas las posteriores, dejando igual la cifra del orden inmediato anterior (por ejemplo, al aproximar por redondeo a las centésimas el número pi, el resultado sería 3,14).

La finalidad de aproximar un número irracional como pi a un determinado orden de magnitud es facilitar aquellos cálculos en los que aparece. Sin embargo, también es evidente que se comete un error cuando se aplica esta técnica. Al convertir el irracional en un decimal exacto, hemos pasado de una situación caótica e impredecible en la que el número original jamás contenía repeticiones de ningún grupo de cifras decimales, a otra absolutamente ordenada con un grupo finito de cifras decimales. Un irracional, desde el punto de vista de sus infinitas cifras decimales no periódicas, es pura novedad en continua génesis.

Invito al lector a encontrar el valor de pi de forma muy sencilla: acérquese a la cocina, tome un vaso cilíndrico, rodéelo con una cuerda fina y anote su medida (extienda la cuerda después para que sea más fácil medir su longitud). Efectúe también la medición del diámetro del vaso. Calcule el cociente de esas dos cantidades y aparecerá ante usted el valor de pi, aunque drásticamente truncado. La longitud de la circunferencia del vaso cilíndrico que ha medido es: $2 \cdot \pi \cdot R$ (con R el radio del vaso) y la medida del diámetro del vaso es: $2 \cdot R$. Si divide ambas cantidades se obtiene pi: $2 \cdot \pi \cdot R / 2 \cdot R = \pi$. Y si le gusta el álgebra, puede demostrar muy fácilmente que pi también es el doble de la razón constante entre el área de un círculo y el área de su cuadrado inscrito.

A lo largo de la historia, hubo quienes quisieron aproximar pi como una fracción. Por ejemplo, $22/7 \approx 3,1428571$ o $355/113 \approx 3,1415929$, que son buenas aproximaciones, pero que jamás llegarán al valor del irracional pi porque todo número racional (o fraccionario, que es lo mismo) admite una representación decimal exacta o periódica. Los números irracionales, como es el caso de pi, no admiten representantes fraccionarios, es decir, nunca pueden expresarse como cocientes de números enteros.

Una anécdota que puede resultar de interés nos lleva al año 1897 cuando un imprudente diputado de la Cámara de Representantes de Indiana, en los EE. UU., aseguraba haber encontrado el valor exacto y definitivo de pi. Una auténtica quimera ya que al tener pi infinitas cifras decimales no periódicas, su valor jamás puede ser exacto ni definitivo. Otra curiosidad en torno a pi. En Seattle, en el año 2009, un artista conocido como Dan Johnson realizó una escultura preciosa y monumental dedicada a pi cerca del Museo de Arte que puede verse en Internet. Y para concluir, todos los años se celebra el día de pi el 14 de marzo. ¿Por qué? Si sigue la costumbre anglosajona de colocar en primer lugar el número del mes y a continuación el día del mismo, obtendrá la respuesta.

1.1. Obtención casera de pi

1.1.1. Método de Montecarlo (generador de números aleatorios)

Cogemos un folio Din A4. Tomamos una esquina cualquiera y la llevamos al lado opuesto de forma que vemos cómo se forma la diagonal de un cuadrado. Recortamos ese cuadrado que saldrá de unos 21 cm de lado. Trazamos las diagonales y en el punto donde se cortan colocamos la aguja de un compás con una abertura de, por ejemplo, 10 cm. Dibujamos la circunferencia inscrita en el cuadrado con el radio anterior. Con libros en los cuatro lados formamos los lados de una caja cuya base es el cuadrado. Después, tomamos, por ejemplo, 100 garbanzos y los dejamos caer al azar dentro de la caja desde una altura razonable, por ejemplo, 20-25 cm. En este momento procedemos a contar los que quedan dentro del círculo e imaginemos que sean unos 70. Es claro que fuera quedarán los 30 restantes (el lector habrá de decidir donde contabilizar los garbanzos que queden justo en la frontera, es decir, sobre la circunferencia, dependiendo si se encuentran más metidos en el círculo o más bien hacia el exterior). Por último, haremos una sencilla regla de tres. Si los 100 garbanzos están distribuidos en un cuadrado de 21 cm de lado (recordemos que el área del cuadrado se calcula como $A = l^2$, siendo

18

l = 21 cm, el lado del mismo) es decir, en 21^2 cm², entonces 70 garbanzos estarán en la superficie del círculo. Como el área de un círculo de radio r se calcula mediante la fórmula: $A = \pi \cdot r^2$, con $r = 10$ cm, resultará:

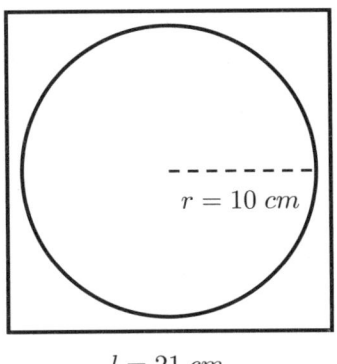

$$l = 21 \ cm$$

$$100 \ \rightarrow \ 21^2 \ = \ 441 \ cm^2$$
$$70 \ \rightarrow \ 100 \cdot \pi \ \ cm^2$$
$$\pi \ = \ \frac{70 \cdot 441}{10000} \ \approx \ 3,1$$

1.1.2. Caja de pizza

Un método más cómodo que el anterior para obtener pi consiste en utilizar una caja cuadrada de pizza de lado *l*. Trazamos las diagonales para obtener el centro y con un compás dibujamos la circunferencia inscrita tangente a los cuatro lados de la caja. En este caso es obvio que el radio de la circunferencia será: $r = l/2$. Dejamos caer 100 garbanzos como en el experimento anterior y supongamos que ahora quedan dentro del círculo 77. Se tendrá:

$$\frac{\text{Área del cuadrado}}{\text{Área del círculo}} = \frac{l^2}{\pi \left(\frac{l}{2}\right)^2} = \frac{4}{\pi} =$$

$$= \frac{\text{Número de garbanzos totales}}{\text{Número de garbanzos dentro del círculo}} = \frac{100}{77}$$

$$de \ donde \ : \ \pi \ = \ \frac{4 \cdot 77}{100} \ \approx \ 3,08 \ \approx \ 3,1$$

1.1.3. Aguja de Buffon

En 1777, el naturalista y matemático francés Georges Louis Leclerc (1707-1788), conde de Buffon, resolvió el problema de calcular la probabilidad de que al lanzar una aguja de longitud L sobre una trama de papel en la que se han dibujado líneas paralelas separadas por esa misma distancia L, la aguja cruce alguna de las líneas.

De esta manera, si trazamos líneas paralelas en una hoja cuya distancia de separación sea L y dejamos caer una cerilla de longitud L sobre el papel, la probabilidad calculada por Buffon de que corte alguna línea es:

$$P = \frac{2}{\pi} = 0,6366197...$$

Según las condiciones establecidas en el párrafo anterior, al lanzar N cerillas al azar desde una altura razonable, el número de ellas que cortará alguna línea será A y, entonces, la probabilidad laplaciana (se trata de la ley de Laplace aplicable en el cálculo de probabilidades cuando todos los sucesos posibles son equiprobables) de que una cerilla corte alguna de las líneas se calcula mediante la conocida fórmula:

$$P = \frac{N\acute{u}mero\ de\ casos\ favorables}{N\acute{u}mero\ de\ casos\ posibles} = \frac{A}{N}$$

A través de esta fórmula se puede calcular el valor de pi fácilmente:

$$\frac{A}{N} = \frac{2}{\pi} \Rightarrow \pi = \frac{2N}{A}$$

El lector puede estimar así el valor de pi al dividir el doble del número de cerillas utilizadas N entre el número A de ellas que cortaron alguna de las líneas paralelas. La estimación del valor de pi aumenta a medida que N crece o bien cuando lanzamos muchas veces las N cerillas. En este último caso, bastará tomar como valor de N/A la media aritmética de los distintos valores obtenidos de ese cociente en cada lanzamiento.

1.2. Piemas

Dijo Karl Weierstrass (1815-1897), un famoso matemático alemán del siglo xix, que «un matemático que no es también un poco poeta no será jamás un matemático completo». Y un «piema» es un poema cuyas palabras tienen un número de letras que se corresponde con los dígitos sucesivos de pi. Veamos un ejemplo:

Con 1 hilo y cinco mariposas se pueden hacer mil cosas
3,1415926535

Como el lector habrá podido observar, se obtienen las primeras diez cifras decimales de pi incluyendo su parte entera (la preposición «con» tiene tres letras y constituye la parte entera de pi: 3, le sigue la coma decimal, el número 1 a continuación, el 4 correspondiente a las cuatro letras del sustantivo «hilo», etc.).

También merece la pena citar parte de otro piema, más elaborado esta vez, aunque la belleza del mismo queda a juicio del lector. Su autor es un ingeniero colombiano llamado Rafael Nieto París y gracias a su piema se pueden reproducir las 31 primeras cifras decimales de pi:

Soy π, lema y razón ingeniosa
de hombre sabio, que serie preciosa
valorando enunció magistral.

Con mi ley singular bien medido
el Grande Orbe, por fin, reducido
fue al sistema ordinario usual.

3,1415926535897932384626433832795

Como en el primer piema, la coma decimal se coloca tras la parte entera de pi, el número 3, mientras que el signo de puntuación a continuación de pi en el poema no tiene ninguna incidencia en la serie numérica obtenida.

1.3. CURIOSIDADES DE PI

1.3.1. ¿Por qué eres tan trascendente, pi?

Cuando pi se presentó al comienzo de esta obra, recordará el lector que se dijo que era «trascendente». Pero ¿qué significa matemáticamente que un número sea «trascendente»? Pues que no se puede obtener como solución de ninguna ecuación polinómica con coeficientes racionales (no siendo nulos todos ellos). Una ecuación polinómica tiene el siguiente aspecto:

$$a_n\, x^n + a_{n-1}\, x^{n-1} ... + a_1\, x + a_0 = 0$$

Donde todos los coeficientes a_i son números racionales.

Según la definición anterior, el número pi es «trascendente». La denominación de «trascendente» venía a significar originalmente que ese tipo de números iban más allá, o sea, «trascendían» a otros que sí podían obtenerse a través de ese tipo de ecuaciones polinómicas, es decir, a los números «algebraicos» de los que hablaremos a continuación.

Por ejemplo, vamos a elegir un número irracional típico como $\sqrt{2}$. Demostremos que no es «trascendente» y, por tanto, es «algebraico» (piense el lector que otra manera de clasificar los números reales entre racionales e irracionales, es hacerlo entre «trascendentes» o «algebraicos»). En efecto, $\sqrt{2}$ es un número irracional algebraico (no es trascendente) pues la ecuación polinómica: $x^2 - 2 = 0$ tiene todos sus coeficientes racionales siendo sus soluciones $\sqrt{2}$ y $-\sqrt{2}$. Desde luego que existen otras ecuaciones polinómicas con coeficientes racionales con las mismas soluciones anteriores como, por ejemplo: $x^4 - 4 = 0$. Pero por ser la de menor grado: $x^2 - 2 = 0$ (el grado de un polinomio con una sola variable corresponde al mayor exponente de la misma, en este caso 2) es por lo que decimos que $\sqrt{2}$ es un número algebraico de orden 2. Todos los números racionales son algebraicos. Por ejemplo, el número racional 9/5 es solución de la ecuación polinómica con coeficientes racionales: $5\,x - 9 = 0$. El matemático alemán Georg Cantor (1845-1918), que fue quien introdujo el concepto de números transfinitos de los que hablaremos más adelante, probó que hay más números trascendentes que algebraicos.

Hasta 1882 no se demostró que pi era trascendente gracias al matemático alemán Carl Louis Ferdinand von Lindemann (1852-1939) y, con ello, la imposibilidad de la cuadratura del círculo (para que un número sea constructible con regla y compás ha de ser algebraico, pero como pi no lo es, resulta imposible). Aunque no tiene relación con los números trascendentes, pero este matemático intentó también demostrar el famoso «último teorema de Fermat» sin conseguirlo (hablaremos de Fermat y de este teorema más adelante en el capítulo dedicado a los cuadrados mágicos).

1.3.2. Día Internacional de las Matemáticas o pi-Day

Desde noviembre de 2019, la Unesco ha proclamado el 14 de marzo como Día Internacional de las Matemáticas. Sin embargo y con anterioridad a esa fecha, se conocía este día como pi-Day. Si seguimos la costumbre anglosajona, colocaríamos el mes en primer lugar y a continuación el día, lo que da como resultado 3-14, el famoso número pi, aunque ciertamente truncado.

En 2022, el lema fue «Las matemáticas nos unen», lo que alude al carácter de lenguaje universal de las matemáticas. En el día de pi, se desarrollan actividades relacionadas con las matemáticas de todo tipo a nivel mundial. En el año mencionado en nuestro país, por ejemplo, se entregaron los premios del concurso MaThyssen, un proyecto colaborativo entre el Museo Nacional Thyssen-Bornemisza y la Real Sociedad Matemática Española (RSME) con el que se pretenden investigar las conexiones entre el arte y las matemáticas. Hubo también conferencias muy interesantes que pueden encontrarse en Internet como la de la profesora Marithania Silvero Casanova de la Universidad de Sevilla con el sugerente título: «Y tú, ¿cómo te atas los cordones?». Resulta que en un zapato medio con seis pares de ojales hay casi dos billones de formas distintas de pasar el cordón por los mismos.

No deja de ser curioso que el más grande de los físicos en la historia de la ciencia, Albert Einstein, naciera precisamente en un día de pi: el 14-3-1879. Aunque en esa fecha aún no se hubiese establecido tal día como pi-Day.

1.3.3. Pi, fe en el caos

En el año 1998, el director Darren Aronofsky estrenó una película denominada «π, fe en el caos». Se trataba de la aventura intelectual del genio matemático Max Cohen, quien a veces parecía comportarse como una persona enferma mental debido a su obsesión por el oculto significado de los números. El tema principal es la numerología, la cual se basa en el hecho de que los alfabetos clásicos: latín, griego y hebreo, tienen equivalentes numéricos. Además, lo curioso estriba en los títulos de crédito de la película donde aparecen cientos de decimales de pi. Pues bien, solo los 8 primeros son correctos: 3,14159265. A partir de ahí, todos erróneos.

1.3.4. Contact

En 1985, Carl Sagan, el inolvidable astrónomo y uno de los mejores divulgadores científicos del mundo conocido por la mítica serie Cosmos, publicó la novela *Contact*. En esta novela, la doctora Arroway trabaja para el proyecto SETI de búsqueda de vida extraterrestre. Su equipo recibe una señal de radio procedente de la estrella Vega, a unos 25 años-luz de la Tierra, que contiene un mensaje de una civilización inteligente. Dicho mensaje asegura la existencia de un mensaje codificado entre los decimales de pi. Se plantea en la novela la repercusión que supondría para la Humanidad establecer contacto con una civilización extraterrestre. Hacia el final de esta obra es cuando pi juega un papel fundamental. La doctora Arroway intenta encontrar algún patrón que se repita en los decimales de pi, algo imposible dada la esencial aleatoriedad de este número. Sin embargo, tiene la ocurrencia de representar el número pi en una base distinta a la decimal. En base 11. Y entonces le aparece el patrón buscado que resulta ser un círculo de ceros inscrito en un cuadrado de unos. Este descubrimiento lleva a especular con la idea de una inteligencia creadora superior en el universo. Años más tarde, en 1997, la novela fue adaptada y llevada al cine bajo el mismo el título, *Contact*. Sin embargo, en la película se obvia todo lo relativo al número pi y solo aparecen números primos en los mensajes supuestamente provenientes de la señal de radio de la estrella Vega.

1.3.5. ¿Tienen algo que ver los elefantes con el número pi?

Si el doble del diámetro de la pata de un elefante, que supondremos circular, se multiplica por el número pi, el resultado nos dará la altura de este gigantesco mamífero desde el suelo hasta el lomo. Así pues, si llamamos D al diámetro de la pata del elefante y H a su altura, se tendrá: $H = 2 \pi D$.

1.3.6. Números positivos al azar menores que la unidad

Sorprendente también que, si se eligen al azar dos números positivos menores que 1, la probabilidad de que junto con el número 1 puedan ser los lados de un triángulo obtusángulo resulta ser: (π-2)/4. Este problema lo resuelve Ross Honsberger en su libro: *Ingenuity in Mathematics*, en un capítulo dedicado a la probabilidad y el número pi. Se trata de un problema interesante porque conecta la probabilidad con la geometría y el número pi. Como muchos otros descubrimientos en matemáticas, el hecho de que no se encuentre una aplicación práctica inmediata no significa que no pueda aparecer más adelante.

1.3.7. El símbolo griego π

El hecho de estar presente el número pi en ámbitos de lo más dispar en las matemáticas requería la elección de un símbolo universal para el mismo. El símbolo griego π es la decimosexta letra del alfabeto griego y quien la «popularizó» (antes ya la habían utilizado otros matemáticos, destacando el matemático galés William Jones, en 1706) como símbolo del número pi fue el matemático suizo Leonhard Euler (1707-1783) en 1748. La elección de este símbolo se debe a que la palabra «periferia», que alude al perímetro de la circunferencia, en griego empieza por π. Y ya hemos visto que la longitud de la circunferencia se calcula con la fórmula: 2 · π · R. Euler ha sido uno de los matemáticos más prolíficos en la historia de las matemáticas. Escribió tratados sobre todas las ramas de esta ciencia en su época e incluso se adelantó un siglo al físico inglés Thomas Young, estableciendo el carácter ondulatorio de la luz. Como el lector podrá comprobar, su presencia en este libro es profusa.

1.3.8. La ecuación más bella de las matemáticas

La ecuación más bella de las matemáticas para muchos matemáticos es la ecuación de Euler:

$$e^{i\pi} + 1 = 0$$

Aúna las cinco constantes más notables. Por supuesto el número pi, pero también el número imaginario $i = \sqrt{-1}$, la base de los logaritmos neperianos que es el número e, el 1 y el 0.

El divulgador matemático estadounidense Keith Devlin y profesor en la Universidad de Stanford, ha dejado escrito sobre esta ecuación:

Like a Shakespearean sonnet that captures the very essence of love, or a painting that brings out the beauty of the human form that is far more than just skin deep, Euler's equation reaches down into the very depths of existence.

'Como un soneto de Shakespeare que capta la esencia misma del amor o una pintura que realza la belleza de la forma humana que va mucho más allá de la piel, la ecuación de Euler alcanza hasta lo más profundo de la existencia'.

El eminente matemático y filósofo inglés Bertrand Russell (1872-1970), pacifista militante y Premio Nobel de Literatura en 1950, se refirió a la belleza de las matemáticas (aludiendo indirectamente a la ecuación de Euler, entre otros) de la siguiente forma:

La matemática posee no solo verdad, sino también belleza suprema; una belleza fría y austera, como aquella de la escultura, sin apelación a ninguna parte de nuestra naturaleza débil, sin los adornos magníficos de la pintura o la música, pero sublime y pura, y capaz de una perfección severa como solo las mejores artes pueden presentar. El verdadero espíritu del deleite, de exaltación, el sentido de ser más grande que el hombre, que es el criterio con el cual se mide la más alta excelencia, puede ser encontrado en la matemática tan seguramente como en la poesía.

1.3.9. La curva normal o de Gauss

También conocida como «campana de Gauss» es una curva que aparece muy frecuentemente en estadística y probabilidad para estudiar distribuciones de variables cuantitativas propias de poblaciones con alto número de individuos. Este tipo de distribuciones pueden ser tan diversas como los salarios de una población, la altura de hombres y mujeres, la talla de los zapatos, la presión arterial, el coeficiente intelectual, etc. El valor «normal» es el de la mayoría de los individuos y corresponde en la gráfica al lugar central, mientras que a los lados se observa cómo para valores mayores o menores del central, va disminuyendo cada vez más el número de individuos a quienes corresponden. Se reproducen a continuación tanto la campana de Gauss como la función matemática que la genera:

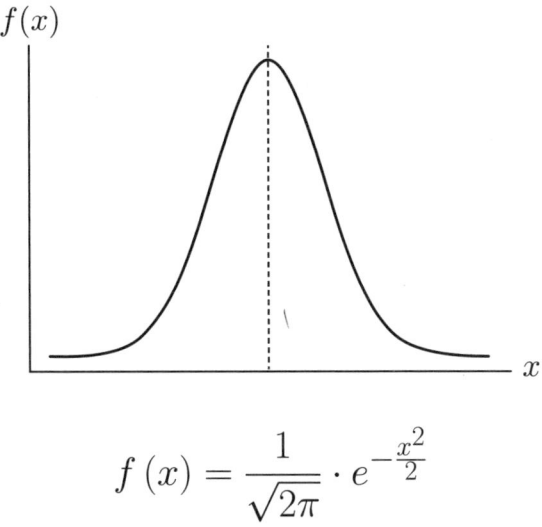

$$f(x) = \frac{1}{\sqrt{2\pi}} \cdot e^{-\frac{x^2}{2}}$$

1.3.10. ¿Su aniversario, el número de teléfono de su móvil, etc., entre los decimales de pi?

Podemos encontrar cualquier secuencia de números (con la limitación de que a partir de ocho cifras las probabilidades disminuyen) entre los decimales de pi sin más que ir a The Pi-Search Page en Google. Comprobará el lector que en la parte superior aparece un recuadro en blanco que dice «Search for». En ese espacio puede escribir por ejemplo la fecha de su nacimiento, imaginemos que sea: 17-3-2001, bastará introducir 1732001. La aplicación le dirá que esa secuencia aparece por vez primera en la posición 4515570 del desarrollo de pi y que ocurre 24 veces en los primeros 200 millones de dígitos de pi a partir de la coma decimal. Como puede comprobar, bastante divertido. Le animo a investigar en qué posición se encuentra su número de teléfono móvil, matrícula del coche, aniversarios importantes, etc. Es lícito pensar entonces que nuestros números existenciales permanecerán eternamente en pi.

1.3.11. Descubrimiento del geólogo de la Universidad de Cambridge, Hans Henrik Stolum, a mediados de la década de 1990

Si se divide el doble de la longitud real (con sus meandros) de grandes ríos (como el Amazonas, el Missisipi o los grandes ríos siberianos) entre la longitud en línea recta desde el nacimiento a la desembocadura, el resultado es aproximadamente pi.

Un modelo muy simplificado de la situación, así como la justificación matemática del resultado, puede verse en la siguiente imagen, en la que AB representa la distancia en línea recta aludida y $L = L_1 + L_2 + L_3 + L_4 + L_5$, la longitud real, tal que $L_i = 2\,\pi\,r_i\,/2 = \pi\,r_i$:

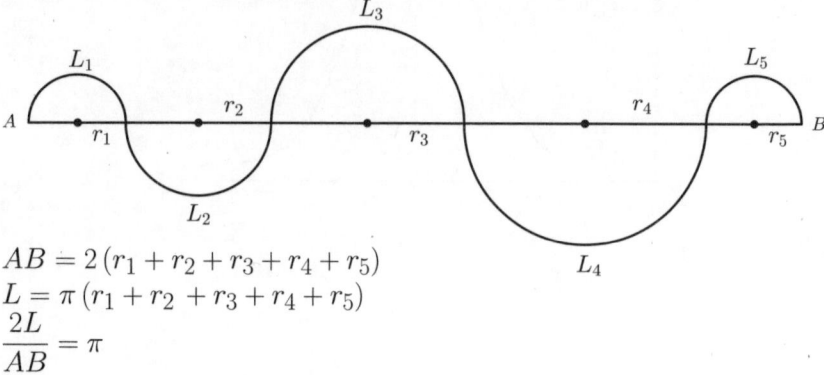

$$AB = 2\,(r_1 + r_2 + r_3 + r_4 + r_5)$$
$$L = \pi\,(r_1 + r_2 + r_3 + r_4 + r_5)$$
$$\frac{2L}{AB} = \pi$$

1.3.12. El Problema de Basilea en teoría de números

Basilea es una ciudad suiza a orillas del Rin donde nacieron importantes matemáticos como los hermanos Johann y Jacob Bernoulli o Leonard Euler. El conocido como «Problema de Basilea» fue planteado en el s. XVII por el matemático italiano Pietro Mengoli y consistía en calcular la suma infinita de los inversos de los cuadrados de los números naturales. Un problema que trajo de cabeza a los hermanos Bernoulli que no llegaron a resolverlo. Aunque se trata de algo aparentemente tan simple como la suma siguiente:

$$1 + \frac{1}{2^2} + \frac{1}{3^2} + \frac{1}{4^2} + \cdots$$

La sorprendente solución que demuestra que esa suma infinita tiene límite finito, en definitiva, que es convergente, y en la que el número pi vuelve a jugar un papel fundamental, la encontró Leonard Euler en 1735 y aparece a continuación (el símbolo Σ representa la suma infinita de términos vista anteriormente):

$$\sum_{n=1}^{\infty} \frac{1}{n^2} = \frac{\pi^2}{6}$$

Solución que contrasta drásticamente con la divergencia, muy lenta al principio desde luego, de la conocida como «serie armónica» que es la suma infinita de los inversos de los números naturales. La bella demostración de esta suma infinita, la primera de esta categoría en la historia de la matemática, se debe a Nicole Oresme (1323-1382):

$$\sum_{n=1}^{\infty} \frac{1}{n} = 1 + \frac{1}{2} + \frac{1}{3} + \frac{1}{4} + \cdots = \infty$$

A estas alturas, el lector ya no se sorprenderá al saber que si se suman los inversos de las cuartas potencias de los números naturales el resultado será $\pi^4/90$.

1.3.13. Planeta Pi

Pero ¿es posible que pi se encuentre también en los confines del universo? En 2017, científicos del MIT (Instituto Tecnológico de Massachusetts), descubrieron señales de un exoplaneta (planeta que está fuera del sistema solar) denominado k2-315b. Años después, a principios de 2020, los telescopios ubicados en el desierto de Atacama en Chile detectaron variaciones significativas en la intensidad del brillo de la estrella alrededor de la cual orbita este planeta al que nos referimos.

Se encuentra a 185 años-luz de la Tierra, o lo que es lo mismo, a $1\,750 \cdot 10^{12}$ km (1 año-luz es la distancia que recorre la luz en un año: $d = c \cdot t = 3 \cdot 10^5 \cdot 185 \cdot 365 \cdot 24 \cdot 3\,600 = 1\,750 \cdot 10^{12}$ km, con c = velocidad de la luz = $3 \cdot 10^5$ km/s).

Pero lo verdaderamente insólito de este exoplaneta es que tarda exactamente 3,14 días terrestres en dar una vuelta alrededor de su estrella. O sea, aproximadamente el número pi. Por ello, se le conoce familiarmente como el planeta pi. Esto significa que un año para un supuesto habitante de pi dura tan solo 3,14 días terrestres. Es decir, como un año terrestre tiene 365 días (salvo bisiestos), un niño de 1 año en la Tierra tendría 116,24 años del planeta pi.

Se sabe que el radio del planeta pi es el 95 % del radio de la Tierra, o sea, de unos 6 050 km y por tanto el volumen es similar al nuestro. Sin embargo, dado que la temperatura calculada en la superficie de pi es de unos 175 °C, no parece que pueda existir vida tal y como la conocemos los seres humanos.

1.3.14. El extraño caso del bote con las tres pelotas de tenis

Este experimento puede sorprender al público espectador cuando el lector lo realice. Verá el importantísimo papel que juega el número pi en el mismo. Bastará que disponga de un bote de tres pelotas de tenis o pádel, así como una cuerda de al menos 25 cm. Coloque verticalmente el bote sobre una superficie horizontal a la vista de los espectadores (ver imagen). Haga la siguiente pregunta: ¿qué longitud pensáis que será mayor, la altura del bote o la circunferencia del mismo?

Todavía no debemos utilizar la cuerda. Puede señalar con las manos, mientras formula la pregunta, la altura del bote. Igualmente, para la circunferencia del mismo, puede rodear el bote con el dedo índice. Lo normal es que la mayoría del público responda que la mayor longitud corresponde a la altura del bote. Es lo que la intuición nos indica. Tras unos segundos de expectación, demostraremos fehacientemente que están equivocados (a veces, las mayorías pueden equivocarse). Tomaremos la cuerda y, como si fuese un cinturón, mediremos la circunferencia del bote. Con esa medida y llevándola verticalmente y en paralelo a la altura del bote, se comprobará que es superior a esta última. La culpa es de pi. Veamos por qué:

En la imagen, la altura del bote es L. Como hay tres pelotas apiladas y el diámetro de cada pelota mide el doble del radio: $2R$, resultará entonces que: $L = 3 \cdot 2R = 6R$. La altura del bote es seis veces el radio de cada pelota.

Por otra parte, para medir la longitud de la circunferencia del bote L_C, bastará aplicar la conocida fórmula: $L_C = 2 \cdot \pi \cdot R = 6{,}28 \cdot R$ (tomando $\pi = 3{,}14$). La circunferencia del bote es un poco mayor que seis veces el radio. En consecuencia:

$$L_C > L \text{ ya que } 6{,}28 > 6$$

Normalmente, la altura del bote es algo superior a la altura de las tres pelotas apiladas y, aun así, se sigue cumpliendo el resultado anterior.

1.4. Un poema dedicado a pi

La escritora polaca Wislawa Szymborska (1923-2012), Premio Nobel de Literatura en 1996, dedicó un bello poema al número pi que describe magistralmente su esencia. Se titula: «El número pi».

El admirable número pi
tres coma uno cuatro uno.
Las cifras que siguen son también preliminares
cinco nueve dos porque jamás acaba.
No puede abarcarlo seis cinco tres cinco la mirada,
ocho nueve ni el cálculo
siete nueve ni la imaginación,
ni siquiera tres dos tres ocho un chiste, es decir, una comparación
cuatro seis con cualquier otra cosa
dos seis cuatro tres de este mundo.
La serpiente más larga de la tierra suma equis metros y se acaba.
Y lo mismo las serpientes míticas, aunque tardan más.
El séquito de dígitos del número pi
llega al final de la página y no se detiene,
sigue, recorre la mesa, el aire,
una pared, una hoja, un nido de pájaros, las nubes, hasta llegar directo
del cielo.

¡Qué breve la cola de un cometa, cual la de un ratón!
¡Qué endeble el rayo de un astro si se curva en la insignificancia del
espacio!
Mientras aquí dos tres quince trescientos diecinueve
mi número de teléfono la talla de tu camisa
el año mil novecientos sesenta y tres sexto piso
el número de habitantes sesenta y cinco céntimos
dos pulgadas de cintura una charada y un mensaje cifrado
que dice vuela mi ruiseñor y canta
y también se ruega guardar silencio,
y se extinguirán cielo y tierra,
pero el número pi no, jamás
seguirá su camino con su nada despreciable cinco
con su en absoluto vulgar ocho
con su ni por asomo postrero siete,
empujando, ¡ay!, empujando a durar
a la perezosa eternidad.

2

MOMENTO DE RELAJACIÓN TEATRAL I: DE CÓMO EL DR. PI LE RESUELVE UN PROBLEMA A LA CIRCUNFERENCIA

E l lector lleva ya recorrido un considerable trecho matemático sin tregua ni descanso. Es por ello que quizás sea el momento de ocupar la primera fila de su teatro virtual en clave de humor. En esta ocasión vamos a convertir el número pi en un doctor cuya intervención será crucial para la resolución del problema de la circunferencia. Los únicos conceptos que debe recordar para seguir la trama de este opúsculo son: el diámetro de la circunferencia es el doble del radio de la misma y la longitud de la circunferencia es el producto de pi por su diámetro.

Empecemos pues.

Personajes:
- La Circunferencia: C
- El Diámetro: D
- La Longitud de la Circunferencia: LC
- Dr. Pi

(La Circunferencia debería salir a escena portando un aro de al menos un metro de diámetro como icono representativo de su figura. De hecho, ella podría estar dentro del mismo agarrándolo con ambas manos).

C: Alucinada estoy con mi esencia porque, más grande o más pequeña, todos mis puntos equidistan de otro llamado centro, y es por eso que soy Circunferencia. Creerán algunos que por ser redonda y no tener aristas yo no tengo mayor preocupación. Grave error y desconsideración. Como no lo quiero contar yo todo, es por lo que voy a dar la palabra a dos criaturas mías, íntimas y queridas magnitudes, que conmigo coexisten…Habla tú, Longitud de mi Circunferencia…

LC: Hola, yo soy la Longitud de ella (la mira con apreciable afecto), la Circunferencia, y represento lo que mide su periferia. Para que me vean con claridad, voy a pedirle a mi Circunferencia que me preste su aro.

(La Circunferencia se lo entrega con total confianza).

LC: Vamos a colocar el aro verticalmente apoyado en el suelo. Señalemos el punto del aro que toca el suelo (el aro ya traía un punto rodeado de cinta aislante de color que será el que toque el suelo). Hagámoslo rodar sin deslizar en línea recta hasta que ese mismo punto vuelva a tocar el suelo (vuelve a señalar en el suelo ese punto de llegada). Y, ¡oh maravilla! la distancia existente entre los dos puntos que acabo de dibujar, es decir, la longitud recorrida por el punto, esa soy yo, La Longitud de mi Circunferencia (esto lo dice con cierto engreimiento, con descarada fatuidad)

(La LC se ha sacado del bolsillo una cuerda gruesa que mide exactamente la distancia entre los dos puntos anteriores y se lo hace ver al público).

C: Me encanta la precisión en tu forma de medirme, pero le toca el turno ahora a mi Diámetro. Habla ya Diámetro.

D: ¡Oye!, Longitud de la Circunferencia, pásame el aro por favor *(se lo pasa de inmediato)*. Me presento yo ahora. Les diré que soy el segmento de recta que une cualesquiera dos puntos opuestos de mi Circunferencia pasando por el centro. Me llaman... Diámetro.

(Mientras lo cuenta, explica al público con el aro que ese segmento diametral es el que va desde el punto marcado con cinta de color a otro opuesto en la circunferencia también marcado con cinta de otro color. Y se saca del bolsillo otra cuerda que mide exactamente el diámetro, mostrando en escena que, efectivamente, une los dos puntos anteriores).

La Circunferencia interviene de nuevo, algo inquieta…

C: Dadme mi aro por favor, que me siento vacía sin él *(se lo da «ipso facto» el Diámetro)*. Basta ya de presentaciones pues llevo tiempo con una terrible desazón. ¿Te importa a ti querida LC enunciar mi grave problema?

LC: Encantada estoy. El problema que tenemos estriba en saber lo que mido yo *(muestra la cuerda gruesa cuya longitud es precisamente la de la Circunferencia)* utilizando el Diámetro como unidad de longitud. Algo tan trivial, aparentemente, como calcular cuántos diámetros *(y señala a su colega Diámetro)* me cubren con exactitud.

(La Circunferencia se coloca en primer lugar en el escenario, aunque a un lado. Y va a pedirles a la LC y al Diámetro que se acerquen).

C: Venid y colocaos cerca de mí, que se os vea bien, Diámetro y LC. Y tú, LC, extiende en el suelo tu longitud, que es la mía.

(LC se ha vuelto a sacar del bolsillo la cuerda cuya longitud ella representa y la ha extendido en el suelo tras de lo cual, da un paso atrás).

C: Es tu turno, mi Diámetro querido. Ahora, saca con cuidado esa cuerdecita con lo que tú mides y ve colocándola encima de la otra, pero empieza por un extremo. Cuenta en alto cuantas veces la cubre por completo.

(Diámetro ha sacado la cuerdecita y se dispone a contar cuántas veces necesita presentarla hasta que complete la de la LC).

D: Empezamos: Una vez, dos veces, tres veces… pero ¡qué fastidio! ¡Sobra un poquito de LC!

(Dirigiéndose al público…).

D: Se me ocurre tomar alguna fracción de lo que yo mido para añadírselo a los tres diámetros y a ver si lo consigo. He traído ya preparadas fracciones de ½, 1/3, ¼ e incluso 1/8.

(Diámetro llevaba en los bolsillos cuerdecitas que medían esas fracciones de su medida original D).

D: Dejaré una señal justamente donde acaba el tercer diámetro. Probaré en primer lugar con la fracción D/2. Y vemos que me sobra cuerda. Hagamos lo mismo con D/3, y me sigue sobrando. Incluso con D/4 verán que me ocurre lo mismo. Veamos qué pasa con D/8: ¡Maldición! ¡Ahora me falta cuerda para cubrir a LC!¡O me paso o me quedo corto!

(El problema ha quedado planteado y la Circunferencia toma la palabra de nuevo…).

C: Habrán podido comprobar cuál es mi penosa situación. Que parece que mi longitud y mi diámetro inconmensurables son. Y esto me desconcierta.

(Diámetro ha estado escuchando con atención a su Circunferencia y parece que tiene una idea…).

D: Y digo yo, Circunferencia, ¿no hablan por ahí de un doctor que estas patologías son capaces de curar?

C: ¡Llevas razón, amado Diámetro! Hace unos meses hablé con mi amiga íntima la Esfera, que me tiene dentro suya sin soltarme, y como ella siempre me habla desde la tercera dimensión, la llamaré a ver a quién podemos recurrir… Pensad que mi visión es muy plana, casi seguro que mi aliada, la Esfera, me sugiere algo interesante.

(La Circunferencia se encuentra excitada ante la posibilidad de que la Esfera pueda ayudarle con su problema. Así que echa mano de su teléfono móvil y la llama…).

C: ¿Esfera, cariño, a qué doctor me recomendaste para este desvarío en que me encuentro?

(Mirando al público).

C: ¡Ya está, que es el Dr. Pi! Voy a llamarle rauda y veloz.

(Teclea los números que dice en alto, lógicamente 3,14159).

C: Tres, uno, cuatro, uno, cinco, nueve

(El Dr. Pi responde).

C: ¡Dr. Pi! Mire, tenemos un problema existencial grave en mi interior. Resulta que no hay forma de medir mi Circunferencia con mi Diámetro, que lo hemos probado a base de fracciones de todo tipo y condición y estamos desesperados, muy frustrados.

(Circunferencia, presa de alegría y gran satisfacción, mirando al público).

C: ¡Que viene! ¡El Dr. Pi, dice que viene!

(Aparece en escena el Dr. Pi. Podría ir vestido de tonadillera, de forma que en el cuerpo apareciese su parte entera, el tres, y en la cola, los decimales que cupiesen).

Dr. Pi: ¡Qué te pasa Circunferencia! Por lo que me dices no hay manera de medir tu Longitud con tu Diámetro. ¡Pero aquí estoy yo para solucionarlo!

(Dirigiéndose a Diámetro con autoridad).

Dr. Pi: A ver, Diámetro, ¿estás dispuesto a seguir mi prescripción facultativa?

D: Dr. Pi, yo hago lo que necesario sea, pero siempre que no me duela.

Dr. Pi: Hijo mío, no me seas incrédulo y confía plenamente en mí. Siglos de existencia avalan mis actuaciones.

D: Venga, que sea rápido y cuanto antes por favor.

Dr. Pi: Tan solo te pediré que te multipliques conmigo.

D: ¿Multiplicarme yo con un irracional? ¡Qué fuerte, Dr. Pi! ¡Si lo hago, vaya usted a saber en qué monstruo me convertiré!

Dr. Pi: ¡No me seas tan racional y déjate llevar! ¡Un fuerte abrazo nos multiplicará!

(Se funden en un abrazo fraternal en señal de multiplicación y súbitamente emerge entre ellos una nueva cuerda distinta a todas las que han salido anteriormente en escena con una misteriosa longitud. Avanzan ambos abrazados sosteniendo con emoción contenida esta nueva cuerda producto de pi por el diámetro D (la nueva cuerda debería llevar un cartel que indicase ese producto).

Dr. Pi: ¡Prueba ahora, oh Diámetro incrédulo! ¡Coloca esta misteriosa longitud fruto de nuestra multiplicación sobre la postrada Longitud de la Circunferencia que yace sobre el suelo!

(Diámetro sigue las instrucciones del Dr. Pi y se apresta a colocar la enigmática cuerda recién nacida sobre la yaciente LC. Debe hacerlo a cámara lenta para magnificar el milagro que tendrá lugar. Con lágrimas de emoción Diámetro no da crédito a lo que sus ojos ven).

D: ¡Dr. Pi, que sí! ¡Que ahora coinciden con exactitud la Longitud de la Circunferencia y nuestro glorioso producto!

(Y es que ese irracional producto de pi por el Diámetro ha conseguido resolver el problema de la Circunferencia, motivo por el que ella, más redonda que nunca, se dirige a todos como epílogo final del opúsculo).

C: ¡Gracias, Dr. Pi! ¡Me deja henchida de emoción y loca de satisfacción! Por fin ahora comprendo que mi Longitud exactamente contiene, nada más y nada menos, que pi veces a mi Diámetro. ¡Esto es claramente irracional, pero es que así me quedo por fin relajada y en paz!

3

LA PROPORCIÓN CORDOBESA

Prepárese el lector ahora para viajar a la ciudad andaluza de Córdoba. Allí se descubrió un número irracional que, sorprendentemente como veremos a continuación, va a caracterizar el arte cordobés.

A principios de la década de los cincuenta del pasado siglo, se pidió en determinados exámenes a alumnos cordobeses de arquitectura que dibujasen un rectángulo ideal, bello y armonioso. La ciudad de Córdoba, durante la Edad Media, fue la depositaria oficial del legado matemático de Euclides donde ya aparecía por vez primera la división de un segmento en media y extrema razón que terminaría por denominarse proporción áurea o divina proporción. Todo presagiaba que aquellos alumnos cordobeses aspirantes a arquitectos dibujasen rectángulos áureos en los que el cociente del lado mayor y el menor fuese aproximadamente 1,62 o número de oro (como se verá más adelante). Pero la sorpresa fue mayúscula cuando la mayoría de aquellos jóvenes dibujaron un rectángulo en el que la razón entre sus lados era aproximadamente 1,31. ¿Qué clase de rectángulo era este y cómo se obtenía?

El arquitecto Rafael de La Hoz Arderius nació en Córdoba en 1924. Llevó a cabo sus estudios de arquitectura en la ETSAM (Escuela Técnica Superior de Arquitectura de Madrid) en 1951, aunque completó su formación en el MIT en 1955. Inició en esa misma década de los cincuenta un exhaustivo estudio de la presencia del número de oro en la ciudad y, sorprendentemente, lo que encontró contra todo pronóstico fue el conocido *número cordobés*. Veamos cómo obtenerlo.

Si en un octógono regular dibujamos su circunferencia circunscrita y calculamos el cociente entre el radio de la misma y el lado del polígono, aparece un número irracional:

$$\frac{1}{\sqrt{2-\sqrt{2}}} \approx 1,31$$

Este resulta ser precisamente el número cordobés. Vamos a demostrarlo en primer lugar para, posteriormente, construir un rectángulo cordobés con esa misma proporción cordobesa:

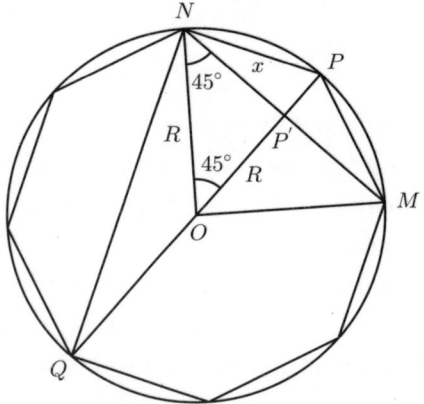

Tenemos que demostrar que:

$$\frac{ON}{NP} = \frac{R}{X} = \frac{1}{\sqrt{2-\sqrt{2}}}$$

Si aplicamos el teorema de Pitágoras al triángulo rectángulo ONM resulta:

$$MN^2 = R^2 + R^2 = 2R^2 \Rightarrow MN = R\sqrt{2}$$

Pero, *OP' = MN / 2* dado que: *NP' = MN / 2* y *OP' = NP'* ya que el triángulo *ONP'* es isósceles (tiene dos ángulos que miden 45° cada uno puesto que el ángulo central de un octógono regular mide 45° y el triángulo rectángulo *OMN* es también isósceles).

Por otro lado, el arco QP es arco capaz del segmento QP, motivo por el cual el triángulo QNP es rectángulo en N. Si aplicamos el teorema del cateto a ese triángulo: $x^2 = PP' \cdot QP$. Entonces:

$$x^2 = \left(OP - OP'\right) 2R = \left(R - \frac{MN}{2}\right) 2R$$

$$x^2 = \left(R - \frac{R\sqrt{2}}{2}\right) 2R = 2R^2 - R^2\sqrt{2}$$

$$x^2 = R^2\left(2 - \sqrt{2}\right)$$

$$x = R\sqrt{2 - \sqrt{2}}$$

$$\frac{R}{x} = \frac{1}{\sqrt{2 - \sqrt{2}}}$$

Desde luego, es posible demostrar lo mismo con tan solo aplicar el teorema del coseno al triángulo isósceles ONP.

Así pues, si partimos de un octógono regular, podemos construir un rectángulo cordobés sin más que tomar el radio de la circunferencia circunscrita como el lado mayor del rectángulo y el lado del octógono como el lado menor.

De igual forma, ahora si partimos de un cuadrado, también construiremos un rectángulo cordobés dibujando la diagonal R del cuadrado y trazando el arco PN que determina el punto N en la vertical levantada desde el punto O. Ahora, desde el punto N llevamos la medida del segmento NP a la horizontal para obtener el punto Z. Trazando la perpendicular a NZ por Z se obtendría el punto A. Y el rectángulo $ONZA$ sería un rectángulo cordobés:

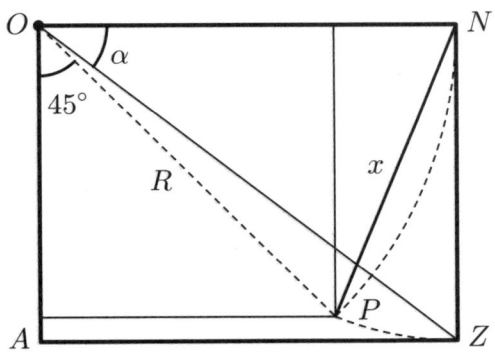

Y si en un rectángulo cordobés como el que acabamos de dibujar se mide el ángulo α que forma la diagonal *OZ* con la vertical *ON*, resulta lo siguiente:

$$tan\alpha = \frac{NZ}{ON} = \frac{x}{R} = \sqrt{2 - \sqrt{2}}$$

$$\alpha \approx 37°$$

Siendo esa la inclinación habitual de los tejados de las casas cordobesas más antiguas.

El lector habrá podido comprobar la singular importancia de esta proporción cordobesa. Se trata de otra bella proporción que se encuentra en la Puerta de Alhaken II de la Mezquita de Córdoba, fachada del Mihrab, esculturas romanas del Museo Arqueológico, Sarcófago de Adán y Eva en la Huerta de la Reina o en la fachada de Los Capuchinos de Córdoba. El propio Rafael de la Hoz utilizó la proporción cordobesa en muchos de sus edificios proyectados como el Convento de las Salesas (1956), las viviendas de la calle Gran Capitán (1959), el centro comercial Mirasierra (1986) o la sede del Imserso en Madrid (1990).

Si este canon de belleza cordobés lo asociamos a la proporción humana (como ocurre con el Hombre de Vitruvio, de Leonardo da Vinci) de tal manera que el cociente de la distancia desde el ombligo al suelo y el ombligo a la cabeza fuese 1,31, podríamos especular con la idea de que para alcanzar la divina proporción cuyo valor es aproximadamente 1,62 bastaría con que el humano se colocase unos tacones que aumentasen un poco la distancia ombligo-suelo para conseguir la proporción áurea. Y tiene su enjundia, porque esto es lo que se hacía en el teatro griego cuando un actor o actriz representaba una divinidad. Se colocaba unos *Coturnos*, los precursores de los actuales tacones.

4

EL NÚMERO *e*

Otro ilustre número irracional e-legante, e-mocionante y e-terno, es el número *e*: 2,7182818... Como no podía ser de otra manera por su esencia irracional, tiene infinitas cifras decimales no periódicas.

La condición de ser un número «trascendente» como pi fue demostrada en 1873 por un eminente matemático francés llamado Charles Hermite (1822-1901) en el teorema que lleva su nombre. Su amigo, el también matemático francés Joseph Liouville (1809-1882), uno de los matemáticos más sobresalientes de la época, había iniciado el estudio de la trascendencia del número *e*. Pero fue Hermite quien demostró que *e* no era un número algebraico y, por tanto, como vimos anteriormente al estudiar la trascendencia de pi, tenía que ser trascendente. Quienes hayan cursado carreras universitarias de ciencias, seguro recuerdan el método de Hermite para la integración de funciones racionales cuando existen raíces múltiples. En 1876, Charles Hermite fue nombrado profesor de álgebra superior en la Universidad de París. Se le ha considerado como uno de los más importantes matemáticos franceses en teoría de funciones.

Ciertamente los números *e* y pi son vecinos de la recta real y se encuentran a poco más de 42 centésimas de distancia (3,1415927-2,7182818 = 0,4233109).

El matemático escocés John Neper (1550-1617), barón de Murchiston, nacido como se pueden imaginar en una familia de la aristocracia escocesa, fue un hacendado dedicado principalmente a administrar sus extensas propiedades que, además, escribía sobre temas de lo más diverso, incluyendo las matemáticas. Por poner un ejemplo, y como protestante convencido, sostuvo hacia 1593 que en el Apocalipsis de san Juan, el papa de Roma era el anticristo. Incluso se dedicó a inventar sistemas defensivos militares para frenar una posible invasión de Felipe II de España. Pero probablemente ha pasado a la posteridad, justamente, por su memorable invento de los logaritmos que apareció en 1614 dentro de su obra: *Mirifici logarithmorum canonis descriptio* (Descripción de la maravillosa regla de los logaritmos). Básicamente, Neper, lo que hizo fue escribir números en forma exponencial con la base relacionada con el número e. Por ejemplo: e^2, $e^{3,5}$, $e^{0,25}$, etc. Entonces, lo que conseguía era convertir un producto de números en una suma: $e^2 \cdot e^{1,5} = e^{2+1,5} = e^{3,5}$. O, un cociente, en una resta: $e^{4,5}/e^2 = e^{4,5-2} = e^{2,5}$. Todo ello aplicando, como acabamos de ver, las propiedades elementales de las potencias. La cuestión era pasar de un número cualquiera x a otro equivalente: $x = e^y$, siendo $y = ln\ x$, el conocido como logaritmo neperiano de x. No obstante, más tarde, el matemático inglés Henry Briggs (1556-1631) convencería a Neper de la conveniencia de adoptar otra base distinta del número e, la base 10, para que los números apareciesen como potencias de diez: 10^3, $10^{5,38}$, $10^{1,75}$, etc. Este cambio dio lugar a la aparición de los logaritmos decimales o brigsianos. En las calculadoras actuales que utilizan los alumnos de secundaria y bachillerato se encuentran ambos tipos de logaritmos. Es frecuente también que utilicen estas propiedades:

$$\log (a \cdot b) = \log a + \log b; \log (a /b) = \log a - \log b; \log a^b = b \cdot \log a$$

En resumen, el logaritmo fue un invento revolucionario en la época puesto que los productos los convertía en sumas, los cocientes en restas y las potencias en productos, simplificando enormemente las operaciones casi por arte de magia. No es de extrañar entonces el clamoroso recibimiento que tuvo en aquella época esta novedosa herramienta matemática capaz de simplificar ostensiblemente los cálculos en astronomía. Podríamos establecer el paralelismo de los logaritmos de aquel entonces con las modernas supercomputadoras actuales.

A pesar de todo, fue el matemático suizo Jacob Bernouilli (1655-1705), quien en 1683 descubre el número e al estudiar cómo obtener más dinero en el banco. El interés compuesto había nacido. Supongamos un banco ideal que nos dé un interés del 100 % anual y que a principios de año hacemos una aportación de 1 €, es claro que al final de ese año tendremos 2 €. Muy inteligente Bernouilli pensó que, si en vez de esperar un año le acumulasen los intereses devengados a los seis meses, obtendría más de 2 €.

Veamos, en los seis primeros meses el interés sería del 50 % y habría acumulado 1,5 €. En los siguientes seis meses, ese euro y medio habría devengado la mitad de intereses, o sea, 0,75 €. Así que al final de primer año tendríamos 2,25 €. Así pues, en efecto, fraccionando el periodo del devengo de intereses, se obtenían más de 2 €. Y como la ambición no tiene límite (aunque en este caso, lamentablemente sí) pudo pensar que fraccionando más y más los periodos obtendría cantidades cada vez mayores. De hecho, pudo comprobar que aumentaba el capital final tras el primer año y seguía esta sucesión: 2, 2,25, 2,37, 2,44, etc. Bernouilli veía que se superaban los 2 €, pero desde luego jamás llegaba a los 3 €.

No es difícil demostrar que el capital final C_f obtenido a partir de un capital inicial C_o al cabo de n años y un interés anual del r % viene dado por la fórmula siguiente:

$$C_f = C_o \left(1 + \frac{r}{100}\right)^n$$

Si el periodo utilizado para acumular los intereses es una fracción q del año, entonces:

$$C_f = C_o \left(1 + \frac{\frac{r}{q}}{100}\right)^{qn}$$

En nuestro caso: $C_o = 1 €$, $r = 100 \%$
Si $n = 1$ año (aquí $q=1$): $C_f = 1 + 1 = 2€$
Si acumulamos los intereses semestralmente en $n = 1$ año (entonces $q=2$):

$$C_f = 1 \left(1 + \frac{\frac{100}{2}}{100}\right)^2 = \left(1 + \frac{1}{2}\right)^2$$

$$C_f = 2,25 €$$

De igual forma, acumulando intereses por cuatrimestres ($n = 1$, $q = 3$) obtendríamos un capital *final* $C_f = 2,37 \text{ €}$ y así sucesivamente.

Bernouilli, como buen matemático que era, imaginó un proceso fragmentador hasta el infinito para ver qué ocurría finalmente con el capital final. Había encontrado una maravillosa sucesión: $(1 + 1/q)^q$ siendo q la fracción del año considerada. ¿A qué número se acercaría esa sucesión si q tendía a infinito? La demostración de que esa sucesión es monótona creciente y está acotada superiormente y, por ello, tiene límite es de una belleza indescriptible, aunque excede las posibilidades de esta narración:

$$\lim_{q \to \infty} \left(1 + \frac{1}{q} \right)^q = e$$

En el límite, como acabamos de ver, apareció el número e. Sin embargo, hay que precisar que quien bautizó como número e a ese número en 1731 fue otro de los grandes matemáticos de todos los tiempos, Leonhard Euler, el cual lo comunicó al matemático prusiano Christian Goldbach (1690-1764), célebre por la Conjetura que lleva su nombre y de la que hablaremos más adelante. Fue también Euler quien en 1748 calculó las primeras dieciocho cifras decimales del número e:

$$e = 2,718281828459045235$$

Este número tiene aplicaciones insólitas. Por ejemplo, puede dar cuenta del devenir de una población determinada de seres vivos a través de la función exponencial que lo tiene por base. En otro contexto, siempre que un cable cuelga de dos puntos a cierta distancia, se genera una curva llamada *catenaria* en cuya expresión funcional aparece el número e. También pudimos comprobar que los números e y pi cohabitan en la función cuya representación gráfica era la campana de Gauss. Y cuando hay que datar alguna muestra orgánica de hasta 60 000 años de antigüedad, el número e resulta esencial en alianza con el carbono 14 a través de la ley de desintegración radiactiva:

$$N = N_0 \, e^{-\lambda t}$$

Donde N_0 es el número de núclidos en $t = 0$, N representa el número de núclidos que quedan tras la desintegración radioactiva en el instante t y λ es la constante de desintegración. Una de las utilidades más conocidas de esta fórmula se da fundamentalmente en arqueología. Es la técnica conocida como datación por radiocarbono (C-14) no aplicable desde luego para valores pequeños de t (días, meses o pocos años) ni para valores que sobrepasen los 50 000 años (los huesos de los dinosaurios no pueden ser estudiados con esta técnica porque desaparecieron hace más de 65 000 años).

El carbono es la base de la química orgánica. Se trata de un elemento presente en la naturaleza y sus seres vivos que se origina en las capas altas de la atmósfera cuando los átomos de nitrógeno se unen a neutrones de la radiación cósmica. Existen tres tipos de isótopos del carbono (se llaman isótopos a los elementos que tienen el mismo número de protones, pero diferente número de neutrones en el núcleo atómico): C-12, C-13 y C-14. Todos tienen seis protones en su núcleo, si bien diferente número de neutrones: 6, 7 y 8, respectivamente. El más abundante es el C-12, con un 98,9 %, siguiéndole el C-13 con un 1,1 %. Tanto el C-12 como el C-13 son estables. El C-14, el utilizado para conocer la antigüedad de una muestra, es inestable por ser radiactivo. Resulta interesante saber que, mientras un organismo está vivo, la cantidad de C-14 (y de los otros isótopos también) se mantiene constante en la misma proporción que en la atmósfera. Podría surgir la pregunta cómo puede ocurrir esto si acabamos de decir que es inestable y, por tanto, la cantidad disminuye debido a la radiactividad. Pues bien, aunque la cantidad de C-14 en un organismo vivo vaya menguando debido a la radiactividad, pero al mismo tiempo se va reponiendo por la ingestión de alimentos que llevan carbono dentro. De esta forma y mientras esté vivo el organismo, la proporción no cambia. Cuando ese ser vivo muere, los isótopos estables C-12 y C-13 se mantienen en sus valores debido a su estabilidad, pero el C-14 comienza su decaimiento ya que no puede reponerse por alimentación.

Imaginemos, a modo de ejemplo, que se ha hallado un hueso humano en unas excavaciones arqueológicas y su contenido de C-14 es del 98,5 % (es el porcentaje respecto al contenido de C-14 en los organismos vivos en el momento del descubrimiento del hueso). Intentemos estimar su antigüedad. Vamos a utilizar la ley de la desintegración radiactiva que vimos anteriormente. Si representamos gráficamente dicha ley obtendremos una curva exponencial decreciente como la de la figura

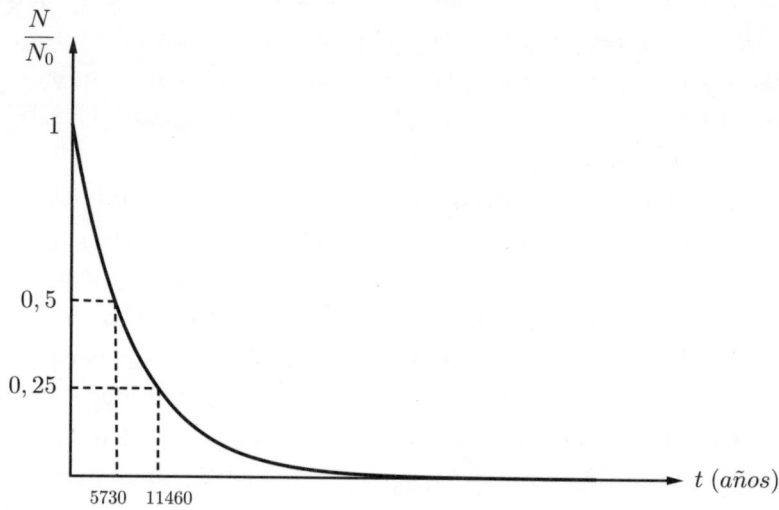

Lo primero que necesitaremos es el valor de la constante de desintegración λ en el caso del C-14. Lo que sabemos de este elemento radiactivo es que su periodo de semidesintegración es de 5 730 años. Esto significa que, si en un instante inicial tenemos una cantidad N_0, tras 5 730 años tendremos $N = N_0/2$ (en la representación gráfica anterior: $N/N_0 = 0,5$). De esta forma y aplicando la citada ley, resultará: $N_0/2 = N_0 \cdot e^{-5730\lambda}$, simplificando y tomando logaritmos neperianos: $\lambda = \ln 2/ 5730$, de donde finalmente: $\lambda = 1,21 \cdot 10^{-4}$ años^{-1}. Ahora ya podemos estimar la antigüedad del hueso encontrado sin más que tener en cuenta el dato inicial: $N / N_0 = 98,5 \% = 0,985$. Aplicando nuevamente la fórmula:

$$\frac{N}{N_0} = e^{-\lambda t} \Rightarrow 0,985 = e^{-1,21 \cdot 10^{-4} \cdot t}$$

Por último, tomando logaritmos y despejando:

$$t = \frac{ln\, 0,985}{-1,21 \cdot 10^{-4}} \approx 125\, a\tilde{n}os$$

4.1. OTRAS CURIOSIDADES DEL NÚMERO e

4.1.1. El legado de Benjamin Peirce

El matemático americano Benjamin Peirce (1809-1880) junto a su hijo, Charles Sanders Peirce (1839-1914), matemático y uno de los padres de la semiótica, contribuyeron de forma determinante al desarrollo del álgebra matricial en EE. UU. Benjamin Pierce fue profesor en el Harvard College y escribió un artículo memorable titulado *Linear Associative Algebra* en 1864 que, sin embargo, no se publicó hasta diecisiete años más tarde. Obtuvo un sorprendente resultado que vincula el número imaginario puro i ($i^2 = -1$) con los números irracionales e y pi:

$$i^{-1} = \sqrt{e^\pi}$$

4.1.2. El misterio continúa con e^e

Continúa siendo una incógnita en la actualidad saber si e^e es un número «trascendente» aunque sí se sabe que e^π lo es.

4.1.3. ¿El número e como suma de infinitos términos?

Nuevamente llama la atención un resultado como este en el que un número caótico y desordenado como e puede expresarse como una suma infinita y ordenada de fracciones. Recuerde el lector que un número irracional no admite un representante racional. Y, sin embargo, sumando infinitas fracciones se logra que la siguiente serie sea convergente e igual al número e:

$$e = \sum_{n=0}^{\infty} \frac{1}{n!} = 1 + \frac{1}{1} + \frac{1}{2} + \frac{1}{6} + \frac{1}{24} + \cdots$$

Donde $n! = n \cdot (n\text{-}1) \cdot (n\text{-}2) \cdot (n\text{-}3) \dots 3 \cdot 2 \cdot 1$ y conviniendo que $0! = 1$

4.1.4. La fórmula de Euler

La llamada «fórmula de Euler» es:

$$e^{i\,x} = \cos x + i \sin x$$

El número imaginario i es el visto con anterioridad. Una ecuación de gran utilidad por permitir, por ejemplo, expresar números complejos dados en forma polar a forma exponencial: $z = r_\alpha = r (\cos \alpha + i \, \text{sen} \, \alpha) = r \cdot e^{i\alpha}$, donde z es un número complejo, siendo r_α la forma polar y $r \cdot e^{i\alpha}$ la forma exponencial (r es el módulo y α el argumento). Tanto la forma polar como la exponencial de un número complejo permiten efectuar las operaciones de multiplicación y división de una forma mucho más rápida que si se utiliza la forma binómica: $z = a + b \cdot i$. Otras aplicaciones más complejas se encuentran en análisis de teoría de circuitos electrónicos. Por último, si hacemos $x = \pi$ rad (180°), resultará ($\cos \pi = -1$ y sen $\pi = 0$):

$$e^{i\,\pi} = \cos \pi + i \sin \pi = -1$$

Obteniéndose de nuevo la que ya denominamos como la ecuación más bella del mundo.

4.1.5. El problema de los sombreros de Euler

Resulta divertido este problema formulado por Euler. Supongamos que n personas acuden a un teatro, que todas llevan sombrero y que lo depositan en el guardarropa. Cuando termina el espectáculo y se acercan a recoger sus sombreros observan atónitos que las etiquetas identificativas han desaparecido y la persona encargada de entregarlos lo hace de forma aleatoria. Si $n \to \infty$, la probabilidad de que exactamente N personas se lleven el suyo viene dada por la fórmula siguiente:

$$P(N) = \frac{1}{e \cdot N!}$$

En la fórmula N!, son las permutaciones de N elementos (por ejemplo, 4! = 4 · 3 · 2 · 1 = 24), con la convención de que 0! = 1.

Así pues, la probabilidad de que nadie se lleve su sombrero sería aproximadamente: $1/e \approx 0{,}37$. También resulta evidente que a medida que aumenta N, la probabilidad de que los N se lleven su sombrero tiende a cero como era previsible. Para valores grandes de n (n ≥ 10, por ejemplo) y sin necesidad de que sea infinitamente grande, la probabilidad de que nadie se lleve su sombrero se sigue aproximando a $1/e$.

5

EL NÚMERO DE ORO Y EL RECTÁNGULO ÁUREO

I nvito al lector a que saque sus tarjetas de la cartera donde las lleve. El DNI, la tarjeta de crédito, la tarjeta sanitaria de la Seguridad Social, el carné de conducir y cualquier otra que tenga por ahí. Póngalas una sobre otra como si fueran cartas de una baraja. ¿No le sorprende que todas tengan la misma forma y tamaño? Se trata de rectángulos que mantienen la misma proporción. Por ejemplo, si mide los lados del DNI actual obtendrá 85 mm x 54 mm. Si divide el lado mayor entre el menor obtendrá aproximadamente 1,6. ¿Por qué entidades tan dispares como los bancos, la Seguridad Social o el Ministerio del Interior, etc., se ponen de acuerdo en la proporción de las tarjetas? La respuesta es que esa proporción 1,6 es aproximadamente el conocido *número de oro* que fue como lo denominó Leonardo da Vinci (1452-1519), la figura emblemática del Arte en el Renacimiento. Los orígenes de este número hay que buscarlos en un libro fundamental en la historia de las matemáticas, los *Elementos* de Euclides, una compilación del conocimiento matemático de la época escrita por Euclides de Alejandría (s. III a. C.). La admiración que Euclides despertó desde entonces hasta la actualidad queda de manifiesto al tratarse de uno de los libros más divulgados de la historia. Bertrand Russell, citado con anterioridad, consideró los *Elementos* de Euclides como uno de los grandes eventos de su vida, tan deslumbrante como el primer amor. Y la poetisa Edna St. Vincent Millay, ganadora del

Premio Pulitzer en la primera mitad del siglo pasado, escribió en 1922 un poema titulado:

Euclid alone has looked on beauty bare
'Solo Euclides ha contemplado la belleza desnuda'

Pero ¿qué aparece en los *Elementos* de Euclides por primera vez y por escrito en relación a la proporción áurea? Pues algo tan simple como dividir un segmento en lo que Euclides llamó media y extrema razón. Básicamente, consiste en trocear el segmento en dos partes no iguales (por comodidad en los cálculos hemos llamado *x* a una de las partes y a la otra 1) de forma que al dividir la longitud total del segmento entre la longitud del trozo mayor resulte igual al cociente entre la longitud de la parte mayor y la menor (el rectángulo áureo tendrá por lados las medidas de *x* y 1):

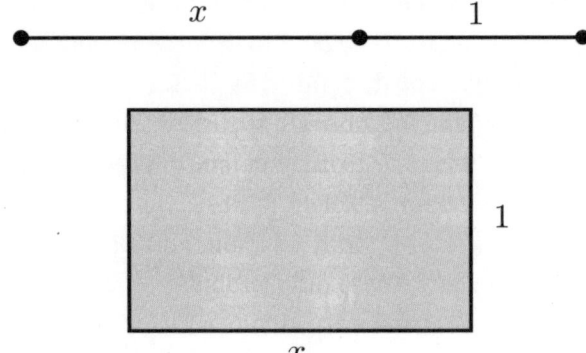

Si aplicamos la condición enunciada:

$$\frac{x+1}{x} = \frac{x}{1} \rightarrow x^2 - x - 1 = 0$$

Obtenemos así una ecuación de segundo grado cuya solución irracional positiva es precisamente el número de oro:

$$\Phi = \frac{1+\sqrt{5}}{2} = 1,618... \approx 1,62$$

Como curiosidad decir que se eligió el símbolo Φ (vigésima primera letra del alfabeto griego) para el número de oro en honor al escultor griego Fidias por utilizar esta proporción en algunas de sus obras.

Ahora ya resulta fácil entender qué es un rectángulo de oro: un rectángulo tal que el cociente entre el lado mayor y el menor sea aproximadamente 1,62.

En caso de que el lector desee construir con precisión un rectángulo de estas características, solo necesita para ello partir de un cuadrado (ver imagen). Después, situará el punto medio C de uno cualquiera de sus lados y trazará el segmento que lo une con uno cualquiera de los vértices no contiguos a dicho punto, en la imagen el punto P. Con un compás colocado entre ese punto medio C y una abertura igual a la longitud del segmento anterior CP basta trazar un arco que corte la línea horizontal prolongación del lado en el que se ubica el punto medio, en la imagen el punto B. Ahora se levanta una perpendicular desde B que intersecte con la prolongación del lado opuesto del cuadrado (lado donde se encontraba el vértice elegido P) en el punto D. Tendrá un rectángulo áureo ante sí (ver la imagen):

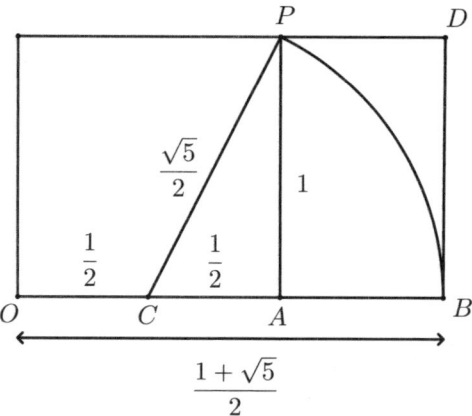

En el triángulo rectángulo de la figura: ACP, se observa que los catetos miden 1 y 1/2 respectivamente, y al aplicar el teorema de Pitágoras resulta la medida de la hipotenusa:

$$CP^2 = 1 + \frac{1}{4} = \frac{5}{4} \rightarrow CP = \frac{\sqrt{5}}{2}$$

$$OB = OC + CB = OC + CP$$
$$= \frac{1}{2} + \frac{\sqrt{5}}{2} = \frac{1 + \sqrt{5}}{2} = \Phi$$

Queda demostrado por tanto que: $OB/1 = \Phi$, y el rectángulo así construido es áureo.

Pero hay algo muy interesante que ocurre en esta construcción. Vamos a demostrar que el rectángulo pequeño que ha surgido en el lado derecho del cuadrado: $ABPD$, el que tiene por base el lado AB y por altura 1, es también un rectángulo áureo:

$$AB = CB - CA = \frac{\sqrt{5}}{2} - \frac{1}{2} = \frac{\sqrt{5} - 1}{2}$$

Pero el cociente entre el lado mayor de este nuevo rectángulo: $AP = 1$ y el lado menor AB es justamente, como vamos a ver, el número de oro y, por tanto, un nuevo rectángulo áureo:

$$\frac{1}{AB} = \frac{1}{\frac{\sqrt{5}-1}{2}} = \frac{2}{\sqrt{5} - 1}$$
$$= \frac{2\left(\sqrt{5}+1\right)}{\left(\sqrt{5}+1\right)\left(\sqrt{5}-1\right)}$$
$$= \frac{2\left(\sqrt{5}+1\right)}{4} = \frac{\sqrt{5}+1}{2} = \Phi$$

Hemos demostrado una propiedad que solo cumplen los rectángulos áureos: «Si dado un rectángulo áureo le añadimos un cuadrado en el lado mayor, el rectángulo resultante también es áureo». Otra forma de expresar esta propiedad consiste en decir que el cuadrado es el gnomon del rectángulo áureo porque, al agregarse a este, genera otro rectángulo también áureo.

Es fácil comprobar que esta propiedad no se cumple en cualquier rectángulo no áureo. Por ejemplo, tome una hoja DIN A4. Elija cualquiera de los cuatro vértices y llévelo al lado opuesto. Observe que se ha formado un triángulo rectángulo e isósceles y, junto a él, un pequeño rectángulo. Recorte ese rectángulo. Ahora puede tener frente a sí, por un lado, una hoja DIN A4, y junto a la misma, como en la figura, el rectángulo que ha recortado:

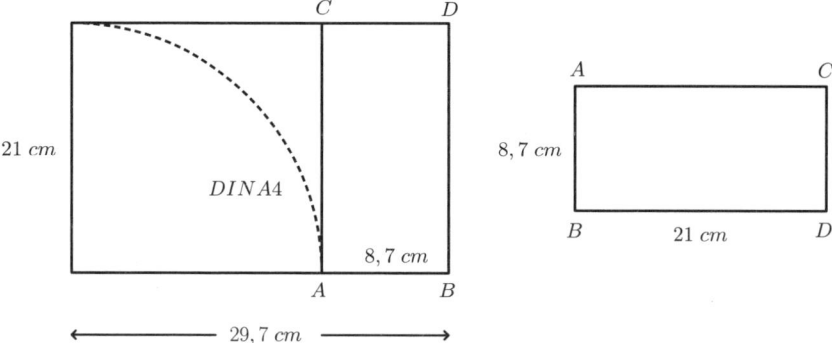

Es fácil darse cuenta a primera vista que no son semejantes los dos rectángulos. Pero la demostración definitiva la tenemos cuando comprobamos que las proporciones son diferentes:

$$\frac{29,7}{21} \approx 1,41 \neq \frac{21}{8,7} \approx 2,41$$

Otra curiosa propiedad que solo cumplen los rectángulos áureos es que, si tomamos dos de ellos iguales entre sí, uno vertical y otro horizontal (pegados como en la figura), la diagonal *CE* del rectángulo horizontal, al prolongarse, va a llegar al vértice *G* del rectángulo vertical (ver imagen):

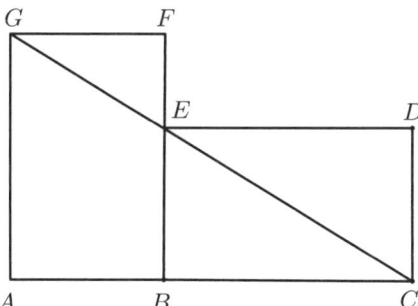

Para que se cumpla la propiedad señalada ha de cumplirse que los triángulos *AGC* y *BEC* sean semejantes. Veámoslo:

Si son semejantes debe cumplirse el teorema de Tales:

$$\frac{AC}{AG} = \frac{BC}{BE}$$

Por definición, el rectángulo *BCDE* es áureo y, por tanto:

$$\frac{BC}{BE} = \Phi$$

Para simplificar cálculos tomaremos: $BC = \Phi$ y $BE = 1$. De esta forma:

$AC = AB + BC = 1 + BC$, pues $AB = BE = 1$ por ser iguales ambos rectángulos áureos. Por la misma razón, $AG = BC = \Phi$

De tal forma que se cumple la condición inicial:

$$\frac{AC}{AG} = \frac{1 + \Phi}{\Phi} = \Phi = \frac{BC}{BE}$$

De donde habría que demostrar que: $\Phi^2 = 1 + \Phi$, lo cual resulta casi inmediato:

$$\Phi^2 = \left(\frac{1 + \sqrt{5}}{2}\right)^2 = \frac{3 + \sqrt{5}}{2}$$

$$1 + \Phi = 1 + \frac{1 + \sqrt{5}}{2} = \frac{3 + \sqrt{5}}{2}$$

De forma que queda demostrada la propiedad.

Recíprocamente, si tenemos dos rectángulos iguales y queremos saber si son áureos, basta colocarlos uno en posición vertical y el otro en horizontal, como en la imagen anterior, y si la diagonal *EC* prolongada llega al vértice *G* entonces quedaría demostrado que ambos rectángulos son áureos. El lector puede poner en práctica esta propiedad sin más que hacerse con dos carnés de identidad y comprobando que se cumple.

Por último, podríamos preguntarnos si existirá un ángulo áureo y si es posible encontrarlo en la naturaleza. Para ello, si tomamos un círculo y trazamos dos ángulos α y 360 – α y aplicamos la misma proporción que vimos para la obtención del número de oro, resultará:

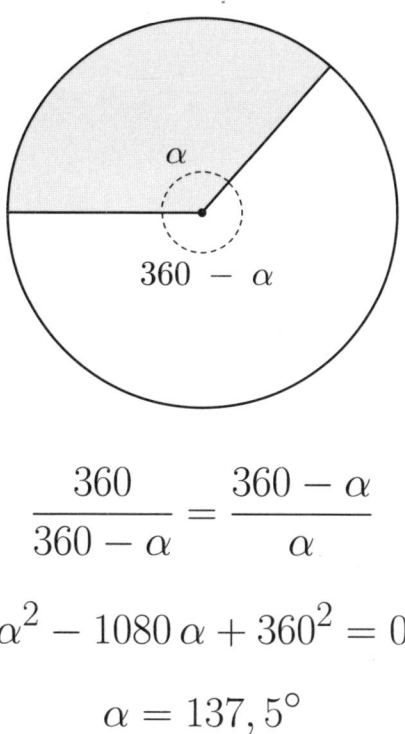

$$\frac{360}{360-\alpha} = \frac{360-\alpha}{\alpha}$$

$$\alpha^2 - 1080\,\alpha + 360^2 = 0$$

$$\alpha = 137,5°$$

Ese ángulo α es el ángulo áureo (la otra solución de la ecuación es 360-α = 222,5°). Se ha observado que las hojas consecutivas del tallo de un girasol forman precisamente ese ángulo áureo que acabamos de calcular. Parece que la naturaleza sigue esta pauta matemática porque así evita que se superpongan las hojas superiores e inferiores a una hoja dada en el tallo (lo cual supondría una competencia entre ellas) optimizando la exposición a la luz solar de cada una de las hojas favoreciendo el crucial fenómeno de la fotosíntesis y la respiración de las plantas.

6

LA ESPIRAL DE DURERO Y LA LEY DE TERCIOS

A lberto Durero (1471-1528) fue un prolífico pintor renacentista alemán en cuya obra, en ocasiones, incorporó
elementos matemáticos. Su interés por las matemáticas
estaba sobre todo en la geometría. Una de sus obras más
importantes publicada a tan solo tres años de su fallecimiento se tituló
*Investigación sobre la medida de figuras planas y sólidas por medio de cír-
culos y líneas rectas*. Es en este tratado cuando aparece por vez primera
una curva que hoy llamamos logarítmica, pero que el autor construyó
en base a los cánones de belleza griegos, en particular, a la proporción
áurea. Y es por lo que se conoce como «espiral de Durero».

Ya el lector está familiarizado con el rectángulo áureo. Pues bien, lo
que hizo Durero fue partir del cuadrado que genera un rectángulo áureo trazando un primer arco de un cuarto de circunferencia (ver imagen) de forma que al llegar al rectángulo áureo adosado al cuadrado
permitía dibujar otro cuadrado cuyo lado iba a ser el del lado menor
de ese mismo rectángulo áureo de llegada. Continuaba con la misma
pauta en el nuevo cuadrado generado y de esta forma iterativa emergía
una bella espiral áurea (una espiral logarítmica) a base de arcos de circunferencia cada vez más pequeños en una progresión infinita.

Como puede observarse, esa curva en forma de espiral se enrosca sobre sí misma buscando un punto inalcanzable o polo que coincide con el
punto de corte de la diagonal del rectángulo de oro original y la diagonal

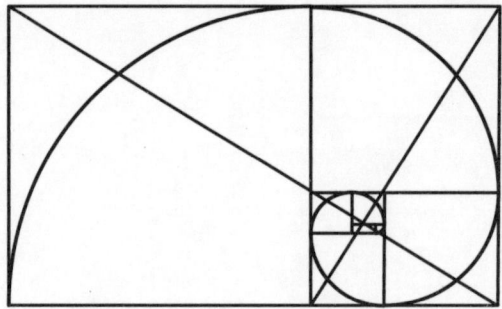

perpendicular a la anterior del rectángulo áureo de menor tamaño adosado al cuadrado original. Esta espiral fue denominada por el matemático francés René Descartes (1596-1650) «espiral equiangular» porque tiene la propiedad de que al trazar una línea recta (radio vector) desde el polo hasta cualquier punto de la curva, la recta tangente a la curva en ese punto formaba siempre un ángulo constante con el radio vector. El biólogo Vance A. Tucker demostró en el año 2000 que los halcones peregrinos describen una trayectoria espiral de estas características cuando persiguen a sus presas porque así las tienen controladas visualmente todo el tiempo mientras maximizan su velocidad (389 km/h).

Cinco siglos después que Durero gestase su prolífica espiral áurea, es decir, en la actualidad, un conocido divulgador científico norteamericano llamado Clifford A. Pickover ha considerado que dadas las atribuciones «divinas» otorgadas a la proporción áurea desde los griegos clásicos a ese punto inalcanzable o polo al que tiende inexorablemente la curva espiral en su devenir se le debería llamar, de forma alegórica, «ojo de Dios». Dentro de un rectángulo áureo, por tanto, podemos imaginar cuatro «ojos de Dios» dado que por cada uno de los dos cuadrados posibles que generan el rectángulo, pueden obtenerse dos espirales

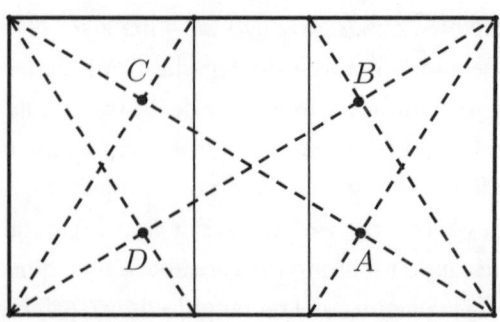

áureas (o de Durero) y, por tanto, dos puntos singulares. Dos cuadrados generadores, cuatro espirales áureas y cuatro puntos singulares inalcanzables (*A*, *B*, *C* y *D* en la figura).

Desde la época de Durero, no ha resultado difícil extrapolar ese rectángulo y esos cuatro puntos «divinos» al mundo del arte de tal manera que, si el rectángulo es un lienzo, durante mucho tiempo se ha creído que los centros de interés deberían estar precisamente en alguno de esos puntos. Por ejemplo, Leonardo da Vinci (1452-1519) utilizará esta proporción en «La Gioconda» y Velázquez (1599-1660) también utiliza esta fórmula compositiva en «Las Meninas» y en «Las Hilanderas».

Pero ha sido en el mundo de la fotografía y el cine (también en el mundo de la publicidad) donde se ha utilizado profusamente esta técnica geométrica renacentista si bien algo simplificada. Nos referimos a la ley de Tercios que no es sino una aproximación bastante cómoda del modelo áureo anterior. Aunque parece ser que quien menciona por vez primera esta regla de los tercios en el s. XVIII es el pintor inglés John Thomas Smith en su libro *Remarks on Rural Scenery*, fue un pintor canadiense, Jay Hambidge, quien consigue en 1924 su difusión posterior en Europa a través de su libro *The Parthenon and other greek temples. Their dynamic symmetry*.

La idea consiste básicamente en tomar como referencia el visor rectangular que tengamos en la cámara fotográfica y una vez elegido el encuadre de aquello que queremos fotografiar, hemos de imaginar el rectángulo dividido en tres partes iguales en vertical y otras tantas en horizontal. Tendremos dos líneas horizontales paralelas imaginarias y otras dos verticales que se cortarán en cuatro puntos (*A*, *B*, *C* y *D*) estratégicos donde habrá que situar los motivos de interés preferencial.

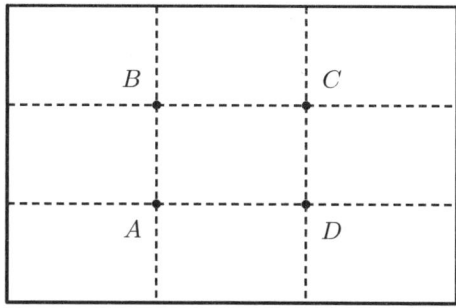

7

LA PROPORCIÓN ÁUREA EN EL ARTE, LA NATURALEZA Y EL UNIVERSO

A parte de las obras ya mencionadas anteriormente, se constata la presencia del número de oro en ámbitos de lo más diverso. Así, por ejemplo, lo podemos encontrar en la disposición de los pétalos de una rosa, en el rectángulo que enmarca el Partenón de Atenas (siempre que no se sea excesivamente exigente con la precisión de las medidas), en las conchas espirales de algunos moluscos como el *Nautilius Pompilius* (la espiral áurea), en el cuadro de Dalí titulado *Sacramento de la Última Cena*, en *El Nacimiento de Venus* de Botticelli, en el lienzo de Georges Seurat titulado *Un baño en Asnieres*, en la gran pirámide de Keops (que estudiaremos más adelante, con defensores como Hugo F. Verheyen y detractores como el astrofísico Mario Livio) e incluso en el edificio de Naciones Unidas en Nueva York donde se encuentran tres rectángulos áureos. El prolífico arquitecto suizo nacionalizado francés, Le Corbusier (1887-1965), un referente indiscutible en la arquitectura del s.xx, utilizó la proporción áurea en numerosos edificios como *La Villa Savoye* en Poissy (París) o la *Unidad Habitacional de Marsella* (donde aplica sistemáticamente la proporción áurea a partir de su «modulor» que veremos más adelante en la sección «la proporción áurea en el cuerpo humano»). Y otro arquitecto norteamericano de referencia a nivel mundial, Frank Lloyd

Wright (1867-1959) fue quien diseñó la rampa de acceso al Museo Guggenheim en forma de espiral áurea.

El ámbito del universo destaca también por la ubicua presencia de estas espirales áureas. Las galaxias como nuestra Vía Láctea que contienen cientos de miles de millones de estrellas que suelen tener forma de espiral. De hecho, y gracias al telescopio espacial Hubble con más de tres décadas de vida útil, sabemos que la mayoría de los cien billones de galaxias del universo observable son del tipo espiral.

En el «Hombre de Vitruvio» de Leonardo da Vinci vemos un hombre inscrito simultáneamente en un cuadrado y una circunferencia y se pone de manifiesto que el cociente entre la distancia de la cabeza al suelo (que es el lado del cuadrado), y la distancia del ombligo al suelo (que es el radio de la circunferencia), es el número de oro. El lector puede comprobar ahora fácilmente hasta qué punto es áureo su cuerpo.

No debería extrañar, dada su presencia tanto en la naturaleza como en el mundo del arte, que el fraile franciscano Luca Pacioli escribiese a finales del s. XV su obra más conocida titulada *De Divina Proportione* en la que la proporción áurea quedaría acuñada para la posteridad como «La Divina Proporción».

Y si el lector aún no ha quedado impactado con el número de oro, fíjese en la siguiente curiosidad: coja un huevo cualquiera, anote las medidas *a* y *b*, y compruebe (ver figura):

$$\sqrt{\Phi} < \frac{a}{b} < \Phi$$

El cociente entre el largo y el ancho de un huevo está comprendido entre la raíz cuadrada del número de oro y el propio número de oro.

8

LA SUCESIÓN DE FIBONACCI

N acido en la ciudad italiana de Pisa en el año 1170 aparece Leonardo de Pisa, conocido póstumamente como Fibonacci (*figlio di Bonacci*). Se inició en las matemáticas a partir de la contabilidad y fue en sus viajes al norte de África donde conoció el sistema de numeración indo-arábigo, un sistema en base 10 donde el valor de las cifras desde el 0 hasta el 9 dependía del lugar que ocupasen. Se trata de nuestro actual sistema de numeración posicional que conocemos como sistema decimal. Sin embargo, en la Europa de entonces, se utilizaba el sistema de numeración romano y los cálculos se efectuaban con el ábaco. Fibonacci publica en 1202 un libro revolucionario en la época *El Liber Abaci*, donde contra lo que cabría suponer, demuestra la superioridad del sistema decimal frente al ábaco y los números romanos. Su contribución fue tan decisiva que de hecho debemos a Leonardo de Pisa que se instaurase el sistema decimal desde entonces hasta nuestros días.

Pero lo que nos trae a Fibonacci y que, como veremos, está intrínsecamente vinculado al número de oro, es un problema planteado por él en el capítulo XII del *Liber Abaci*, conocido como el «problema de los conejos» cuyo enunciado es el siguiente:

Un hombre encerró a una pareja de conejos en un lugar rodeado por un muro por todas partes. ¿Cuántos pares de conejos pueden producirse a partir del par original durante un año si consideramos que cada pareja engendra al mes un nuevo par de conejos que se convierten en productivos al segundo mes de vida?

Así pues, se parte de una pareja de conejos a principios del mes 1º, que en la siguiente tabla representamos por X, tal que a finales de ese primer mes da a luz a otra pareja no adulta que representamos por x. Así pues, al final de ese primer mes tendremos una pareja adulta X y una nueva pareja no adulta x. Lo simbolizamos por Xx. Esta es la situación a comienzos del 2º mes. A finales de ese 2º mes, la pareja adulta X habrá procreado otra pareja no adulta nueva x y la pareja no adulta antigua x se habrá convertido en otra nueva adulta X de tal forma que tendremos dos parejas adultas y una no adulta: XXx. Y, nuevamente, esta será la situación a comienzos del mes 3º. Con la misma pauta desarrollada hasta ahora, a finales del mes 3º se tendrían tres parejas adultas y dos parejas nuevas no adultas: $XXXxx$ que serían las existentes a comienzos del 4º mes. Repitiendo este proceso en los meses subsiguientes y haciendo el recuento de parejas de conejos adultos al principio de cada mes, tal y como se observa en la última columna de la tabla, obtendríamos la conocida como «sucesión de Fibonacci»:

$$1, 1, 2, 3, 5, 8, 13, 21, 34, 55, 89, 144, 233, 377, 610, 987...$$

Mes	Principio	Final	Parejas
1	X	Xx	1
2	Xx	XXx	1
3	XXx	XXXxx	2
4	XXXxx	XXXXXxxx	3
5	XXXXXxxx	XXXXXXXXxxxxx	5
6	XXXXXXXXxxxxx	XXXXXXXXXXXXXxxxxxxxx	8
7	13X+8x	21X+13x	13
8	21X+13x	34X+21x	21
9	34X+21x	55X+34x	34
10	55X+34x	89X+55x	55
11	89X+55x	144X+89x	89
12	144X+89x	233X+144x	233

En la tabla anterior, la cuarta columna se refiere al número de parejas de conejos adultos al principio de cada mes. Por tanto, queda de manifiesto que ese número al cabo de un año es 233. Pero si queremos responder a la pregunta que Fibonacci hace en el enunciado de su problema, tendremos que tener en cuenta también las 144 parejas de conejos no adultos que hay al final del duodécimo mes. El cómputo total es, por tanto, de 377 parejas de conejos (754 conejos). No obstante, el número de parejas que se producen al cabo de un año a partir del par original (que es lo que pide el enunciado) es 376.

Esta famosa sucesión, inmortalizada en la obra de Dan Brown (también llevada al cine) como *El Código da Vinci*, cumple la propiedad siguiente: a partir del segundo término, todos los demás se obtienen sumando los dos anteriores. Y lo realmente sorprendente es que al tomar dos términos consecutivos y mientras más alejados estén del comienzo de la sucesión, el cociente entre el mayor y el menor se acerca al número de oro. Este interesante resultado podemos expresarlo matemáticamente con mayor precisión de la siguiente forma (la notación para la sucesión de Fibonacci quedaría así: a_0, a_1, a_2, a_3, a_4,...a_n, a_{n+1}, a_{n+2},...):

$$a_0 = 1; a_1 = 1; a_2 = 2; a_3 = 3; a_4 = 5$$

$$a_5 = 8; a_6 = 13; a_7 = 21; ...$$

$$a_{n+2} = a_{n+1} + a_n$$

$$\lim_{n \to \infty} \frac{a_{n+1}}{a_n} = \Phi = 1,618033989...$$

En efecto, a medida que nos alejamos del origen de la sucesión, los cocientes de términos consecutivos se acercan al número de oro:

$$\frac{3}{2} = 1,5\,; \frac{34}{21} = 1,6194\,; \frac{377}{233} = 1,6180$$

Otra insólita forma de obtener los términos de la sucesión de Fibonacci consiste en dibujar un «triángulo de Pascal» (también conocido como «triángulo de Tartaglia») que se caracteriza porque dos de los lados del triángulo son todos unos y los números interiores se obtienen sumando los dos inmediatos superiores (ver imagen). Entre las múltiples propiedades que subyacen en este triángulo (números combinatorios, coeficientes de los desarrollos del binomio de Newton, etc.) se encuentra la que nos interesa en este momento. Basta trazar diagonales como se muestra en la figura y sumar los números atravesados por las mismas, para obtener los números de la sucesión de Fibonacci (en la figura, 1, 1, 2, 3, 5, 8, 13 y 21).

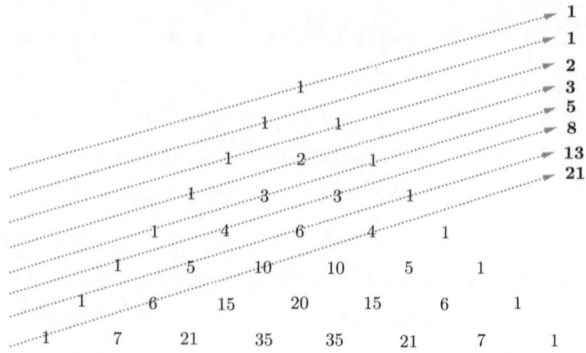

Existe una curiosa propiedad de la sucesión de Fibonacci que fue descubierta por el astrónomo Johannes Kepler (1571-1630) y establece que si elevamos al cuadrado uno cualquiera de los términos de la sucesión el resultado diferirá como máximo en una unidad del producto de los términos adyacentes. Veamos algunos ejemplos:

$$8^2 = 64 \leftrightarrow 13 \cdot 5 = 65$$
$$34^2 = 1156 \leftrightarrow 21 \cdot 55 = 1155$$
$$144^2 = 20736 \leftrightarrow 89 \cdot 233 = 20737$$

Desde luego, llama poderosamente la atención que la sucesión de Fibonacci aparezca en fenómenos de lo más diversos: el árbol genealógico de un zángano o abeja macho, en el brócoli romanesco, al contar las espirales que lo forman en los dos sentidos posibles, se obtienen siempre dos términos consecutivos de la sucesión y en numerosas flores se cumple que el número de pétalos de la misma es un número de esta sucesión, como por ejemplo la lila= 3, la caléndula= 13 y en el caso de las margaritas siempre coinciden.

En la planta herbácea conocida como girasol, al igual que en el brócoli, también se observan espirales en dos sentidos distintos: horario (dextrógiro) y antihorario (levógiro). Habitualmente, el número de espirales en cada sentido se corresponde con términos consecutivos de la sucesión de Fibonacci como 89-144, 34-55 o 21-34. Exactamente igual ocurre con las espirales en las piñas. Parece razonable preguntarse entonces si siempre aparecerán números de la sucesión de Fibonacci en cualquier piña o girasol que se elija. La respuesta la dio un botánico canadiense llamado Roger V. Jean que hizo 12 750 observaciones de 650 especies diferentes de piñas y la sucesión de Fibonacci se encontró en el 92 % de las mismas.

9

EL NÚMERO DE ORO EN UN PENTÁGONO REGULAR

La escuela pitagórica (siglo VI a. C.) se caracterizó por un símbolo geométrico peculiar que identificaba a quienes pertenecían a aquella secta. Se trataba de un pentagrama o estrella pentagonal cuya construcción parte de un pentágono regular en el que se trazan todas sus diagonales. Y como se puede observar en la imagen, esas diagonales generan otro pentágono regular más pequeño en el centro de forma que si trazásemos sus diagonales, aparecería un nuevo pentágono regular en una sucesión de pentágonos que no terminaría nunca. Infinitos pentágonos regulares cada vez más pequeños. Una estructura que recuerda a la idea de fractal. Un patrón geométrico que se repite a cualquier escala.

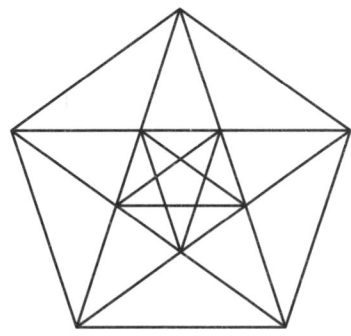

El astrofísico y excelente divulgador científico israelí-estadounidense Mario Livio asegura que varios investigadores consideran a los

pitagóricos como los primeros que descubrieron la proporción áurea, así como el concepto de inconmensurabilidad vinculado al número de oro que como ya hemos visto es un número irracional. Y de ser cierto, no dejaría de resultar interesante que el primer número irracional en la historia de la humanidad no hubiese sido la raíz cuadrada de dos sino el número de oro.

Comencemos por calcular el ángulo central y el interior de un pentágono regular:

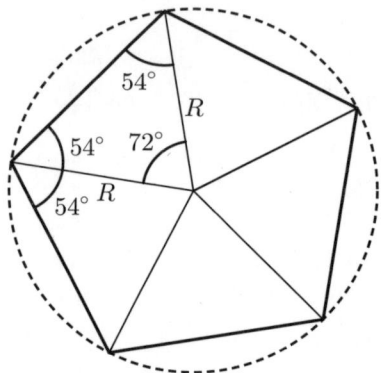

Podemos observar que el ángulo central mide: 360°/5 = 72°. También se sigue, de los cinco triángulos isósceles (todos ellos tienen dos lados iguales correspondientes al radio R de la circunferencia circunscrita) en que ha quedado dividido el pentágono, que el ángulo interior mide: 54° + 54° = 108° (2x + 72° = 180°, de donde: x = 54°)

Vamos a demostrar que la proporción áurea está presente en el pentágono regular:

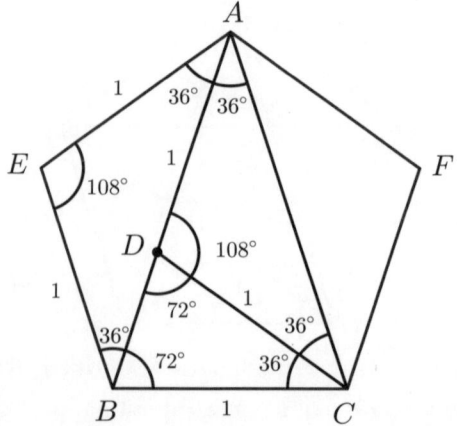

En primer lugar, podemos observar que solo existen tres ángulos diferentes al trazar las diagonales: 36°, 72° y 108°. Todos múltiplos de 36. Y tipos distintos de triángulos isósceles solo hay dos (todos los demás son semejantes a alguno de ellos): *AEB* (108°, 36° y 36°) y *ABC* (36°, 72° y 72°). Ambos conocidos como «triángulos áureos» (en ocasiones se conoce al triángulo *AEB* como «gnomon áureo») porque cumplen, como demostraremos a continuación, que el cociente entre la diagonal del pentágono y el lado es el número de oro. Para mayor comodidad en los cálculos hemos elegido como medida del lado del pentágono la unidad (*AE = EB = BC = CF = FA* = 1). Así pues, lo que demostraremos será:

$$\frac{AB}{BC} = \frac{AB}{AE} = AB = \frac{1 + \sqrt{5}}{2}$$

Obsérvese en el triángulo isósceles *AEB* que al ser el ángulo interior de 108° los otros dos ángulos tienen necesariamente que medir 36° para que la suma de los tres sea 180°.

De igual forma, en el triángulo isósceles *ABC* los ángulos han de ser 36°, 72° y 72°. Al trazar el segmento *DC = BC* = 1 se nos forma otro triángulo isósceles *DBC* cuyos ángulos forzosamente han de medir 36°, 72° y 72° nuevamente. Quiere esto decir que los triángulos *ABC* y *DBC* son semejantes pues tienen sus ángulos iguales. Y, en consecuencia, sus lados son proporcionales:

$$\frac{AB}{BC} = \frac{BC}{DB} \Rightarrow \frac{AB}{1} = \frac{1}{AB - AD}$$

$$AB = \frac{1}{AB - 1} \Rightarrow AB^2 - AB - 1 = 0$$

Donde *AD* = 1 es una consecuencia de que el triángulo *ADC* sea isósceles y, por tanto: *AD = DC* = 1.

Esta ecuación de segundo grado, que hemos visto con anterioridad, nos lleva a lo que queríamos demostrar: *AB* = Φ y, en consecuencia, el cociente entre la diagonal y el lado de un pentágono regular es el número de oro.

A la vista del triángulo áureo por excelencia (36°, 72°, 72°), es inmediato caer en la cuenta que si dibujamos un decágono regular (ver imagen)

—su ángulo central mide precisamente 360/10 = 36°— resultarán diez triángulos áureos, convirtiéndose por tanto este polígono regular en otro portador del número áureo al igual que el pentágono regular. En efecto, el cociente entre el radio de la circunferencia circunscrita al decágono y su lado da como resultado el número de oro. Resulta inmediato dibujar un pentágono regular *ABCDE* a partir del decágono sin más que unir los vértices impares (o pares) del decágono.

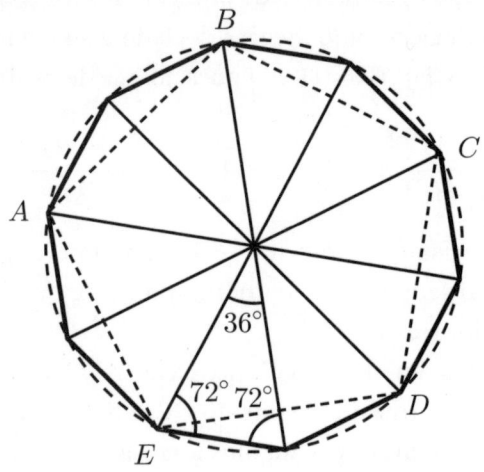

Si una vez llegado a este punto el lector se ve abducido a obtener de inmediato un pentágono regular exclusivamente con papel y tijeras, le invito a que coja una hoja DIN A4 y recorte una tira rectangular de, por ejemplo, 29 cm x 4 cm. Haga un nudo con la tira como si de una cuerda se tratase, con mucho cuidado, y aplaste la figura resultante hasta dejarla plana. Obtendrá un pentágono bastante regular como el de la fotografía.

Se puede comprobar fácilmente que, al ser la tira de papel de anchura constante, cada una de las diagonales es paralela a alguno de los lados del pentágono regular. Y no deja de resultar interesante que el pentágono regular comparta con el cuadrado una curiosa propiedad que solo ambos polígonos cumplen: las diagonales correspondientes de uno y otro son iguales entre sí.

En la naturaleza es frecuente encontrar flores pentagonales, como por ejemplo en las adelfas, siendo el prolífico e insigne astrónomo Johannes Kepler (1571-1630) quien se percató de la presencia del pentágono en la distribución de los pétalos de muchas flores. Las estrellas de mar suelen tener también cinco brazos. En *La Sagrada Familia* del pintor renacentista Miguel Ángel, la composición se realiza en base a la estrella pentagonal inscrita en un pentágono regular. Y en arquitectura contemporánea, destaca el edificio sede del Departamento de Defensa de los EE. UU. denominado precisamente *El Pentágono* por la forma en que fue diseñado.

Dado que al trazar las diagonales de un pentágono regular, como ya vimos anteriormente, van emergiendo nuevos pentágonos, podemos decir que el número de oro se encuentra contenido infinitas veces en el mismo. No es de extrañar que Dalí inscribiese, de forma surrealista, la escena de *La Última Cena* (1955) en un dodecaedro regular cuyas caras son pentágonos regulares precisamente. El dodecaedro regular fue el símbolo platónico del universo, el poliedro de la perfección geométrica.

10

EL NÚMERO DE ORO EN LAS TESELAS DARDO Y COMETA DE PENROSE

S e sabe que para embaldosar un suelo de forma periódica con polígonos regulares (se trata de cubrir toda la superficie con un polígono básico a base de traslaciones) solo es posible hacerlo con triángulos equiláteros (por supuesto con hexágonos regulares también) o cuadrados. Se cumple el requisito de que la suma de ángulos en cualquier vértice sea exactamente 360°. Con cuatro cuadrados resultará: $4 \cdot 90° = 360°$ y con seis triángulos equiláteros: $6 \cdot 60° = 360°$. Es evidente que los pentágonos regulares están excluidos de tal posibilidad ya que: $3 \cdot 108° = 324°$ quedando un hueco de 36° que no es posible rellenar con cualquier otro pentágono regular. La cuestión es diferente si el polígono no es regular o incluso si combinamos adecuadamente polígonos regulares distintos. Los mosaicos existentes en la Alhambra de Granada o en los Reales Alcázares de Sevilla constituyen una de las más bellas muestras de arte islámico de teselación periódica de superficies planas. Maurits Cornelis Escher (1898-1972), pintor holandés de quien hablaremos más detenidamente más adelante, se basó precisamente en los mosaicos de la Alhambra para incorporar extrañas figuras de animales y humanos en mosaicos verdaderamente sublimes.

Sin embargo, rellenar el plano con figuras geométricas de forma no periódica, es decir, conseguir cubrirlo por completo sin utilizar la traslación de una figura básica fue algo que no se consiguió hasta finales del pasado siglo.

Ha sido el eminente físico y matemático británico, gran divulgador científico y mundialmente conocido, Roger Penrose (1931), quien en 1974 diseñó dos polígonos no regulares que encajaban perfectamente entre sí formando un rombo de lado unidad (ver imagen) y ángulos ya familiares para nosotros: 72° y 108°. Se les conoce como Dardo y Cometa y permitían teselar el plano de forma no periódica (desde luego con el rombo *ABEC* siempre será posible una teselación periódica del plano aunque el rombo no sea un polígono regular porque sus lados son iguales pero no lo son sus ángulos interiores). Y como era previsible con esos ángulos, cada uno de los dos polígonos está formado por dos triángulos áureos de los tipos que vimos al estudiar el pentágono regular (36°, 72°, 72° y 36°, 36°, 108°). Los dos cuadriláteros acoplados son los siguientes:

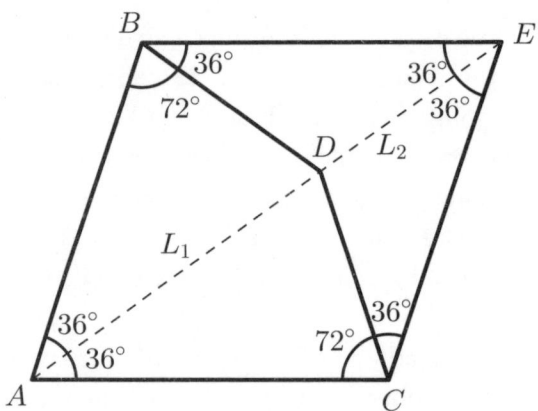

El cuadrilátero Cometa es el *ABDC* (formado por dos triángulos áureos iguales de 36°, 72° y 72° cada uno) y el cuadrilátero Dardo, el *BECD* (formado por otros dos triángulos áureos de 36°, 36° y 108° cada uno). Si tomamos por ejemplo el triángulo áureo *ABD* sabemos, porque ya lo habíamos demostrado con anterioridad, que se cumple: $AD/BD = \Phi =$ número de oro. Pero $AD = L_1$ y $BD = DE = L_2$ ya que el triángulo áureo *DBE* es isósceles. Por tanto:

$$\frac{L_1}{L_2} = \Phi = \frac{1 + \sqrt{5}}{2}$$

Combinando adecuadamente las figuras Dardo y Cometa es posible rellenar el plano aperiódicamente de multitud de formas distintas estando el número de oro presente en todas ellas. Un ejemplo de ello puede verse en las imágenes siguientes:

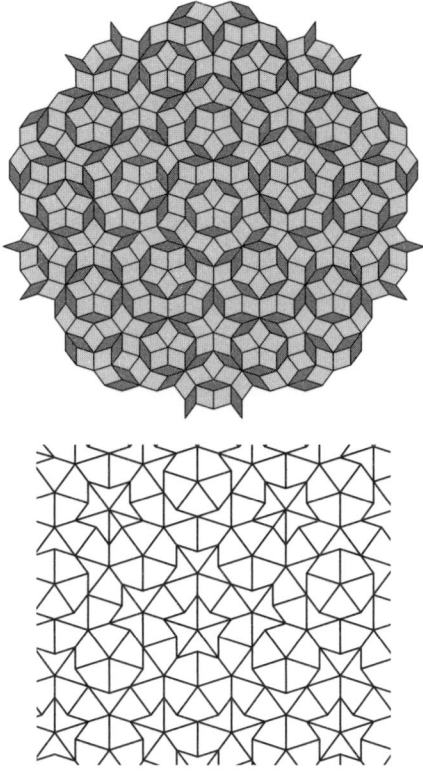

Por último, imagine el lector que disponemos de un mosaico aperiódico Dardo-Cometa de Penrose con una superficie cuya área sea, por ejemplo, 1 m². Supongamos que hemos contado el número de polígonos Dardo que hay en esa extensión y han salido N_D y que hacemos lo mismo con los polígonos Cometa y supongamos que su número es N_C. Lo verdaderamente sorprendente no es que haya más Cometas que Dardos, que los hay, sino que, a medida que aumentamos el área, el cociente entre N_C y N_D tiende al número de oro:

$$\frac{N_C}{N_D} = \Phi$$

11

LA GRAN PIRÁMIDE DE KEOPS Y EL NÚMERO DE ORO

L a gran pirámide de Keops, de base cuadrada, es la mayor de las pirámides de Egipto y una de las siete maravillas del mundo antiguo. Siguiendo los comentarios de Heródoto, el matemático Martin Gardner y luego el experto en telecomunicaciones francés Midhat J. Gazalé señalaron que la pirámide en cuestión cumple una propiedad geométrica importante, según la cual el área del cuadrado construido sobre la altura de la pirámide es igual al área de cualquiera de las caras triangulares de la misma.

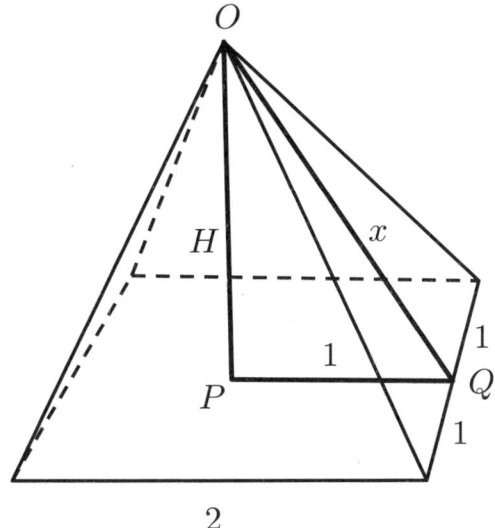

Vamos a partir de la propiedad anterior. Hemos considerado para facilitar los cálculos que el lado de la base de la pirámide mide 2 unidades. El área del cuadrado cuyo lado es la altura de la pirámide es: $A_C = H^2$. Por otro lado, el área de uno cualquiera de los triángulos laterales como el de la imagen, será: $A_T = 2\,x\,/\,2 = x$. Como $A_C = A_T$, se tendrá: $H^2 = x$. Por otra parte, teniendo en cuenta el triángulo rectángulo OPQ, se cumple: $x^2 = H^2 + 1^2 = x + 1$. De donde aparece una ecuación de segundo grado muy conocida: $x^2 - x - 1 = 0$ cuya solución positiva nos lleva al siguiente resultado:

$$H = \sqrt{\Phi}; \; x = \Phi$$

De forma que el triángulo rectángulo OPQ tiene la hipotenusa igual al número de oro, un cateto que mide la raíz cuadrada del número de oro y el otro cateto que mide la unidad:

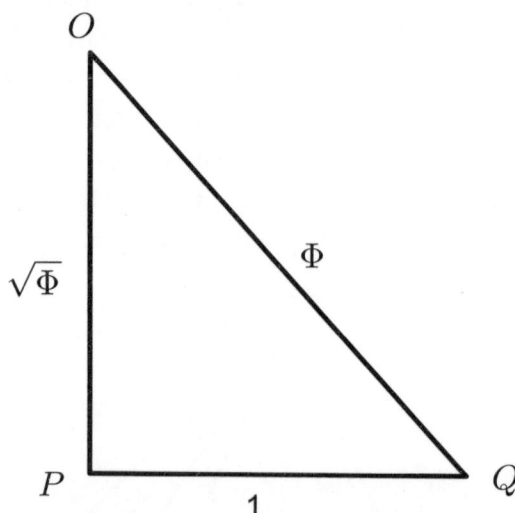

Este triángulo rectángulo es muy peculiar. Resulta que sus lados están en progresión geométrica (obsérvese que si el cateto que mide la unidad lo multiplicamos por la raíz cuadrada de Φ, que sería la razón de la progresión, obtenemos la medida del otro cateto que multiplicándolo por la razón anterior nos daría la medida de la hipotenusa que resulta ser Φ). Se trata del conocido como triángulo de Kepler. La visión platónica que Kepler tenía del universo lo llevó a publicar en su

Mysterium Cosmographicum (1596) un modelo del sistema solar en el que los cinco sólidos platónicos (tetraedro, cubo, octaedro, dodecaedro e icosaedro) explicaban las distancias de los planetas entonces conocidos al Sol. Pero, y esto es lo que nos interesa, encontró un vínculo casi mágico entre el teorema de Pitágoras y la proporción áurea, el triángulo que sería luego conocido con su nombre.

En la pirámide real, si se efectúa el cociente entre la altura de cualquier triángulo lateral y la mitad del lado de la base, el resultado es 1,62 que supone un error del orden del 0,1 % respecto del número de oro: 1,6180339.

Finalmente, se puede demostrar sin excesiva dificultad que el cociente entre el área total de la pirámide y el área lateral es justamente el número de oro y que el cociente entre el área lateral y el área de la base sigue siendo el increíble número de oro (esto último es inmediato dado que, según hemos visto anteriormente, $A_l/A_b = 4 \cdot \Phi / 4 = \Phi$).

12

EL POEMA DE RAFAEL ALBERTI, EPÍLOGO AL NÚMERO ÁUREO

Quizás uno de los mejores ejemplos que demuestran que las matemáticas y la poesía forman un binomio perfecto podría ser este poema de Rafael Alberti (1902-1999) dedicado al número de oro y que tituló *A la divina proporción*:

A ti, maravillosa disciplina,
media, extrema razón de la hermosura,
que claramente acata la clausura
viva en la malla de tu ley divina.

A ti, cárcel feliz de la retina,
áurea sección, celeste cuadratura,
misteriosa fontana de mesura
que el Universo armónico origina.

A ti, mar de los sueños angulares,
flor de las cinco formas regulares,
dodecaedro azul, arco sonoro.
Luces por alas un compás ardiente.
Tu canto es una esfera transparente.
A ti, divina proporción de oro.

13

MOMENTO DE RELAJACIÓN TEATRAL II:
DECIMALANDIA I

Todo el problema venía de la unidad. Cuando se juntaban diez de ellas formaban un nuevo ser, las decenas. Y si eran cien las denominaban centenas. Hubo ciertas molestias por parte de las agrupaciones de mil unidades que deberían ser «milenas» (*decem* decena, *centum* centena, *milia* milena) pero en algún momento se escogió la expresión unidad de millar, de donde, para agrupaciones mayores, decenas de millar, centenas de millar, etc.

Y claro, alguna vez tenía que ocurrir. ¡Divide y vencerás! se decían entre sí las unidades, medio en serio y medio en broma. Hasta que por decreto fueron divididas las unidades en diez partes iguales. Y nacieron las décimas. Compulsivamente dividieron la unidad en cien partes iguales y fue cuando las centésimas se consolidaron en el mundo de los números decimales. Pero al dividir la unidad en mil partes iguales tuvieron, ahora sí, el acierto de llamarlas milésimas. Y a partir de ahí, las diezmilésimas, cienmilésimas y toda la familia infinita de decimales cada vez más pequeños, emergieron súbitamente en Decimalandia.

Los números decimales pronto se dispersaron por el mundo constituyendo hermosas familias con su parte entera por un lado y su parte decimal por otro. Por ejemplo, en el número 2,72, el 2 es la parte entera y el 72 la parte decimal. Siendo un pequeño y sutil signo divisorio, la coma, el encargado de separar la una de la otra. A la izquierda dejaron la parte entera y a la derecha la parte decimal. En el fondo, toda esta parafernalia numérica no era más que un culto exacerbado al número diez. Así, cuando cualquiera de estos decimales acudía a algún centro comercial, enseguida se escuchaban comentarios como el siguiente: «acaba de entrar un decimal muy elegante y fino, don 11,11, con una decena, una unidad, una décima y una centésima».

Algunos decimales eran muy coquetos. Unas veces salían como tales, mostrando abiertamente y sin pudor sus dos partes, mientras que otras veces preferían omitirlas manifestándose como entidades fraccionarias. Es decir, un cociente de dos números enteros. Es el caso, por ejemplo, de 0,4 = 2/5. Esto lo hacían sobre todo para fastidiar un poco a unos extraños colegas, decimales como ellos, que, aunque quisiesen, no podían adoptar ese aspecto fraccionario suscitando, según ellos, ciertas envidias muy esenciales. No en vano y para mayor dolor de aquellos, a los decimales que podían salir a la calle luciendo su esencia fraccionaria se les catalogó como racionales, mientras que a los otros, y no sin cierta crueldad, les llamaron irracionales. Muchos turistas que procedían de otros espacios matemáticos no salían de su asombro ante aquella maniquea realidad. Estupefactos quedaban al comprobar que entre esos irracionales se encontraban emblemáticas figuras numéricas. Por ejemplo, en las formas circulares habitaba desde los orígenes del universo matemático el ínclito número pi, en algo tan cotidiano como un cable suspendido por sus extremos y sometido a la gravedad, el número e y en la placentera emoción humana asociada a la contemplación de ciertas formas bellas, el número de oro Φ. Fue justo en ese instante cuando un turista reflexionó en voz alta: «La percepción de la belleza no es más que el resultado de ingentes cantidades de reacciones bioquímicas en el cerebro, así que la presencia oculta de Φ actúa como un catalizador en la génesis del placer estético». Y siguió especulando ante el espectáculo que le tenía absorto. Varias preguntas le torturaban en aquellos momentos: ¿Qué diferencia podría existir entre los racionales y los irracionales si después de todo ambos eran decimales? ¿Por qué una criatura irracional no podía adoptar una forma fraccionaria? ¿Dónde radicaba la esencial diferencia?

14

LA PROPORCIÓN √2 (LA NORMA DIN 476)

En el contexto de la Primera Guerra Mundial, en el año 1917, se crea en Alemania el Deutsches Institut für Normung (DIN, Instituto Alemán de Normalización) con el objetivo de establecer una serie de medidas estándar para la industria en general. Las normas para los formatos de papel entraron en la DIN 476 y básicamente la idea era conseguir unas dimensiones de un rectángulo tales que al doblarlo por la mitad (siempre por el lado de mayor longitud) resultase otro rectángulo con la misma proporción (es decir, que los rectángulos fuesen semejantes desde el punto de vista matemático). Veamos qué proporción han de cumplir estos rectángulos:

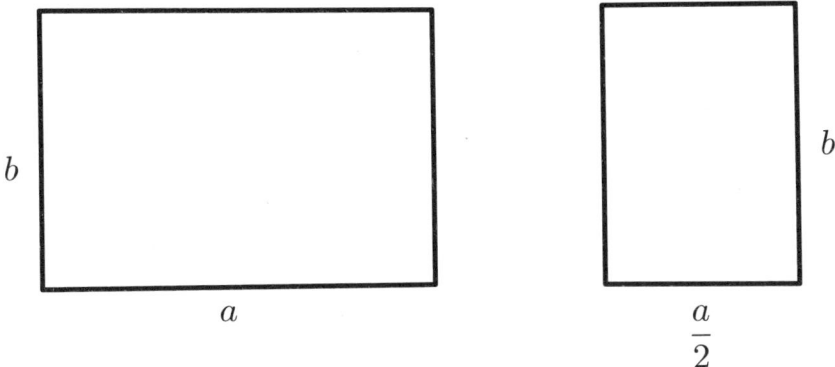

Si los rectángulos han de ser semejantes, entonces debe cumplirse:

$$\frac{a}{b} = \frac{b}{\frac{a}{2}} \Rightarrow \frac{a^2}{b^2} = 2 \Rightarrow \frac{a}{b} = \sqrt{2}$$

Así pues, la proporción que han de seguir estos rectángulos es √2.

Inicialmente se tomó como rectángulo de referencia el $A0$ que debía tener una superficie de 1 m² y cumplir con la proporción √2. Entonces, las medidas correspondientes serían las siguientes:

$$\begin{cases} a \cdot b = 1 \\ \frac{a}{b} = \sqrt{2} \end{cases} \Rightarrow b^2 \cdot \sqrt{2} = 1$$

$$b = \sqrt{\frac{1}{\sqrt{2}}} \approx 0,841\,m \, ; \, a = \frac{1}{b} \approx 1,189\,m$$

Es por ello que las dimensiones del rectángulo de referencia $A0$ son $a = 1\,189$ mm y $b = 841$ mm.

Es posible ahora hacer una representación gráfica de los sucesivos formatos de papel, con la norma DIN que acabamos de ver, donde la mitad de un formato dado Ai se corresponde con el formato inmediato posterior $Ai + 1$ (La mitad del $A1$ coincide con el $A2$, por ejemplo).

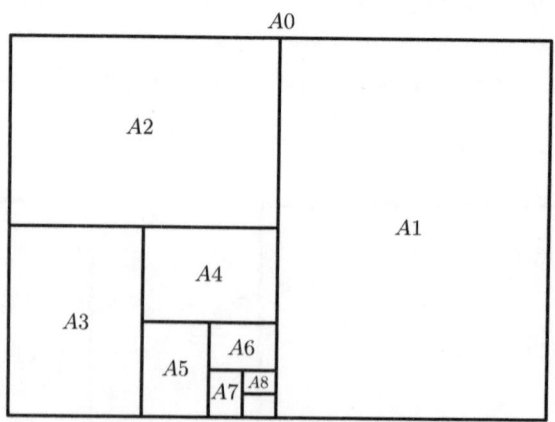

Como la proporción en todos los rectángulos es siempre √2, podemos encontrar las dimensiones de cada formato a partir del $A0$ que calculamos anteriormente. De esta manera se obtiene la siguiente tabla:

	A0	A1	A2	A3	A4	A5	A6
Medidas en mm	1189 - 841	841 - 594	594 - 420	420 - 297	297 - 210	210 - 148	148 - 105
Superficie en m²	1	0,5	0,25	0,125	0,0625	0,031125	0,015625

Es interesante darse cuenta de que dado un formato cualquiera: *An* (con n = 0, 1, 2, 3, etc.), el número de rectángulos de ese mismo formato que cubren el *A0* de referencia es: 2^n. Por ejemplo, hacen falta 2^4 = 16 hojas DIN *A4* para cubrir un *A0*.

Finalmente, veamos cómo dibujar un rectángulo de proporción raíz cuadrada de 2 partiendo de un cuadrado:

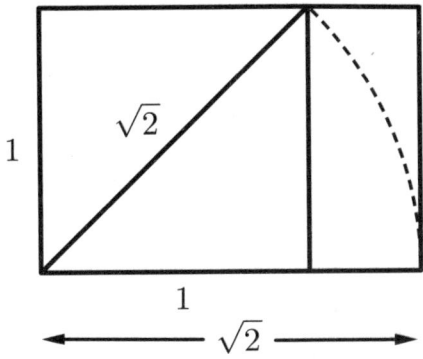

Como se aprecia en la figura y una vez dibujado el cuadrado, se traza una de sus diagonales. La medida de esa diagonal se lleva a uno de los lados del cuadrado y se obtiene el lado de mayor longitud del rectángulo buscado. Levantando la perpendicular desde el punto anterior con la medida del lado del cuadrado se consigue un rectángulo raíz cuadrada de 2.

15·

NÚMEROS PERFECTOS

Aunque constituya un maravilloso ideal, no es posible encontrar personas perfectas. Sin embargo, con los números es diferente. Aunque no sean abundantes, pero los números perfectos sí que existen. ¿Y cuándo se considera perfecto un número? Cuando cumple un único requisito: tiene que ser igual a la suma de sus divisores aunque excluyéndose él mismo (también se dice que un número perfecto ha de ser igual a la suma de sus divisores propios).

Recordemos que un número es divisor de otro cuando lo divide exactamente. Por ejemplo, el 2 es un divisor de 24 porque 24 dividido entre 2 es igual a 12. El primer número perfecto es el 6 siendo sus divisores el 1, el 2, el 3 y el propio 6. Si eliminamos este último y sumamos los primeros: 1 + 2 + 3, resulta 6. Por ello el 6 es un número perfecto. Y es curioso el importante papel que ha jugado el 6 tanto en la historia del mundo judío como en el cristiano porque ambos establecen que el mundo se creó precisamente en 6 días.

Precisamente, san Agustín (s. IV), dejó escrito:

> Seis es un número perfecto en sí mismo y no porque Dios creara el mundo en seis días, más bien lo contrario es verdadero. Dios creó el mundo en seis días porque este número es perfecto y será perfecto para siempre, incluso si el trabajo de los seis días no hubiese existido

Y el lector se preguntará ahora si habrá más números perfectos. Y como podrá imaginar, los hay. De hecho, el siguiente es el 28. Si calcula sus divisores y le excluye a él mismo, resultan 1, 2, 4, 7, y 14, que sumados dan 28. Así que 28 es otro número perfecto. ¿Habrá alguna historia que esté asociada al 28? En efecto, este número se corresponde con la duración del ciclo menstrual promedio femenino. Pero no terminan aquí las sorpresas con el 28. Se conoce como «mes lunar» a los 28 días que tarda nuestro satélite en dar una vuelta alrededor de la Tierra. La tradicional identificación entre la mujer y la Luna tiene como denominador común el número perfecto 28. Finalmente, y con notable sentido del humor, en el argot andaluz cuando algo queda perfectamente limpio, a veces podemos escuchar: «Esto ha quedao Níque». La razón de la sabiduría popular puede estar en que el Níquel es un metal cuyo número atómico es justamente 28, el número perfecto. Los antiguos griegos conocieron los cuatro primeros números perfectos: 6, 28, 496 y 8 128. Invito al lector a que demuestre que, efectivamente, los dos últimos son números perfectos.

Fue Euclides, alrededor del 300 a. C, en el Libro IX de sus *Elementos*, quien proporcionó una fórmula para obtener números perfectos:

> Si tenemos tantos números como queramos comenzando por la unidad y dispuestos en proporción doble de forma continuada hasta que su suma sea número primo, y se multiplica esta suma por el último sumando, entonces el producto obtenido será un número perfecto.

Por ejemplo, si tomamos: $1 + 2 + 2^2 = 7$ (número primo), y como $2^3 - 1 = 7$, entonces dado que el último sumando de la suma era 2^2, resulta aplicando la fórmula de Euclides que: $2^2 \cdot (2^3 - 1) = 28$, es perfecto (veremos más adelante que un número primo del tipo: $2^k - 1$, con K primo, se conoce como «Primo de Mersenne»).

En general, supongamos que tenemos la suma de los k términos siguiente y que resulta ser un número primo:

$$1 + 2 + 2^2 + 2^3 + \ldots + 2^{k-1} = número\ primo$$

Entonces, dado que esa es la suma de los k primeros términos de una progresión geométrica de razón 2 y primer término: $a_1 = 1$, en virtud de la fórmula correspondiente (que se demuestra en el capítulo dedicado a la paradoja de Aquiles y la tortuga) se tendrá:

$$S = \frac{a_1\left(r^k - 1\right)}{r - 1} = \frac{2^k - 1}{1} = 2^k - 1$$

Y aplicando la fórmula de Euclides vista anteriormente resulta que el número siguiente es perfecto:

$$\left(2^k - 1\right) \cdot 2^{k-1}$$

Esta fórmula fue demostrada por el matemático Leonhard Euler en el s. XVIII y genera todos los números perfectos pares. No deja de ser sorprendente que hasta finales de 2018 se conociesen 51 números perfectos y que el último se haya conseguido en octubre de 2024 tras el descubrimiento del quincuagésimo segundo primo de Mersenne como se explica más adelante. Por cierto, todos ellos pares. Aún no se sabe si existen infinitos números perfectos y si puede haber alguno, al menos, que sea impar. El quinto número perfecto es el 33 550 336, seguido por 8 589 869 056 y 137 438 691 328. El resto de números perfectos conocidos llegan a tener miles e incluso millones de cifras.

16

NÚMEROS AMIGOS

Acabamos de ver que los números perfectos existen. La pregunta que nos hacemos ahora es ¿podrán dos números ser amigos?

Bueno, pues ya sabe el lector que la amistad auténtica entre humanos tampoco es tan fácil de encontrar y eso mismo les ocurre a los números. Resulta que para considerar amigos a dos números deberán cumplir un sutil requisito: que cada uno de ellos sea igual a la suma de los divisores del otro, pero excluyéndose él mismo (o, lo que es equivalente, que cada uno sea igual a la suma de los divisores propios del otro).

Fueron los griegos quienes encontraron en la época clásica, hace ya más de 2000 años, los dos números más pequeños amigos, el 220 y el 284, pares los dos. Para conocer los divisores de cada uno, hemos primero de encontrar la descomposición factorial del número en cuestión y esto se consigue dividiendo por los sucesivos números primos empezando por el 2, seguido del 3, 5, 7, etc. Para que un número primo determinado sea factor, la división por dicho número ha de ser exacta. Veamos como ejemplo cómo se descomponen estos dos números: 220 y 284. En la columna de la izquierda se sitúan los dividendos y en la de la derecha, los divisores primos. Como las divisiones son exactas, los cocientes obtenidos se van convirtiendo en nuevos divisores.

220	2
110	2
55	5
11	11
1	

284	2
142	2
71	71
1	

Así, $220 = 2^2 \cdot 5 \cdot 11$ y $284 = 2^2 \cdot 71$

Para sacar los divisores de cada uno recurrimos a las tablas siguientes:

	2^0	2	2^2
5	5	10	20
11	11	22	44
	55	110	220

	2^0	2	2^2
71	71	142	284

Se comprueba que de los doce divisores del número 220 solo excluimos al propio número 220, de forma que la suma de los restantes (recordemos que $2^0 = 1$) será:

$$1 + 2 + 4 + 5 + 10 + 11 + 20 + 22 + 44 + 55 + 110 = 284$$

Procediendo de igual forma con los divisores del número 284 (excluyendo el propio número) y sumando, obtendremos:

$$1 + 2 + 4 + 71 + 142 = 220$$

Habiendo quedada demostrada la ancestral amistad que les une a ambos números.

En textos árabes como el de Ibn Khaldun, matemático andalusí del s. XIV, en su *Prolegómeno histórico*, ya se hablaba de las propiedades mágicas y de las maravillosas virtudes de los números amigos para construir talismanes y horóscopos. Llegó a creerse que un talismán en el que hubiese grabada una pareja de números amigos influiría favorablemente en el devenir amoroso de quien lo llevase consigo.

Hubo que esperar al siglo XVII para que el matemático y jurista francés Pierre de Fermat (1601-1665) encontrase otra pareja de amigos: el 17 296 y el 18 416 que aprovechó para desafiar a René Descartes retándole a que encontrase otra pareja, algo que conseguiría años más tarde con los números 9 363 584 y 9 437 056. Pero fue en 1747 cuando el matemático suizo Leonhard Euler llegó a dar una lista de treinta parejas de números amigos, aunque se comprobaría más adelante que dos de ellos no lo eran, lo que no le resta mérito alguno. Ya en el s. XIX, Bernardo Nicolò Paganini (1819-1859), que nada tiene que ver con el violinista, descubrió la segunda pareja de amigos más pequeña después de la de los griegos, el 1 184 y el 1 210, una pareja que se le escapó a Fermat, así como a los otros matemáticos. Nuevas parejas de amigos que tardaron en aparecer fueron: 2 260 y 2 924 junto a 12 285 y 14 595, descubierta esta última en 1939.

Especial mención le debemos al árabe Thabit Ibn-Qurra (826-901), fundador de una escuela de traductores gracias a la cual se tradujeron al árabe obras de Euclides, Arquímedes, Apolonio y Ptolomeo, entre otros. Se le considera el artífice de la siguiente fórmula para obtener algunos números amigos:

Si para un número natural n, con $n > 1$, resulta que los números a, b y c que vienen dados por $a = 3 \cdot 2^n - 1$; $b = 3 \cdot 2^{n-1} - 1$ y $c = 9 \cdot 2^{2n-1} - 1$, son primos, entonces la pareja de números: $2^n \cdot a \cdot b$ y $2^n \cdot c$ son amigos.

El problema de la fórmula es que hasta ahora solo se han encontrado soluciones para $n = 2$, 4 y 7, obteniéndose las siguientes parejas de números amigos: 220 y 284; 17 296 y 18 416; 9 363 584 y 9 437 056.

Aunque no se ha demostrado que tenga que ocurrir siempre, pero en las parejas de amigos conocidos que son impares resulta que, además, son múltiplos de tres como ocurre por ejemplo con la pareja 12 285 y 14 595. También parece que son más las parejas de amigos pares. Se desconoce por ahora si habrá parejas de números amigos en las que uno sea par y el otro impar. En la actualidad se conocen miles de parejas de números amigos y gracias a los potentes ordenadores la búsqueda continúa.

17

LOS NÚMEROS PRIMOS Y SU INFINITUD

Nos adentramos ahora en el fascinante mundo de los números primos que ya han sido mencionados anteriormente. Del latín *primus* que significa primero, alude al hecho de que a partir de ellos pueden obtenerse el resto de los números naturales. Los números primos constituyen los ladrillos básicos del gran edificio de los números. Además, son absolutamente imprevisibles, caóticos por tanto, no conociéndose hasta ahora ninguna fórmula general que permita obtenerlos.

Un número primo es aquel que tiene dos divisores y solo dos: él mismo y la unidad. El primer primo y único par es el 2. Le siguen el 3, 5, 7, 11, 13, etc. Por ejemplo, el 6 es un número compuesto, no primo, porque es divisible no solo por 1 y 6, sino también por 2 y 3. Tiene cuatro divisores. El lector se habrá dado cuenta de lo especial que es el número 1, que ni es primo ni es compuesto. Sencillamente, es único.

Entre las numerosas demostraciones de la existencia de infinitos números primos hemos seleccionado por su belleza y simplicidad la que dio Euclides hacia el año 300 a. C. en su monumental obra los *Elementos*. Esta demostración se basa en el «método de reducción al absurdo» que, básicamente, consiste en partir de una hipótesis a partir de la cual y mediante razonamientos lógicos se llega finalmente a una contradicción de donde se deduce que la hipótesis era falsa.

Hipótesis: supongamos que el conjunto C de los números primos es finito y que el último sea el número primo Z.

$$C = \{2, \ 3, \ 5, \ 7, \ 11, \ 13, \ ..., \ Z\}$$

Construyamos ahora el número T como el producto de los elementos de C:

$$T = 2 \cdot 3 \cdot 5 \cdot 7 \cdot 11 \cdot 13 \cdot ... \cdot Z$$

Si sumamos la unidad a T se tendrá: $T+1$. Y es evidente entonces que se cumple: $T > Z$ pues Z es uno de los muchos factores de T y, consiguientemente, $T + 1 > Z$

Estudiemos ahora cuáles son los divisores de $T + 1$.

Si comenzamos por el 2, es evidente que T sí es divisible por este número ya que era su primer factor propio. Entonces, $T + 1$ no puede ser divisible por 2 ya que si a un número par T (T es par por ser múltiplo de 2) le sumamos la unidad, resultará un número impar que no es divisible por 2.

Sigamos con el 3. Por la misma razón vista anteriormente, es evidente que T sí es divisible por 3. Pero $T + 1$ no podrá serlo. Es claro que T será múltiplo de 3 (acabamos de ver que era divisible por 3) y, por tanto, si le sumamos la unidad, $T + 1$, no podrá ser divisible por 3 porque el primer número divisible por 3 posterior a T es: $T + 3$. (por ejemplo, si $T = 2 \cdot 3 \cdot 5 \cdot 7 \cdot 11 = 2\,310$, el siguiente divisible por 3 no puede ser $T + 1 = 2\,311$, sino $T + 3 = 2\,313$).

Hasta ahora hemos visto que $T + 1$ no es divisible ni por 2, ni por 3. Pero si continuamos con el mismo razonamiento probando con el 5, 7, 11, 13, etc. hasta Z, habremos demostrado que tampoco $T + 1$ es divisible por ninguno de ellos. Es decir, $T + 1$ no es divisible por ninguno de los números primos del conjunto inicial C. En consecuencia, $T + 1$ solo será divisible por él mismo y por la unidad. Luego, $T + 1$ es un número primo. Pero ya vimos que $T + 1 > Z$, y aquí es donde se encuentra la contradicción pues en la hipótesis se establecía que el último número primo y el mayor de todos era Z. Y hemos encontrado otro número primo $T + 1$ que lo supera.

En conclusión, la hipótesis es falsa y por tanto:

El conjunto de los números primos es infinito

17.1. Criba de Eratóstenes

Fue Eratóstenes de Cirene (276 a. C. - 196 a. C.) quien ideó un curioso procedimiento para obtener los números primos denominado «criba de Eratóstenes». Dispuso los cien primeros números naturales del 1 al 100. Eliminó primeramente el 1 porque no cumple la condición de ser primo y todos los múltiplos de dos empezando por el 4, pero dejando el 2. Después todos los múltiplos de 3 pero dejándolo como segundo número primo y así sucesivamente con los múltiplos de cinco y de siete, finalizando al llegar al número 10 que es precisamente la raíz cuadrada de 100 (no es difícil demostrar que, para asegurar que un determinado número sea primo, basta con dividirlo por los números primos menores que dicho número hasta llegar a su raíz cuadrada o la parte entera de la misma, de forma que si todas las divisiones dan como resultado restos distintos de cero, el número en cuestión es primo). Siguiendo el procedimiento de la criba de Eratóstenes se obtiene la siguiente tabla de los números primos menores de 100:

~~1~~	2	3	~~4~~	5	~~6~~	7	~~8~~	9	~~10~~
11	~~12~~	13	~~14~~	~~15~~	~~16~~	17	~~18~~	19	~~20~~
~~21~~	~~22~~	23	~~24~~	~~25~~	~~26~~	~~27~~	~~28~~	29	~~30~~
31	~~32~~	~~33~~	~~34~~	~~35~~	~~36~~	37	~~38~~	~~39~~	~~40~~
41	~~42~~	43	~~44~~	~~45~~	~~46~~	47	~~48~~	~~49~~	~~50~~
~~51~~	~~52~~	53	~~54~~	~~55~~	~~56~~	~~57~~	~~58~~	59	~~60~~
61	~~62~~	~~63~~	~~64~~	~~65~~	~~66~~	67	~~68~~	~~69~~	~~70~~
71	~~72~~	73	~~74~~	~~75~~	~~76~~	~~77~~	~~78~~	79	~~80~~
~~81~~	~~82~~	83	~~84~~	~~85~~	~~86~~	~~87~~	~~88~~	89	~~90~~
~~91~~	~~92~~	~~93~~	~~94~~	~~95~~	~~96~~	97	~~98~~	~~99~~	~~100~~

Euclides enunció el teorema fundamental de la aritmética (aunque sería Gauss quien lo demostrase en 1801 en su obra *Disquisitiones Arithmeticae*) asegurando que cualquier número natural se puede descomponer de forma única como producto de números primos. Los estudiantes de secundaria están acostumbrados a hacerlo a diario. Por ejemplo, 180 es el producto de $2^2 \cdot 3^2 \cdot 5$, siendo 2, 3 y 5 números primos. Resulta interesante saber que sumando una unidad a cada exponente y multiplicándolos entre sí, se obtiene el número de divisores de ese número.

En 180 se tendría: $(2+1)\cdot(2+1)\cdot(1+1) = 18$ divisores. Esos 18 divisores podemos obtenerlos fácilmente:

	$2^0 = 1$	$2^1 = 2$	$2^2 = 4$
3^1	3	6	12
3^2	9	18	36
5	5	10	20
	15	30	60
	45	90	180

17.2. Primos gemelos

Si el lector observa con detenimiento la lista de los números primos menores que 100 que hemos conseguido aplicando la criba de Eratóstenes, se dará cuenta que solo la pareja 2,3 es la única posible de primos consecutivos cuya diferencia sea la unidad. En todas las demás la mínima diferencia ha de ser de dos unidades necesariamente. Es evidente que sea así ya que, salvo el único primo par que es el 2, todos los demás son impares. Y la mínima distancia entre dos impares consecutivos es de dos unidades: 3 y 5, 7 y 9, etc.

Es por lo anterior y debido a que la distancia entre dos números primos consecutivos es variable (por ejemplo, entre 499 y 503 la distancia es 4, mientras que entre 691 y 701 esa distancia es 10) por lo que cuando dos números primos se diferencian en solo dos unidades se les conoce como primos gemelos.

De la lista de los números primos obtenida mediante la criba de Eratóstenes podemos concluir que las ocho parejas de primos gemelos entre los 100 primeros números naturales son las siguientes: (3,5), (5,7), (11,13), (17,19), (29,31), (41,43), (59,61), y por último, (71,73).

Aunque los matemáticos sospechan que existen infinitos primos gemelos, pero aún no se ha demostrado que sea así. Sorprendentemente sí se sabe que el triplete 3, 5 y 7, donde la diferencia entre dos primos consecutivos es dos, es el único que existe.

17.3. Primos de Chen

Entre las sorpresas que deparan los números primos, así como curiosas denominaciones de aquellos que cumplen alguna propiedad (acabamos de ver los primos gemelos) se encuentran los denominados primos de Chen. El nombre procede del matemático chino Chen Jingrun (1933-1996) cuyas aportaciones en la investigación de teoría números fueron destacables. Por ejemplo, el «teorema de Chen» establece que dado un número par suficientemente grande es posible escribirlo como suma de un número primo y el producto de dos primos. Por ejemplo: $200 = 191 + 3 \cdot 3$. También: $400 = 379 + 7 \cdot 3$. Pero, ¿en qué consisten los primos de Chen? Se denominan así aquellos números primos p tales que $p + 2$ sea primo o producto de dos primos. Volviendo a la tabla que obtuvimos de los números primos menores que 100, puede comprobarse que 2, 3, 5, 7, 11, 13, etc. son primos de Chen. Por ejemplo: si $p = 7$, $p + 2 = 9$, y $9 = 3^2$ que es el producto de dos primos. De igual forma, si $p = 11$, entonces $p + 2 = 13$, siendo 13 otro número primo. ¿Cumplirán entonces todos los números primos las condiciones de ser primos de Chen? Veamos que no. Si tomamos $p = 43$, $p + 2 = 45$, y 45 es un número compuesto ($45 = 3 \cdot 3 \cdot 5$). No son primos de Chen, entre otros, 61, 73, etc.

Aunque más adelante veremos con mayor detenimiento en qué consisten los «cuadrados mágicos» así como algo de su historia, pero merece la pena que el lector intente resolver el siguiente cuadrado mágico en el que todos los números que lo forman son primos de Chen. En este divertimento aparecen en un cuadrado 3 x 3 solo tres de los nueve números primos de Chen y hay que averiguar los seis restantes. Para ello, basta con saber que la suma de los números por filas, columnas y diagonales es un número constante e igual, en este caso, a 177:

17		
47	29	

De forma casi inmediata se obtienen los primos de Chen: 5, 59, 71, 89, 101 y 113 que deberán ubicarse adecuadamente en el cuadrado mágico.

17.4. La conjetura de Goldbach

Veamos a continuación otra curiosidad de los números primos. En el s. xviii, un matemático prusiano llamado Christian Goldbach

(1690-1764) envió al también matemático Leonhard Euler una carta en la que le decía que todo número par mayor que 2 se podía escribir como la suma de dos números primos. Por ejemplo: $4 = 2 + 2$, $18 = 11 + 7$, $36 = 29 + 7$, etc. Y se le ha llamado conjetura de Goldbach porque, aunque se ha comprobado para todos los números pares menores de varios miles de billones, pero aún no se ha podido demostrar para cualquier número par.

Un ejemplo realmente curioso en el que se cumple la conjetura de Goldbach es el número par 666, porque, por un lado: $666 = 313 + 353$ (suma de dos números primos palíndromos) y, por otro, $666 = 2^2 + 3^2 + 5^2 + 7^2 + 11^2 + 13^2 + 17^2$ (suma de los cuadrados de los siete primeros números primos).

Existe otra conjetura complementaria, también conocida como conjetura débil de Goldbach, que asegura que todo número impar o es primo o suma de tres primos. Por ejemplo, el 3 y el 5, directamente son primos. Pero $7 = 2 + 2 + 3$, de la misma forma, $17 = 3 + 3 + 11$, etc. A diferencia de la primera conjetura, esta segunda fue demostrada en 2013 por el matemático peruano Harald Helfgott.

17.5. Primos de Mersenne

¿Habrá primos insignes? Depende de lo que entendamos por insigne. Para nosotros esta distinción se debe a la importante repercusión social y tecnológica que tienen. Y vamos a demostrar que estos egregios primos existen y son muy demandados.

Es la ocasión para recordar a Marin Mersenne (1588-1648), ya citado con anterioridad, un teólogo francés de la Orden de los Mínimos que vivió casi todo el tiempo en monasterios parisinos. Fue compañero de René Descartes en el colegio y defendió su filosofía aún a pesar de las críticas de la Iglesia en su época. De hecho, se opuso a las enseñanzas místicas como la alquimia o la astrología. Mersenne sugirió al físico holandés Christiaan Huygens (1629-1695) un método para calcular el tiempo que tarda un cuerpo que rueda por un plano inclinado utilizando un péndulo. Y Huygens aplicó la sugerencia de Mersenne para construir un reloj de péndulo del que hablaremos más adelante. Llegó a ser nombrado Presbítero del Convento de la Anunciación en París en 1612. Además de sus publicaciones sobre teología, escribió tratados científicos como *Armonía Universal* donde planteaba una fórmula que relacionaba la longitud de una cuerda con la frecuencia del sonido que emitía al hacerla vibrar.

Pero su gran legado científico fue *Cogitata Physico-Mathematica* en 1644 donde aparece su increíble estudio de cierto tipo de números primos. Así afirmó, sin demostrarlo, que para ciertos números primos p resultaba que otros números de la forma $(2^p) - 1$, llamados «primos de Mersenne», también eran primos. Por ejemplo, el número 31 es un primo de Mersenne porque puede expresarse como $2^5 - 1$. Llegó a proporcionar una lista de once números primos entre 2 y 257, ambos incluidos, tales que aseguraba que generaban nuevos números primos al sustituirlos en la fórmula que acabamos de comentar. Se equivocó en dos de los números de la lista: 67 y 257 que generaban números compuestos y le faltaron por incluir tres: 61, 89 y 107. No obstante, para los muy rudimentarios medios de cálculo de la época, demasiado acertado estuvo Mersenne.

De los 168 números primos que hay entre los 1000 primeros números naturales solo catorce de ellos generan primos de Mersenne. Así pues, para que $(2^p) - 1$ sea primo, es condición necesaria pero no suficiente que el exponente p lo sea (por ejemplo, si elegimos $p = 11$, que como sabemos es primo, entonces $2^{11} - 1 = 2047$ no es un primo de Mersenne porque $2047 = 23 \cdot 89$, y por tanto se trata de un número compuesto).

En 2018 se conocían 51 primos de Mersenne. Ha habido que esperar hasta octubre de 2024 para que el matemático aficionado Luke Durant encontrase el quincuagésimo segundo primo de Mersenne, confirmado por GIMPS (se explica a continuación), que contiene más de 41 millones de cifras:

$$2^{136279841} - 1$$

Y por la fórmula de Euclides, que estudiamos en el capítulo dedicado a los números perfectos, sabemos que todo número primo de Mersenne tiene asociado un número perfecto que, en nuestro caso será: $2^{136279840} \cdot (2^{136279841} - 1)$. No le sugiero al lector que compruebe que ese número es perfecto porque se le puede ir la vida en ello. Primero habría que calcular ese producto y, después, descomponer factorialmente el número obtenido. Finalmente habría que sumar todos sus diviso-res salvo el propio número (ejemplo sencillo, dado el número 7 que es primo de Mersenne: $2^3 - 1 = 7$, entonces $2^2 \cdot 7 = 28$ es número per-fecto, y la demostración la vimos en el capítulo dedicado a los números perfectos).

En criptografía los números primos están muy codiciados y como los de Mersenne son tan extraordinariamente gigantescos se ha estable-cido un premio de 150 000 dólares para quien encuentre alguno con al menos 100 millones de cifras. De ahí surgió el Proyecto GIMPS (Great Internet Mersenne Prime Search o 'Gran búsqueda de números primos de Mersenne' por Internet) que actualmente permite que el lector se baje un software gratuito a su ordenador. Y ese ordenador interconec-tado con decenas de miles de otros ordenadores de todo el mundo con el mismo software buscará el nuevo primo de Mersenne que, con mu-cha suerte, quizás lo encuentre. Esos cientos de miles de ordenadores interconectados funcionarán como un gran supercomputador capaz de realizar decenas de billones de operaciones por segundo (esto es lo que ha hecho Luke Durant al ser capaz de interconectarse con ordenadores de 17 países creando una supercomputadora virtual capaz de conseguir el 52° primo de Mersenne).

17. 6. Carl Friedrich Gauss y su conjetura

> La matemática es la reina de las ciencias y la
> teoría de números es la reina de la matemática.
>
> Carl Friedrich Gauss (1777-1855)

Nacido en Brunswick, Alemania, es probablemente uno de los matemá-ticos más grandes de todos los tiempos, aclamado desde el s. XIX como *Princeps Mathematicorum* o «Príncipe de los Matemáticos». Abarcó todas las áreas de la matemática de su tiempo con aportaciones, algu-nas de ellas las hemos visto anteriormente (teorema fundamental de la aritmética, al hablar de los números primos), ciertamente memorables. Fue un niño prodigio desde la infancia. Es muy conocida la historia según la cual, con tan solo siete años, y a requerimiento de su profesor, se le pidió a él y a todos los alumnos de la clase que sumasen los cien primeros números naturales. Mientras los demás compañeros se afanaban en sumar consecutivamente los números: 1+2 = 3, 3+3 = 6, 6+4 = 10, etc., el prodigioso Gauss se percató de que podía formar 50 parejas de números cuya suma era siempre la misma, 101: (1+100), (2+99), (3+98), ..., (49+52), (50+51). Solo tuvo que sumar la primera pareja y multiplicar por 50: 101 · 50 = 5050. Al responder tan rápidamente, hemos de imaginar que el maestro se quedaría estupefacto ante una mente tan maravillosa para las matemáticas. El pequeño Gauss llegó al mismo resultado que si aplicásemos la fórmula de la suma de los términos de una progresión aritmética de diferencia la unidad, siendo el primer término 1 y el último 100 (fórmula que demostraremos en el capítulo de los cuadrados mágicos). Aunque Gauss no necesitó fórmula de ninguna clase.

En 1795 entró en la Universidad de Gotinga donde a los pocos años inventó el método de los mínimos cuadrados que servía para encontrar la mejor curva que se adaptaba a un número determinado de observaciones minimizando los errores posibles (utilizó este método para calcular la órbita del planetoide Ceres descubierto por el astrónomo italiano Giuseppe Piazzi en 1801 y perteneciente al cinturón de asteroides entre Marte y Júpiter). Un año más tarde, también encontró un procedimiento para dibujar un polígono regular de 17 lados con regla y compás que desde tiempos de los griegos nadie había conseguido. En 1799 demostró el teorema fundamental del álgebra (su tesis doctoral) que básicamente establece que cualquier ecuación polinómica f (x) = 0, con coeficientes reales o complejos, tiene al menos una raíz. Es conocido también su descubrimiento de que todo número natural puede expresarse como suma de tres números triangulares (hablaremos de ellos más adelante, en el capítulo dedicado a la idea de infinito), por ejemplo: 5 = 1 + 1 + 3, 28 = 21 + 6 + 1, etc.

Por otra parte, la idea de representar gráficamente los números complejos en el plano ya había sido sugerida sin éxito, con anterioridad a Gauss, por matemáticos como John Wallis (1616-1703), Caspar Wessel (1745-1818) o Jean Robert Argand (1768-1822), pero quien consiguió que la comunidad matemática aceptase la representación de los números complejos en un sistema cartesiano de coordenadas donde el eje de abscisas se convertía en el eje real y el eje de ordenadas en el eje imaginario, fue indiscutiblemente Gauss (el lector puede encontrar esta idea gráficamente expuesta en el momento de relajación teatral III: Decimalandia II). El asignar a un punto del plano un número complejo (y viceversa) resultó crucial para el desarrollo y aplicaciones posteriores de los números complejos. Por las contribuciones de Gauss al estudio del magnetismo es por lo que la unidad de flujo magnético se llama precisamente *gauss*.

La conjetura de Gauss es una hermosa estimación acerca de la cantidad de números primos existentes hasta un número natural dado, de forma que la estimación se hace cada vez mejor cuanto mayor sea el número natural elegido. Si llamamos al número natural elegido E y al número de primos menores que ese número $P(E)$, la conjetura afirma:

$$P\left(E\right) \approx \frac{E}{\ln E}$$

Donde ln E significa el logaritmo neperiano de E.

Si por ejemplo elegimos $E = 100\,000$, entonces la conjetura establece que el número de primos menores que $100\,000$ es aproximadamente:

$$P\left(100.000\right) \approx \frac{10^5}{\ln 10^5} = \frac{2 \cdot 10^4}{\ln 10} = 8.685,89$$

Donde se ha simplificado la expresión anterior aplicando las propiedades elementales de los logaritmos y las potencias:

$$10^5 \,/\, \ln 10^5 = 10 \cdot 10^4 \,/\, (5 \cdot \ln 10) = 2 \cdot 10^4 \,/\, \ln 10$$

Así pues, entre los $100\,000$ primeros naturales se estima que habrá aproximadamente $8\,686$ números primos. O, lo que es equivalente, que el $8,7\,\%$ de los primeros $100\,000$ números naturales serán números primos. Si se cuentan exactamente los números primos que hay inferiores a $100\,000$, resultan $9\,592$. Es evidente que al aplicar la conjetura se comete cierto error, en nuestro caso es del $9,4\,\%$. Si eligiésemos $E = 10^{10}$, el error cometido al aplicar la conjetura hubiese sido del $4,6\,\%$. A medida que aumentamos E, el error en la estimación disminuye.

La conjetura de Gauss fue demostrada años más tarde por el matemático francés Jacques Salomon Hadamard (1865-1963) y el matemático belga Charles-Jean de la Vallée Pousin (1866-1962), ambos longevos como acabamos de comprobar, convirtiéndola en el «teorema de los números primos».

17.7. Utilidad de los números primos y los ordenadores cuánticos

Los números primos se utilizan en las claves secretas de acceso a nuestra cuenta bancaria, en las tarjetas de crédito, en las transacciones bancarias, en las comunicaciones por teléfono móvil, en el correo electrónico y en la criptografía, como hemos visto, resultan fundamentales. Imaginemos el número 7 303 y nos preguntamos si será el resultado de multiplicar dos números primos. Nos puede llevar cierto tiempo encontrar el 67 y el 109. Entonces, si tomamos dos números primos con cientos o miles de cifras cada uno y los multiplicamos, averiguar conocido el producto cuáles son los dos factores primos que lo generan es una muy ardua tarea que incluso a un superordenador puede llevarle siglos conseguirlo. En esto se basa la seguridad de la criptografía basada en los números primos. Ahora bien, la computación cuántica que avanza a pasos agigantados y de la que hablaremos a continuación, podría resolver este problema de averiguar los factores primos cuyo producto es el número de seguridad. De hecho, la criptografía cuántica es ya una realidad que viene a solventar el problema anterior.

En los ordenadores clásicos la información se codifica a base de bits. Un bit *(binary digit)* puede tomar solo uno de los valores: 0 o 1. En un ordenador cuántico, esa información se procesa en base a los denominados «qubits» *(quantum bits)*. La abismal diferencia entre el bit y el qubit estriba en que este último puede tomar los valores: 0, 1, ambos a la vez o valores intermedios entre 0 y 1. Lo que se manipula realmente no son ceros ni unos sino estados cuánticos. Para que esto sea posible, las puertas lógicas que intervienen en los ordenadores cuánticos han de seguir las leyes de la física cuántica, lo cual significa por ejemplo que han de funcionar a temperaturas próximas al cero absoluto: 0 K (-273° C), para así aislar a los átomos debidamente y propiciar que a nivel atómico se manifiesten unos efectos cuánticos que resultan insólitos en el mundo macroscópico en el que vivimos, como la *superposición* o el *entrelazamiento*. Con la superposición se consigue que al mismo tiempo se pueda estar en numerosas configuraciones posibles y con el entrelazamiento la posibilidad de pares de qubits entrelazados, es decir, que dos partículas podrían estar separadas por una distancia teóricamente infinita y serían capaces de comunicarse entre sí sin la existencia de un medio físico entre ellas. Algo que se ha comprobado ya experimentalmente, aunque se desconozca por qué es así.

En un ordenador clásico de 3 bits, las configuraciones posibles serían las ocho siguientes:

0	0	0
1	0	0
0	1	0
0	0	1
1	1	0
1	0	1
0	1	1
1	1	1

Podemos imaginar un ordenador clásico resolviendo determinado problema de forma que el sistema tendría que analizar secuencialmente cada uno de los ocho estados posibles con la inversión de tiempo correspondiente. Empezaría por (000), comprobaría si es la solución y de no serlo pasaría al (100) y así sucesivamente. Pero en un ordenador cuántico de 3 qubits, las $2^3 = 8$ configuraciones las analizaría simultáneamente, en un instante. El ahorro de tiempo es realmente astronómico y se espera que en futuro próximo puedan resolverse problemas hasta ahora irresolubles en ámbitos como la química, la medicina o el diseño de nuevos materiales, incluyendo la inteligencia artificial (*IA*), aunque no sean ni siquiera imaginables por ahora otras aplicaciones que irán desvelándose a medida que se desarrolle esta nueva tecnología revolucionaria. Evidentemente, con la computación cuántica se ha pasado a una criptografía cuántica que nada tiene que ver con la actual basada como vimos en los números primos y que impide decodificar informaciones encriptadas cuánticamente, básicamente, porque la información viajará de un punto a otro alejado todo lo que queramos del primero, sin pasar por medio material alguno, con lo cual nadie podrá capturar esa información por el camino. La propiedad del entrelazamiento ya comentada está detrás de este casi inexplicable comportamiento cuántico.

Esta es la razón por la cual se intentan construir ordenadores cuánticos con un número de qubits elevado. Por ejemplo, con uno de 300 qubits, estaríamos computando simultáneamente 2^{300} configuraciones, equivalente a 10^{80} que es el número de átomos estimado del universo (el lector debería buscar las magistrales conferencias en YouTube sobre computación cuántica del eminente físico español Juan Ignacio Cirac, director del Instituto Max Planck de Óptica Cuántica en Múnich desde hace más de 20 años y uno de los referentes europeos indiscutibles en esta materia que podría recibir antes de lo imaginado el Premio Nobel por sus aportaciones en este campo). Un solo computador cuántico con 300 qubits equivaldría a millones de computadores clásicos funcionando en paralelo. En la actualidad existen prototipos de ordenadores cuánticos que han llegado a los 5 000 qubits, cantidad que se habrá superado con total seguridad tras la edición del presente libro. Países como EE. UU. o China, (Europa también, pero en menor medida) llevan tiempo invirtiendo ingentes cantidades de dinero en computación cuántica por obvias razones de interés económico y militar. Por ejemplo, IBM (International Business Machines) ha empezado a desarrollar un ordenador cuántico de 100 000 qubits que espera tener listo para 2033 y tanto Google como Microsoft también llevan años investigando en este ámbito tecnológico.

MOMENTO DE RELAJACIÓN TEATRAL III:
DECIMALANDIA II

Los carnavales numéricos constituían el lugar predilecto para que los números racionales (aquellos que admiten un representante fraccionario con numerador y denominador números enteros) mostrasen sus esencias ante todo tipo de espectadores, incluidos los irracionales. Y fue un ilustre visitante de otra dimensión, un número complejo z, quien se percató de la esencial diferencia existente entre aquellos números en litigio: los racionales y los irracionales. Los números complejos tenían la suerte de contar con una parte real y otra imaginaria (la feliz idea desarrollada por Gauss como vimos con anterioridad). Es decir, podían estar simultáneamente con los pies en la tierra y la cabeza en ignotos mundos imaginarios. Divisaban muy bien el mundo de los reales donde habitaban aquellos decimales. Y, de hecho, los entendían muy bien, ya que por esencia los complejos tenían una parte real a (aunque en ocasiones fuesen imaginarios puros sin parte real, es decir, $a = 0$) y otra imaginaria b. De ahí que su aspecto fuese: $z = a + b \cdot i$. La unidad imaginaria i resultó ser algo inicialmente aberrante pues se trataba de la raíz cuadrada de -1.

Y el complejo z, en estas, vio en el eje real a un ser racional vestido de decimal exacto. «¿Y cómo es Él?», se preguntó a sí mismo. Observó que su parte entera lucía sobre su torso desnudo y después llevaba como una falda de cola tal que sobre ella aparecían sus decimales finitos. Poco después, el mismo complejo z descubrió a otro número racional, también muy flamenco como el anterior, que se hacía llamar decimal periódico puro y que charlaba con otro amigo racional al que se dirigía como decimal periódico mixto. El complejo z entendió de inmediato las similitudes y las diferencias entre ellos sin más que atender a sus vestimentas.

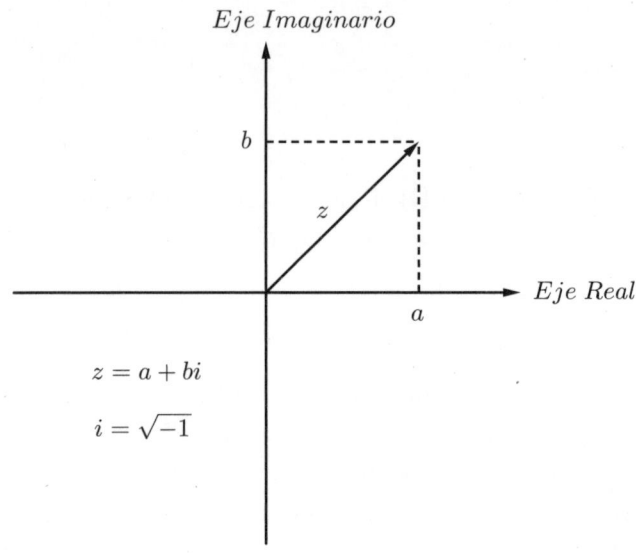

$$z = a + bi$$
$$i = \sqrt{-1}$$

La cola decimal de ambos trajes, a diferencia del decimal exacto, era ahora, infinita. Pero el periódico puro repetía un grupo de cifras desde sus décimas mientras que el mixto lo hacía a partir, por lo menos, de las centésimas. El número complejo z quedó petrificado cuando el puro y el mixto se hicieron un sutil guiño una vez descubrieron que estaban siendo observados desde las alturas. De repente cambiaron la estética de su presentación en sociedad. Las colas decimales de ambos, otrora desmesuradas en extensión, ahora se habían encogido como por arte de magia luciendo, exclusivamente y una sola vez, el grupo finito de cifras decimales que antes se repetía hasta el infinito. Resultaba divertido porque, tanto uno como el otro, portaban una especie de paraguas, un caparazón envolvente fino y delicado que cubría a ese grupo finito de cifras periódicas tan determinantes. Parecía como si la parte más noble de aquellas criaturas necesitase una adecuada protección. Y ante la mirada atónita del número complejo z, comenzaron a bailar. Ahora les resultaba mucho más fácil hacerlo pues se habían recogido sus largas e infinitas colas gracias a esa concha protectora que evitaba que pudieran enredarse mientras danzaban alegres y ufanos. Sin embargo, algo les detuvo inesperadamente. El periódico puro le dijo al mixto: «Échate hacia un lado querido, por ahí viene lustrosa la raíz cuadrada de dos y la muy engreída llega desmelenada, con toda su parte decimal al aire».

Verdaderamente aquella criatura aparecía faraónica e irracional, al complejo *z* le recordó a Rita Hayworth en *Gilda*. Interminable. Insaciable en mostrar su cola. Y lo peor era que allá por donde pasaba cortaba el tráfico numérico eternamente. De ahí que los irracionales expresados en su forma decimal fuesen tan repudiados en el mundo de los reales. Plenamente consciente de la situación, el número complejo *z* decidió hacerse notar dirigiéndose a la raíz cuadrada de dos desde su privilegiada posición, «¡Eh! ¡Tú! Irracional que vistes hoy en forma decimal, ¿no podrías recogerte esa cola infinita como hacen los decimales periódicos?». La raíz cuadrada de dos no se hizo esperar respondiéndole con gallardía desde la rotunda unidad de su parte entera, «¿No te has percatado criatura compleja que mis cifras decimales son infinitas, pero no periódicas?».

Y el número complejo *z* le espetó: ¡Claro que me he dado cuenta! Pero tú puedes hacer algo que otros de tu misma estirpe no pueden. Por ejemplo, el irracional 4,10110111011110... está condenado a lucir su infinita cola de por vida. Pero, en tu caso, basta que aparezcas como un 2 dentro de una casita que es la raíz cuadrada. Esa suerte también la tienen la raíz cuadrada de 5 o de 7, 11, 15, etc.

La raiz cuadrada de 2 quedó fascinada por la observación del complejo *z*, se lo agradeció enormemente porque había diferencia entre aparecer como 1,41421356... con la infinita cola decimal a hacerlo como un 2 dentro de la raíz cuadrada. Otros privilegiados irracionales en poder ocultar sus colas infinitas y aperiódicas eran pi, el número de oro, y algunos otros. Tenían símbolo propio. No obstante, la mayoría de los irracionales tenían muy clara la imposibilidad de recogerse su infinita cola decimal como sí podían los periódicos puros y mixtos por ser racionales. Sabían que, en última instancia, si se pegaban un tijeretazo podían aproximarse a determinado orden y convertirse en fracción. Pero no estaban dispuestos a ello porque lo vivirían como una insoportable castración. Una flagrante degradación pues la esencia de su alma irracional era la infinitud sin pauta. Puro caos.

19

BHASKARA, EL INFINITO, LAS ECUACIONES DE SEGUNDO GRADO Y EL TEOREMA DE PITÁGORAS

B haskara (1114-1185) fue un matemático y astrónomo indio considerado el más importante del siglo XII porque su obra representa la culminación de las contribuciones hindúes anteriores a su época.

Escribió un libro llamado *Siddhanta Siroman* que se divide en cuatro capítulos donde el primero versa sobre la aritmética y que según una leyenda que desvelaremos al final dedicó a su hija llamada Lilavati; el segundo titulado *Vija-ganita*, sobre Álgebra; el tercero *Goladhyaya*, que trata sobre el globo celeste, y el cuarto es *Graha-ganita*, que aborda las matemáticas de los planetas conocidos en su época. Sus estudios versan sobre sistemas de numeración, geometría plana, trigonometría, combinatoria, ecuaciones diofánticas, progresiones aritméticas y geométricas, ternas pitagóricas, etc.

La primera vez que se encuentra en la historia de las matemáticas la afirmación de que el cociente entre un número distinto de cero y cero es infinito es precisamente en el *Vija-ganita*. Según sus propias palabras:

La fracción 3 / 0 se llama cantidad infinita. En esta cantidad que consiste en lo que tiene cifra como divisor, no hay alteración posible por mucho que se añada o se extraiga, lo mismo que no hay cambio en Dios infinito e inmutable.

El texto anterior es una traducción al español de un texto árabe que originalmente era hindú. El cero aparece por vez primera en la India en el año 876, más de dos siglos después de las conocidas nueve cifras del 1 al 9. Este hecho confirma la enorme dificultad humana a lo largo de la historia para concebir un símbolo que representase la ausencia de cantidad. El cero para los hindúes era *sunya* y su significado como la «vacuidad» es lo que representa el actual cero. La forma que adoptaron los hindúes para el cero, un redondo huevo de oca, es la que los árabes adoptaron y transmitieron posteriormente a las civilizaciones occidentales como «as-sifr» o «sifr», derivando a la palabra cifra.

A los matemáticos hindúes de la antigüedad hay que reconocerles el trascendental mérito de reunir los tres principios básicos de nuestro sistema de numeración actual: una base decimal, una notación posicional, esto es que el valor de una cifra depende del lugar que ocupa y una forma cifrada para cada uno de los diez numerales básicos, es decir, las cifras.

Si volvemos al texto de Bhaskara, la «cifra como divisor» que en el mismo aparece, se refería al cero. Quería decir el matemático indio que por mucho que cambiase el numerador, aumentándolo o disminuyéndolo, siempre que no fuese cero como el denominador, el resultado sería siempre infinito. En efecto, con la ayuda de una calculadora, si tomamos un número positivo cualquiera distinto de cero y lo dividimos por números positivos cada vez más pequeños, veremos cómo los cocientes obtenidos van aumentando a medida que disminuye el denominador. En el límite, cuando el denominador tiende a cero, el cociente tiende a infinito, aunque si se experimenta con la calculadora dividiendo entre cero, aparecerá un mensaje de error.

Bhaskara, sin embargo, creyó erróneamente que $(3/0) \cdot 0 = 3$. Como si fuese posible, que no lo es, simplificar el cero del numerador con el del denominador ($0/0$ en matemáticas se conoce actualmente como una indeterminación). Se deduce, por tanto, que no llegó a entender debidamente en qué consistía la división por cero.

Una de las fórmulas más famosas atribuida a Bhaskara y que quienes estudian matemáticas en secundaria y bachillerato manejan a diario sin conocer quién fue su progenitor ni el procedimiento para deducirla, es la fórmula de las soluciones de una ecuación general de segundo grado del tipo $ax^2 + bx + c = 0$. Una sencilla demostración actual es la siguiente:

$$ax^2 + bx + c = 0$$

$$ax^2 + bx = -c$$

$$4a^2x^2 + 4abx = -4ac$$

$$4a^2x^2 + 4abx + b^2 = b^2 - 4ac$$

$$(2ax + b)^2 = b^2 - 4ac$$

$$2ax + b = \pm\sqrt{b^2 - 4ac}$$

$$2ax = -b \pm \sqrt{b^2 - 4ac}$$

$$x = \frac{-b \pm \sqrt{b^2 - 4ac}}{2a}$$

La utilidad de esta fórmula vamos a comprobarla con un divertido problema que propone Bhaskara, pero que hemos modificado en su enunciado original para facilitar su comprensión: «Dentro de un bosque hay dos bandos de monos. Uno que juega y otro que no lo hace. Los que juegan son el cuadrado del octavo del total de monos, mientras que hay 12 que no juegan. ¿Cuántos monos hay en total? ¿Cuántos de ellos juegan?». El lector puede intentar resolverlo sin ver la solución que se da a continuación.

Parece claro que el total de monos será:

x = monos que juegan + monos que no juegan

Sabemos que no juegan 12, y que los que juegan son: $(x/8)^2$

Por tanto: $x = (x/8)^2 + 12 = x^2/64 + 12$

De donde se obtendría la ecuación general de segundo grado:

$x^2 - 64x + 768 = 0$

Aplicando la fórmula de Bhaskara que hemos deducido anteriormente, se obtienen dos posibles soluciones: $x = 16$ y $x = 48$. De tal forma, que si tomamos $x = 16$, el número de monos que juegan será: $16 - 12 = 4$ (evidentemente, saldría lo mismo con $(16/8)^2$). Si tomamos $x = 48$, entonces el número de los que juegan será: $48 - 12 = 36$. Son las mismas soluciones que encontró Bhaskara.

Para concluir, veamos una elegante demostración del teorema de Pitágoras por métodos algebraicos partiendo de un cuadrado y que también se debe a Bhaskara:

Con cuatro triángulos rectángulos iguales OPQ es posible formar el cuadrado de la figura (interesa que los catetos no midan lo mismo para así demostrar el teorema de Pitágoras en un triángulo rectángulo típico con los catetos diferentes):

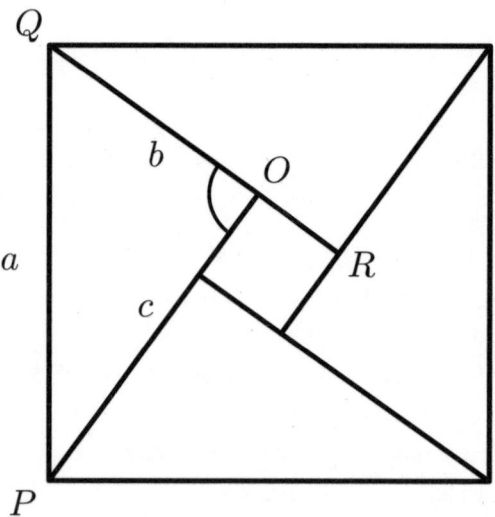

Obsérvese que: $PQ = a$, es la hipotenusa, $OQ = b$ es el cateto de menor longitud, mientras que $OP = c$ es el cateto de mayor longitud. Además, también se cumple: $QR = c$ (pues los cuatro triángulos rectángulos son iguales) de donde: $OR = QR - OQ = c - b$. De forma que en el centro de la figura se ha formado un cuadrado de lado OR.

La demostración de Bhaskara consiste en calcular el área del cuadrado de lado $PQ = a$:

Área del cuadrado grande = 4 · Área del triángulo OPQ + Área del cuadrado pequeño

Algebraicamente:

$$a^2 = 4 \cdot \frac{b \cdot c}{2} + OR^2$$

$$a^2 = 2 \cdot b \cdot c + (c - b)^2$$

$$a^2 = 2 \cdot b \cdot c + c^2 - 2 \cdot c \cdot b + b^2$$

$$a^2 = b^2 + c^2$$

Obteniéndose finalmente la conocida fórmula del teorema de Pitágoras para el triángulo rectángulo *OPQ*: «El cuadrado de la hipotenusa es igual a la suma de los cuadrados de los catetos».

Pero ¿por qué Bhaskara denominó Lilavati a uno de los cuatro capítulos de su libro *Siddanta Sidoman*? Según la leyenda, un matemático tan prodigioso como él, había calculado con exactitud el día y la hora exacta a la que debería casarse su hija Lilavati en las mejores condiciones astrológicas. Como es posible imaginar, la hija, que lo sabía, esperaba con ansiedad el citado día y la hora establecida. Lo hacía delante de un reloj de agua de la época llamado clepsidra. Pero tal debió ser su inquietud que encontrándose inclinada hacia el reloj y de forma inadvertida, una de las perlas de su tocado vino a caer dentro del sistema obstruyéndolo y, consecuentemente, deteniendo la medición del tiempo. Así fue como la hora establecida para tan trascendental acontecimiento había pasado y la muchacha perdió la oportunidad anhelada. Es por ello que su padre quiso dedicar el capítulo destinado a la aritmética a su hija Lilavati.

Finalmente, extraemos del Lilavati un divertido problema para disfrute del lector:

La quinta parte de un enjambre de abejas se posa sobre una flor de kadamba, la tercera parte sobre una flor de silinda. El triple de la diferencia entre estos dos números vuela sobre una flor de krutja y una vuela indecisa de una flor de pandanus a un jazmín. Dime, hermosa niña, cuántas abejas había.

La solución que se obtiene son 15 abejas.

20

SISTEMA SEXAGESIMAL, LAS BASES 10 Y 12

P uede ser que el lector se haya preguntado alguna vez de dónde procenden los minutos y segundos que utilizamos para medir los ángulos o el tiempo. Y esta es una historia que tiene su interés. A pesar de la base esencialmente decimal de nuestra sociedad, cuyos orígenes como ya vimos anteriormente se encuentran en la India, el sistema de base 60 o sexagesimal cohabita con nosotros desde hace siglos. La civilización mesopotámica que cubría la zona de Oriente Medio ubicada entre los ríos Tigris y Éufrates, y que coincide con el actual Irak y parte de Siria, ha pasado a la posteridad con el sobrenombre de «cultura babilónica» y se desarrolló entre el año 2000 y el 600 a. C. De hecho, los comienzos del álgebra y la geometría datan de la primera dinastía babilónica entre 1894-1595 a. C.

Precisamente, fueron los matemáticos babilonios quienes hicieron prevalecer el sistema de numeración sexagesimal. Es posible que, tal y como sostiene una de las máximas autoridades en el mundo en la historia de las cifras, Georges Ifrah, este sistema surgiese a partir de otros dos muy utilizados con anterioridad, los de base 10 y 12. La base 10 nos resulta muy familiar, pero vamos a recordar la ubicuidad de la base 12 con reminiscencias de su uso a lo largo de la historia. Parece razonable pensar en esta base ante el hecho observado desde tiempos muy remotos de las 12 vueltas que aproximadamente da la Luna a la

Tierra durante un año. Al dividir la bóveda celeste en sectores de 30° es cuando surgen los doce signos del zodíaco, el año se divide en doce meses y las 24 horas del día se dividen en dos periodos de 12 horas cada uno. En la actualidad, seguimos contando huevos y ostras por docenas. Según la Biblia, Jacob tuvo doce hijos que dieron origen a las doce tribus de Israel. En la antigua mitología griega también fueron doce los dioses del Olimpo. El número de apóstoles en la religión cristiana fueron nuevamente doce. De las tres partes del intestino delgado, el llamado *duodeno* recibe ese nombre por ser su longitud de doce dedos, antigua unidad de medida en Roma (1 dedo $\simeq$ 18 mm). La bandera de la Unión Europea consiste en doce estrellas amarillas en forma de circunferencia sobre fondo azul, donde el número doce aquí es un símbolo de unidad, armonía y solidaridad.

El hecho de que el ser humano sea el único mamífero cuyo pulgar es oponible al resto de los dedos de la mano justifica la elección de las bases 12 y 60 en antiguas civilizaciones. Durante siglos los humanos hemos contado por docenas fácilmente sin más que utilizar el pulgar de una mano que se desplaza por las tres falanges de cada uno de los cuatro dedos restantes. Y si utilizamos la otra mano para acumular las docenas contabilizadas por la primera, tendremos que cada dedo de la segunda mano memoriza: 12, 24, 36, 48 y finalmente 60. Incluso, si utilizamos cada falange de los cuatro dedos de la otra mano para hacer agrupaciones de 12, podemos llegar a contar hasta $12 \cdot 12 = 144$.

El mínimo común múltiplo de 10 y 12 (que se calcula descomponiendo factorialmente cada número y formando el producto de los factores comunes y no comunes con mayor exponente: $10 = 2 \cdot 5$ y $12 = 2^2 \cdot 3$) es precisamente $60 = 2^2 \cdot 3 \cdot 5$, y ello podría haber facilitado las transacciones económicas de épocas pretéritas entre pueblos que usaran la base 10 y la base 12. Al fin y al cabo, 10 y 12, como hemos visto, son divisores de 60. En el sistema sexagesimal, cada unidad de un orden es 60 veces mayor que la unidad inmediata inferior (en el sistema de numeración decimal, una unidad es 10 veces mayor que la inmediata anterior).

Además del posible origen antropológico del sistema sexagesimal es evidente que, si tenemos en cuenta los divisores, el más completo es 60 como se observa en la siguiente tabla:

60	1, 2, 3, 4, 5, 6, 10, 12, 15, 20, 30, 60
12	1, 2, 3, 4, 6, 12
10	1, 2, 5, 10

Tolomeo, el gran astrónomo griego del siglo II, utilizó el sistema sexagesimal en su tratado astronómico «Almagesto» (que significa el más grande) y los árabes, cuando lo tradujeron, dieron a las fracciones sexagesimales 1/60, 2/60, 3/60, etc. el nombre de «primeras partes pequeñas» y a las unidades de orden inferior $1/60^2$, $2/60^2$, $3/60^2$, etc. «segundas partes pequeñas». Finalmente se tradujeron al latín esas versiones árabes y es aquí donde aparecen las denominaciones actuales de minutos y segundos. Resulta que «pequeño» en latín es *minutus* y las «primeras partes pequeñas» quedaron convertidas en *partes minutae primae*. Habían nacido los minutos. Por otra parte, las «segundas partes pequeñas» árabes se convirtieron en *partes minutae secundae*. Lógicamente, del latín *secundae* se generaron los segundos.

No deja de sorprender una tablilla de arcilla del periodo 1800-1600 a. C., conservada en la Universidad de Yale (YBC 7289), que demuestra cómo los mesopotámicos llegaron a calcular con gran precisión $\sqrt{2}$ con tres decimales sexagesimales. Escrito en notación actual equivale a la siguiente expresión:

$$\sqrt{2} = 1 + \frac{24}{60} + \frac{50}{60^2} + \frac{10}{60^3}$$

La medida de ángulos en grados, minutos y segundos comparte con la medida del tiempo en horas, minutos y segundos, precisamente, la base sexagesimal. Así, el ángulo correspondiente a una circunferencia completa es de 360° (6 · 60), un grado se divide en 60 minutos y cada minuto lo hace en 60 segundos. En casi todos los idiomas modernos los términos minuto y segundo proceden de esta breve historia babilónica-árabe-latina que acabamos de relatar.

21

LA LEYENDA DEL REY ALMUTAMID Y LAS PROGRESIONES GEOMÉTRICAS

Existe una leyenda en el contexto de la España musulmana (en otras culturas existen leyendas similares) que relata la gran afición del último rey abadí de la taifa de Sevilla (finales del s. XI), Almutamid, por el juego del ajedrez. Al parecer, antes de ser desterrado por los almorávides fue advertido de la proximidad del ejército cristiano de Alfonso VI que amenazaba ocupar Ishbilia, la denominación árabe de Sevilla. Para evitarlo, Almutamid envió al campamento donde se encontraba Alfonso VI a su Visir, el poeta Ibn Ammar, que fue su mentor en la infancia. Al llegar este a la tienda de campaña donde le esperaba el rey cristiano, comprobó que había dispuesto las piezas del ajedrez en el tablero retándolo. El Visir Ibn Ammar aceptó el reto con la condición de que quien ganase pediría lo que quisiera al perdedor a lo cual accedió de inmediato el rey cristiano.

Tras horas de concienzudo juego, resultó vencedor Ibn Ammar. Al preguntarle el rey Alfonso VI qué le pedía por la derrota, el musulmán le respondió que tan solo un grano de trigo por la primera casilla del tablero, dos por la segunda, cuatro por la tercera y así sucesivamente hasta la sexagésima cuarta casilla. El rey cristiano le agradeció su recato por tan ridícula petición.

Cuando los matemáticos de la corte del rey cristiano se percataron de que había que sumar los números 1+2+4+8+16+[…] hasta la casilla

64, vieron que se trataba de los términos de una progresión geométrica donde cada término se obtenía multiplicando el anterior por una razón constante que era 2, siendo el primer término de la sucesión el 1 y el último 2^{63} (observe el lector que no termina la sucesión en 2^{64} porque la primera casilla contiene $2^0 = 1$ grano de trigo, y si empezamos a contar por 0, la última casilla es la número 63). Cuando hicieron la suma se horrorizaron: salían 18,5 trillones de granos de trigo. Hoy sabemos que 1 kg de granos de trigo puede contener unos 25 mil granos, con lo que esos 18,5 trillones de granos de trigo equivaldrían a unos 740 billones de kg de trigo. Si la producción mundial de trigo en 2020 fue de unos 770 millones de toneladas, para que Alfonso VI hubiese podido pagar lo acordado, habría necesitado la producción mundial de trigo de 2020 durante casi 1000 años.

En consecuencia y al no haber trigo en el mundo como para pagar su deuda al embajador de Almutamid, no tuvo más remedio el rey cristiano que ordenar la retirada de sus tropas y dejar en paz a la taifa de Sevilla.

Las matemáticas que utilizaron los matemáticos de la corte del rey cristiano para semejante cálculo, con nuestra notación actual, podemos resumirlas así:

La sucesión de términos que forman una progresión geométrica se puede representar de esta forma:

$a_1, a_2, a_3, a_4, ..., a_n, ...$

Por tratarse de una progresión geométrica, cada término se obtiene a partir del anterior multiplicándolo por un número o razón constante r:

(I) $a_2 = a_1 \cdot r$; $a_3 = a_2 \cdot r = a_1 \cdot r^2$; y en general: $a_n = a_1 \cdot r^{n-1}$

La suma de los n primeros términos de la progresión será:

(II) $S = a_1 + a_2 + a_3 + a_4 + ... + a_n$

Multiplicando por r ambos miembros:

(III) $S \cdot r = a_1 r + a_2 r + a_3 r + a_4 r + ... + a_{n-1} r + a_n r$

Observando (I) los sumandos con atención obtendremos:

(IV) $S \cdot r = a_2 + a_3 + a_4 + \ldots + a_n + a_n \cdot r$

Pero de (II) resulta:

(V) $S - a_1 = a_2 + a_3 + a_4 + \ldots + a_n$

Luego, sustituyendo (V) en (IV):

(VI) $S \cdot r = S - a_1 + a_n \cdot r$, de donde:

(VII) $S \cdot r - S = a_n \cdot r - a_1$

Sacando factor común S:

(VIII) $S \cdot (r - 1) = a_n \cdot r - a_1$ y, finalmente, despejando S:

$$S = \frac{a_n \cdot r - a_1}{r - 1}$$

En el caso de los granos de trigo en el tablero de ajedrez se tiene: $a_{64} = 2^{63}, r = 2, a_1 = 1$:

$$S = \frac{2^{63} \cdot 2 - 1}{2 - 1} \approx 18,5 \cdot 10^{18}$$

Con razón el rey cristiano quedó abrumado ante la descomunal e imposible cantidad de trigo que tenía que entregar al musulmán.

Concluimos este capítulo con una interesante variante del problema clásico que acabamos de desarrollar y que se encuentra en la *Divina Comedia* de Dante Alighieri, concretamente en el canto 28 de *Paraíso*:

> *…i cerchi sfavillaro.*
> *L'incendio suo seguiva ogne scintilla;*
> *ed eran tante, che'l numero loro*
> *piú che'l doppiar de li scacchi s'inmilla.*

Cuya traducción podría ser:

> …los círculos (angélicos) refulgieron.
> Cada centella seguía a este incendio;
> y eran tantas que su número
> más que el doblar del ajedrez, se inmila.

En este poema, Dante utilizó el neologismo «inmilla» en clara alusión al problema de la duplicación de los granos de trigo en las casillas del tablero de ajedrez, solo que planteando una variación sustancial: en su poema, en vez de ser 2 la razón de la progresión geométrica, ahora sería 1000. El autor del presente libro ha creado otro neologismo para este propósito: «milfica» con lo que el poema reseñado podría quedar así: «más que el doblar del ajedrez, se milfica». Parece ser que Dante era un entusiasta del juego del ajedrez, lo cual justificaría tan curiosa mención en su poema.

Vamos a calcular entonces cuántos kilos de trigo corresponderían a la situación planteada en el poema de Dante. El problema es equivalente en su desarrollo y resolución al del rey Almutamid, con la diferencia que ahora la razón de la progresión geométrica es $r = 1000$.

La nueva sucesión correspondiente al número de granos de trigo en cada casilla del tablero de ajedrez sería la siguiente:

$$a_1 = 1 \;;\; a_2 = 1000 = 10^3 \;;\; a_3 = 10^6 \;;\; a_4 = 10^9 \ldots a_n = 10^{3 \cdot (n-1)}$$

La suma de los granos de trigo en las 64 casillas del tablero será, aplicando la misma fórmula vista anteriormente: $(a_{64} = 10^{3 \cdot 63} = 10^{189})$

$$S = \frac{10^{189} \cdot 10^3 - 1}{10^3 - 1} \approx \frac{10^{192}}{10^3} = 10^{189}$$

Dado que 1 kg de trigo = 25 000 granos, resultará:

$$\text{Número de kg de trigo} = 10^{189} / (25 \cdot 10^3) = 4 \cdot 10^{184} \text{ kg}$$

El lector puede comprobar la monstruosa e inimaginable cantidad anterior si la compara con 10^{80}, obtenida en capítulos anteriores, que correspondía al número de átomos estimado en el universo conocido.

22

AQUILES Y LA TORTUGA:
UNA DE LAS PARADOJAS DE ZENÓN

Zenón de Elea fue un filósofo griego presocrático que vivió en el s. v a. C., discípulo de Parménides de Elea, cuyo principio fundamental era la permanencia del Ser, único e inmóvil, frente al devenir de Heráclito que conllevaba la idea de movimiento.

Uno de los filósofos más influyentes en la cultura occidental que transmitió a la posteridad las paradojas de Zenón fue Aristóteles. Destacan cuatro: 1) la de Aquiles (a la que nos referiremos con exclusividad) 2) la de la dicotomía 3) la de la flecha 4) la del estadio. En todas ellas viene a demostrar que nada puede fluir, que el movimiento es imposible. En la paradoja de Aquiles se plantea una carrera entre un atleta y una tortuga a la que se le permite una ventaja inicial, una distancia de regalo, lógicamente por ser mucho más lenta que el corredor. Y lo divertido de la paradoja estriba precisamente en que por más veloz que corra Aquiles, jamás podrá alcanzar ni adelantar a la tortuga. Es decir, quedaría demostrado que la evidencia física, es decir, que Aquiles alcanza y adelanta a la tortuga, es una ilusión de los sentidos. La ilusión del movimiento.

El argumento de Zenón, cuyo método es conocido como dialéctico y que consiste en partir de las premisas defendidas por su oponente para concluir en el absurdo, establece que, al iniciarse la carrera, Aquiles ha de llegar a la posición en la que se encontraba la tortuga. Pero en ese tiempo invertido por Aquiles, la tortuga habrá avanzado cierta distancia. Y nuevamente aplica el mismo razonamiento a esta situación, con lo que Aquiles por más rápido que corra, jamás podrá alcanzar a la tortuga por lenta que esta se desplace.

Hubo que esperar algunos siglos para demostrar matemáticamente que Aquiles sí alcanzaba a la tortuga e incluso la adelantaba. Esta es una de las razones por las que paradojas como la de Zenón contribuyeron al desarrollo de las matemáticas. El cálculo de límites no apareció hasta el s. XVII. Veamos cómo resolver la paradoja.

Imaginemos que la velocidad de Aquiles es de 10 m/s y la de la tortuga 1 m/s. También supondremos que se encuentran separados por una distancia de 100 m. En los 10 primeros segundos Aquiles ha recorrido 100 m y la tortuga solo 10 m. En el segundo posterior, Aquiles recorre 10 m y la tortuga 1 m. En la décima de segundo posterior el corredor avanza 1 m mientras que la tortuga lo hace 0,1 m. La sucesión de tiempos sería: 10, 1, 0,1, 0,01, etc. Observamos que se trata nuevamente de los términos de una progresión geométrica de razón r = 1/10.

El tiempo total transcurrido sería:

$$10 + 1 + \frac{1}{10} + \frac{1}{100} + \frac{1}{1000} + \cdots$$

Para llegar a obtener el valor de esa suma infinita utilizaremos la fórmula que habíamos deducido para calcular la suma de los granos de trigo que Alfonso VI debía pagar al rey Almutamid tan solo que haremos algunos cambios por el hecho de ser la razón de nuestra progresión actual: $r = 0,1 < 1$ que permitirá simplificar el cálculo:

$$S = \frac{a_n \cdot r - a_1}{r - 1} = \frac{a_1 \cdot r^{n-1} \cdot r - a_1}{r - 1}$$

$$S = \frac{a_1 \cdot r^n - a_1}{r - 1} = \frac{a_1 \cdot (r^n - 1)}{r - 1}$$

Donde hemos utilizado: $a_n = a_1 \cdot r^{n-1}$, característico de una progresión geométrica ($a_2 = a_1 \cdot r$, $a_3 = a_2 \cdot r = a_1 \cdot r \cdot r = a_1 \cdot r^2$, $a_4 = a_1 \cdot r^3$, ..., $a_n = a_1 \cdot r^{n-1}$)

Si consideramos un número muy elevado de tramos, lo que en matemáticas equivale a considerar que n tiende a infinito ($n \to \infty$), tendremos que la suma de los infinitos tiempos que forman la progresión geométrica de la carrera de Aquiles y la tortuga es un número finito que se calcula mediante el límite siguiente:

$$\lim_{n \to \infty} \frac{a_1 \cdot (r^n - 1)}{r - 1} = \frac{a_1}{1 - r} \approx 11,11 \ s$$

Para llegar a ese resultado, $a_1 = 10$, $r = 0,1$ y hay que tener en cuenta que si $r < 1$, entonces:

$$\lim_{n \to \infty} r^n = 0$$

Aquiles alcanza a la tortuga al cabo de esos 11,11 s. Y ahora podemos preguntarnos por el espacio recorrido por cada uno en ese tiempo.

Para ello vamos a servirnos de la fórmula clásica del espacio en un movimiento rectilíneo y uniforme: $e = v \cdot t$

Espacio recorrido por Aquiles: $e_A = 10 \cdot 11{,}11 = 111{,}1$ m

Espacio recorrido por la tortuga: $e_T = 1 \cdot 11{,}11 = 11{,}1$ m

Por tanto, Aquiles alcanza a la tortuga a los 11,11 s tras recorrer 111,1 m de distancia y la tortuga haber recorrido 11,11 m.

La siguiente tabla permite ver el proceso anterior de forma muy gráfica ($v_A = 10 \ \text{m/s}$; $v_T = 1 \ \text{m/s}$):

Etapas	Posición Aquiles (m)	Posición tortuga (m)	Ventaja tortuga (m)	Tiempo de la etapa (s)	Tiempo total transcurrido (s)
Salida	0	100	100	0	0
Fin 1ª	100	110	10	10	10
Fin 2ª	110	111	1	1	11
Fin 3ª	111	111,1	0,1	0,1	11,1
Fin 4ª	111,1	111,11	0,01	0,01	11,11
Fin 5º	111,11	111,111	0,001	0,001	11,111

Otra forma de visualizar la solución de la paradoja consiste en representar gráficamente las ecuaciones de movimiento de Aquiles y la tortuga:

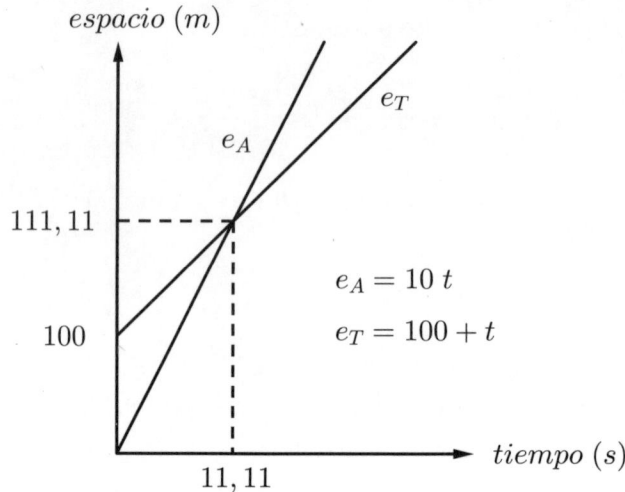

Se deduce fácilmente del gráfico anterior que el punto de corte de ambas rectas coincide con el momento en el que Aquiles alcanza a la tortuga: $10\,t = 100 + t$, de donde, $9\,t = 100$ y, finalmente, $t = 100/9 \approx 11{,}11$ s y esto sucede a $100 + 11{,}11 = 10 \cdot 11{,}11 = 111{,}11$ m del origen.

Hay que destacar que los matemáticos de la época de Zenón no disponían de las herramientas matemáticas que nosotros hemos utilizado y, por tanto, les resultaba imposible resolver este tipo de paradojas. No obstante, lo más probable es que Zenón plantease esta aporía más como un juego o problema de pensamiento.

Heráclito llevaba razón: el movimiento existe, la inmovilidad es una quimera.

23

MOMENTO DE RELAJACIÓN TEATRAL IV:
EFE DE EQUIS, *MON AMOUR*
(LA FUNCIÓN Y SU VARIABLE)

En esta ocasión, los personajes que intervienen son los conceptos de función y variable independiente, fundamentales en matemáticas y que por fin van a contar sus vicisitudes.

A modo de recordatorio y de forma simplificada, una función real de variable real viene a ser como una máquina con una entrada y una salida. Por la entrada penetran números reales y por la salida también salen números del mismo tipo. Es fundamental para poder hablar de función que a cada valor de la variable independiente x le corresponda uno y solo uno de la variable dependiente $y = f(x)$. El dominio de una función es el conjunto de valores de la variable x para los que existe esa función (por ejemplo, si $f(x) = 1/x$, el dominio de $f(x)$ serán todos los números reales menos el cero ya que no se puede dividir entre cero). Se hablará de funciones polinómicas que son aquellas del tipo: $y = a\,x^n + b\,x^{n-1} + \ldots + q$, siendo los coeficientes: a, b, ... q, números reales cualesquiera y «n» un exponente natural. Las funciones polinómicas tienen la peculiaridad de que si se representan gráficamente cortan al eje de abscisas (eje horizontal, $y = 0$) tantas veces como indique el grado del polinomio: «n» (en el caso de que todas las raíces sean reales y simples), y además, su dominio es todo el conjunto de los números reales. Aparecerá el concepto de simetría de una función, aunque sin profundizar, así como el concepto de periodo. Por último, se juega con el concepto de función inversa ($f^1(x)$) que básicamente consiste en estudiar la posibilidad de despejar x, la variable independiente, y ponerla en función de y, la variable dependiente, con lo que se «invierten los papeles» (por ejemplo, si $y = x - 3$, la función inversa sería: $f^1(x) = x + 3$). Aunque las funciones que el público debe adivinar no tienen por qué ser únicas, pero resultará fácil encontrar algunas muy sencillas para resolver las divertidas situaciones.

Personajes:
- La variable independiente x
- La función $f(x)$ o variable dependiente

(Sobre el escenario se encontrará una caja grande con agujeros por los lados para poder introducir los brazos y una serie de tarjetas con números. Al comienzo se escuchará una música de presentación y tras unos segundos los dos actores aparecerán por puertas diferentes del patio de butacas introduciéndose entre el público al que harán levantarse de sus asientos para poder pasar entre ellos al tiempo que lo saludan. Inicialmente se desplazarán por pasillos distintos hasta que después de algunas vueltas coincidirán en el pasillo central para tomarse del brazo y formar esa peculiar y ancestral pareja: f de x. En los libros f(x). Será f quien coja del brazo a su x porque depende de ella. En ese momento baja el volumen de la música y comienza el diálogo).

x: ¿Sabes lo que te digo función?

f: Dime variable querida.

x: Que te envidio.

f: ¿Y por qué una variable tendría que envidiar a su función? ¡Al fin y al cabo... eres totalmente independiente!

x: Yo seré muy independiente, *realmente* independiente, pero después de tantos años correspondiéndote desearía cambiar alguna vez los papeles.

f: ¡Anda ya mujer! Con lo bien que te lo pasas tú sorprendiéndome a cada instante. Que si ahora soy el 5, ahora el -37 y después la raíz cuadrada de 2. No puedes aburrirte. Yo, sin embargo, me limito a transformarte siguiendo siempre una misma pauta.

x: ¡A mí lo que me maravilla es lo eufemística que te pones algunas veces función! Cuidado con decir que te limitas a transformarme ¡por favor, lo que me haces son auténticas perrerías matemáticas!

f: ¡Qué negativa te encuentro hoy variable! Lo nuestro es solo un juego. ¿No te das cuenta que siempre estoy dependiendo de ti? Así que no te quejes tanto.

x: Hoy me siento variable, como de costumbre, pero *trascendente.* ¿Te puedo poner en un aprieto?

f: Tenemos suficiente confianza y buena relación como para que libremente y con la independencia que te caracteriza me digas lo que quieras. Venga ¡sin miedo!

(La x ahora habla compungida, se está sincerando por vez primera).

x: Voy por la vida sin protagonismo alguno, recorro el eje de mi vida desde un extremo hasta el otro y no tengo compensación afectiva de ninguna clase. ¿Comprendes?

f: Venga ya, tonta, si yo siempre estoy… *(La siguiente frase es cantada, se trata del famoso bolero flamenco «A tu vera» que describe un amor pasional que quiere ser eterno pese a los contratiempos acaecidos).* ¡A tu vera, siempre a la verita tuya, siempre a la verita tuya, hasta el día en que… me muera!

(Ahora x está ofuscada, su f no se da cuenta del momento trascendente que para ella supone esta situación).

x: Desde luego qué poca delicadeza tienes función. Me ves sincerándome como variable y tú te lo tomas todo a broma *(sollozando).* ¡Me siento una variable marginada y vilipendiada!

f: Pero variable querida, si yo reconozco en ti los muchos valores que tú tienes. Fíjate, si por cada valor tuyo tuviese yo más de uno, dejaría de existir como función.

x: Tus problemas existenciales no guardan proporción alguna con los míos. Me siento una variable objeto. No soy más que la materia prima que tú te encargas de engullir.

f: Tras tantos siglos juntas, tan calladita como apareces en los libros de texto siempre resignada a tus dominios... ¿Insinúas que nos divorciemos quizás?

x: ¿Sabes cuándo no te soporto de ninguna manera?

f: ¿Cuándo?

x: Cuando te pones polinómica.

f: Hija, y esa manía ¿por qué? ¿Tampoco puede una ir de polinómica por la vida?

(La variable x adopta ahora una actitud contestataria e incriminatoria).

x: Tú puedes ir de lo que quieras, pero cuando vas de polinómica ¿qué te digo yo? ¡Anda, no te cortes conmigo, no te cortes! ¿No? Y como tus raíces son todas tan simples, te cortas todas las veces que te sale del exponente. ¡Y cuando ese exponente decide ponerse grande, entonces, te cortas a cada instante!

(Se le han bajado los humos ahora a la variable x y le habla a su función desde una profunda consternación y pena).

x: ¿Podrías, por favor, decirme cuando te pones polinómica cuál es tu dominio?

f: Llevas razón, no lo había pensado. Mi dominio es total. Es infinito. Entiendo tu abatimiento, variable querida.

x: (Reflexionando en voz alta). Bueno, ¿quieres saber cuál es la espinita que de verdad tengo clavada en mi corazón tan variable?

f: ¡Lo necesito!

x: Que a ti te representan gráficamente y a mí no. Te maquillan con los colores más diversos, porque ¡anda que no te gustan a ti nada los coloretes! Estudian tus singularidades, por ejemplo, tus simetrías. Y esto,

esto me da hasta vergüenza decírtelo... ¡que estudian hasta tu periodo! ¿Y qué lugar ocupo yo en esta historia? Estar siempre en un miserable segundo plano.

f: Menos mal que tengo mucha psicología y ya he detectado tu problema. Eres una variable independiente con baja autoestima.

x: ¿Y qué puedo hacer?

f: Mira, vámonos a la plaza a divertirnos con la gente que encontremos. Verás lo bien que nos lo vamos a pasar.

(Suben al escenario junto a la caja de cartón que se encontraba allí desde el principio y que hará las veces de una máquina que transforma lo que le entra en otra cosa distinta (o no) a la salida, justo lo que hace una función. El público asistente en el patio de butacas se convierte en el público de la plaza que será invitado a participar).

x: ¡Vaya lo concurrida que está la plaza!

f: ¡Señoras! ¡Señores! ¿Quieren participar en el juego? Hemos venido a esta plaza mi variable, que se encuentra un poco «depresiva» la pobre, y una servidora. Nuestro objetivo es comportarnos tal y como hemos sido concebidas, es decir, funcionar. A continuación, mi variable se introducirá dentro mí a través de esta máquina *(señala la caja)*. Ella penetrará como un número y yo le haré la perrería matemática que ustedes tendrán que adivinar. Es decir, la función aplicada. ¿De acuerdo?

(La variable x toma unas tarjetas que va introduciendo, una a una, por un extremo de la caja. En el otro extremo, la función f, introduce también su brazo y saca, en este primer caso, la misma tarjeta).

x: Voy a entrar como un 3.

f: Y yo saco un 3.

x: Ahora voy a entrar como un 4.

f: Y yo saco también un 4. ¿Cuál es la función que estamos representando?

(Lo normal es que el público se percate que se trata de la función identidad: $f(x) = x$).

f: (*Dirigiéndose al público*). ¿Desean ustedes participar otra vez? Venga variable vamos a funcionar de nuevo.

(*Ahora la tarjeta que introducirá x en la caja lleva el número 3 en el anverso pero el número 9 en el reverso. El público verá el 3 cuando lo introduce x, pero verá el 9 cuando lo saque f gracias a que este le dio la vuelta a la tarjeta en el interior de la caja sin que el público pudiese verlo*).

x: Voy a penetrar de nuevo como un 3.

f: Y yo te saco ahora un 9.

x: Ahora entraré como un 4.

f: Y yo saco un 16. ¿Cuál es la función que estamos representando?

(*El público no debería tener dificultad en acertar con f* (x) = x²).

f: Bueno, variable ¿y si nos invertimos?

x: ¡Me hace muchísima ilusión! ¿Supongo que te refieres... a que haga yo ahora de función inversa?

f: Por supuesto. Me introduzco en ti y tú eres quien me transforma en esta ocasión.

(*Ambos personajes dan la vuelta a las batas que llevaban, de forma que ahora x asume el papel de f⁻¹ (es la función inversa) y la antigua función f asume el papel de x*).

f^{-1} (antigua *x*): ¡Qué enorme responsabilidad la mía! ¿Y qué me vas a meter?

La nueva *x* (antigua *f*): Venga, te meteré un 2.

f^{-1}: Y yo te convierto en menos 3.

La nueva *x:* ¿Y si penetro ahora como un 5...?

f^{-1}: ¡No! ¡No! ¡Más grande! ¡Más grande!

La nueva *x:* ¿Parece que le has cogido gusto, eh? ¡Ea! ¡allá va el 25!

f^{-1}: ¡Eso! ¡Eso! Y te saco como un 20.

(*También el público es previsible que acierte con la función: f⁻¹(x) = x - 5*).

La nueva *x:* Venga función inversa, despídete que se nos ha hecho muy tarde.

(El sketch va a terminar y comienza a escucharse el famoso bolero «Si tú me dices ven» de Los Panchos. La nueva x (antigua f) se va marchando hacia las bambalinas al ritmo de la música mientras f^{-1} se dirige al público).

f^{-1}: ¡Gracias! ¡Muchas gracias! Me han hecho ustedes sentirme función por un momento y todas mis penas se han olvidado. Porque siendo función, desaparece mi depresión.

La nueva *x (llamándola desde el fondo del escenario)*: ¡Función inversa, ven, ven!

(En este justo momento debe escucharse en la sala el fragmento de la canción que dice: «Si tú me dices ven, lo dejo todo», f^{-1} lanza al aire las tarjetas que aún conservaba en su mano, se acerca a la nueva x, y ahora es ella la que se agarra del brazo de su pareja apoyando tiernamente su cabeza sobre su hombro y desapareciendo de escena al ritmo de la música).

24

LOS PUENTES DE KÖNIGSBERG
Y LA TEORÍA DE GRAFOS

Es probable que el lector tenga en su casa un árbol genealógico en el que aparecen sus antepasados de varias generaciones o quizás puede que guarde en un cajón a modo de recuerdo el mapa del metro de Londres o de París en el que puede ver con claridad dónde se encuentran las estaciones y los enlaces posibles desde cada una de ellas.

En ambos casos nos encontramos ante unos esquemas llamados «grafos» que consisten básicamente en puntos y líneas que los unen, cuyas propiedades son tan interesantes que han dado lugar a toda una teoría matemática con aplicaciones múltiples tanto en la ciencia, la economía o la vida cotidiana, siendo las redes de transporte y de distribución algunas de las más conocidas.

Todo comenzó en 1736 en una antigua ciudad prusiana llamada Königsberg, actualmente Kaliningrado. Leonhard Euler (1707-1783), de nacionalidad suiza y otro de los grandes genios en la historia de las matemáticas, recibió una educación muy variada en matemáticas, física, astronomía, medicina, teología e incluso lenguas orientales. Con veintiséis años fue el profesor más importante de matemáticas de la Academia de San Petersburgo en Rusia adonde había acudido gracias a sus amigos, Nicolaus y Daniel Bernouilli. Durante 25 años trabajó como profesor en la Academia de Berlín, invitado inicialmente en 1741 por Federico el Grande de Prusia, aunque retornase finalmente a Rusia en 1766 con complicaciones que le dejaron prácticamente ciego desde esa fecha hasta su muerte. No obstante, su producción científica no ha sido superada por ningún otro matemático en la historia. Se cuenta que escribía artículos de matemáticas mientras jugaba con sus hijos.

Euler quedó abducido por la belleza del río Pregel que tenía dos brazos, lo cruzaban siete puentes y la ciudad quedaba así dividida en cuatro zonas: *A, B, C* y *D* (ver figura). El propio Euler enunciaría el problema de la siguiente forma:

> El problema que, según entiendo, es muy bien conocido, se enuncia así: en la ciudad de Königsberg, en Prusia, hay una isla llamada Kneiphof rodeada por los dos brazos del río Pregel. Hay siete puentes que cruzan los dos brazos del río. La cuestión consiste en determinar si una persona puede realizar un paseo de tal modo que cruce cada uno de los puentes una sola vez. Se me ha informado de que mientras unos negaban la posibilidad de hacerlo y otros lo dudaban, nadie sostenía que fuese posible realmente.

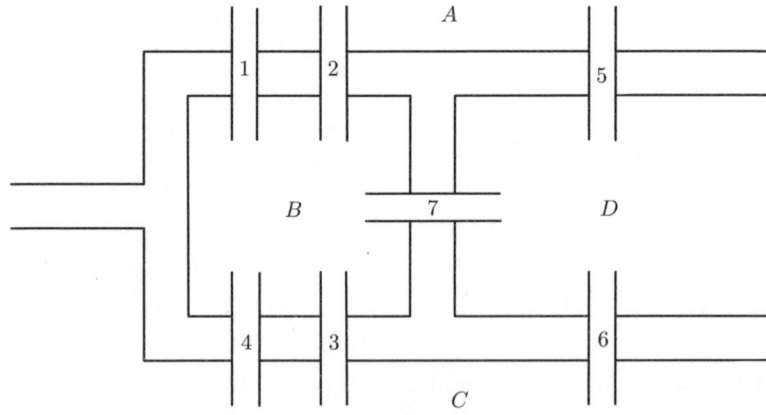

Así pues, hubo gente que lo intentó de las dos formas posibles: empezar y acabar en el mismo lugar o empezar en un sitio y acabar en otro diferente. Y no había manera. Nadie conseguía superar el reto. Tuvo que ser Euler sin moverse de su alojamiento en la ciudad, quien conjeturase que no era posible tal paseo. Para ello y con una prodigiosa capacidad de abstracción de la realidad, simplificó la situación sugiriendo el primer grafo en la historia: los cuatro puntos (que en teoría de grafos se llaman «vértices») *A, B, C* y *D* simulaban las cuatro zonas y las siete líneas que los unían (llamadas «aristas») simulaban los siete puentes como se puede ver en la versión moderna de la situación:

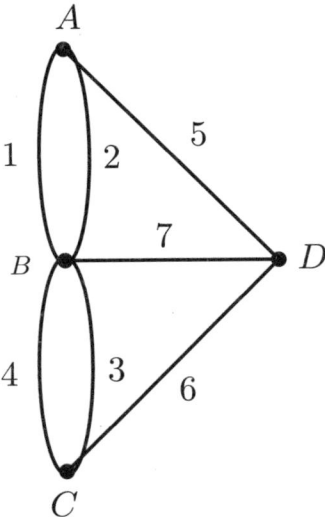

Se dice que un grafo es conexo cuando entre dos vértices cualesquiera del mismo existe al menos una arista que los conecta. En este sentido, el grafo anterior es conexo. Y si es posible partir de un vértice y volver a él recorriendo todas las aristas del grafo una sola vez (se puede pasar por un mismo vértice más de una vez, pero no por una arista) entonces estamos ante un «circuito euleriano». El propio Euler demostró que un grafo conexo admite un circuito euleriano si y solo si todos los vértices del grafo son de grado par, es decir, que en todos ellos inciden un número par de aristas. Desde luego, en el grafo anterior, todos los vértices son de grado impar y, por tanto, no hay circuitos eulerianos, por lo que era imposible partir de un vértice y volver al mismo pasando una sola vez por todas las aristas.

Otra posibilidad en el problema de los puentes de Königsberg consistía en empezar en un vértice, recorrer todas las aristas una sola vez y terminar en un vértice distinto al de partida. Y también Euler demostró que para que esto fuese posible tendríamos que tener en el grafo dos vértices de grado impar y el resto de grado par. Así pues, en el caso de nuestro grafo, al tener todos los vértices de grado impar, el problema planteado no tenía solución. Euler llevaba razón y era imposible dar un paseo por los siete puentes de Königsberg una sola vez.

A continuación, veamos un par de ejemplos de grafos donde sí sería posible el paseo por todos los puentes una sola vez. En el primero tenemos un grafo conexo con todos sus vértices de grado par (aquí habría nueve puentes y seis regiones):

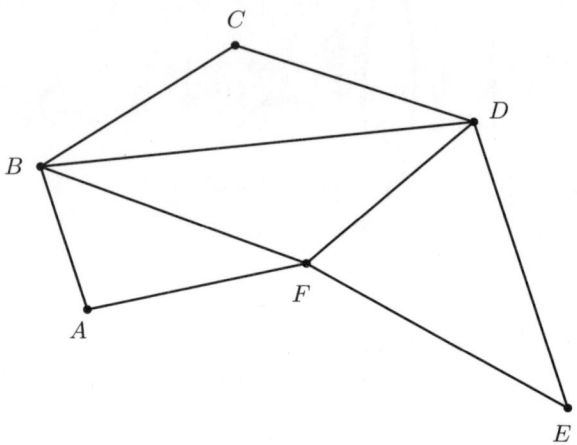

Un posible circuito euleriano sería el siguiente A-F-D-E-F-B-D-C-B-A, donde se ha partido de un vértice y llegado finalmente al mismo tras recorrer todas las aristas una sola vez. Fíjese el lector que este problema es equivalente al de dibujar el grafo sin levantar el lápiz del papel, sin pasar dos veces por la misma arista y volviendo finalmente al punto de partida.

En el segundo ejemplo (ahora con ocho puentes y cinco regiones) partiríamos de un vértice y volveríamos a otro diferente después de haber recorrido todas las aristas una sola vez:

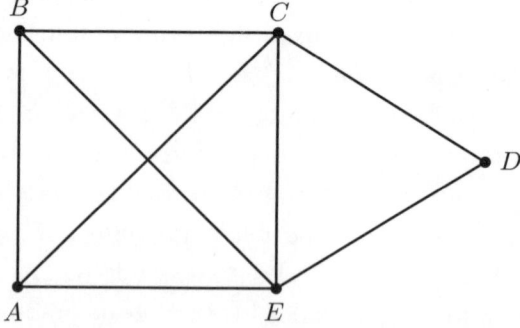

En este caso, el camino podría ser: A-E-D-C-E-B-C-A-B, donde hemos partido del vértice impar A, se han recorrido todas las aristas y se ha llegado finalmente al otro vértice impar *B*. Como hemos visto, todos los vértices son pares menos dos que son impares. Al igual que comentábamos en el caso anterior, ahora podemos dibujar el grafo completo sin pasar dos veces por la misma arista, pero partiendo de uno de los vértices impares y llegando finalmente al otro.

Para concluir esta incursión que hemos hecho en la teoría de grafos, mencionaremos los denominados «grafos hamiltonianos» que se caracterizan porque, además de ser conexos, pueden recorrerse partiendo de un vértice y volver finalmente al mismo sin tener que pasar necesariamente por todas las aristas, pero pasando una sola vez por todos y cada uno de los vértices (el único vértice por el que se pasa dos veces es el de partida). Si los vértices son las salas de exposiciones de un museo, el problema que puede resolver un grafo de este tipo es el de visitar todas las salas una sola vez y llegando finalmente al punto de partida. Habrá situaciones que no admitan ningún camino hamiltoniano, pero también serán posibles otras en las que existan varios caminos posibles.

De hecho, los tres grafos estudiados anteriormente son hamiltonianos. Así, por ejemplo, en el de los puentes de Könisberg, un recorrido posible sería: *A-B-C-D-A*. En el grafo con circuito euleriano una posibilidad sería: *A-B-C-D-E-F-A*, y en el último que hemos visto que tenía solo dos vértices impares y los demás pares, uno de los caminos hamiltonianos a seguir podría ser: *A-B-C-D-E-A*. En todos ellos se empieza por un vértice, se recorren todos los demás una única vez y se termina en el vértice de partida.

Un matemático irlandés, William Rowan Hamilton (1805-1865), tuvo la ocurrencia en 1859 de construir un dodecaedro (poliedro regular formado por 12 caras pentágonos regulares, 20 vértices y 30 aristas donde se cumple la famosa fórmula de Euler para cualquier poliedro convexo: caras + vértices = aristas + 2) para plantear un juego que ha llegado hasta nuestros días y se conoce como «Icosian» de Hamilton. Se asignan nombres diferentes de ciudades a los vértices del dodecaedro y se trata de encontrar un camino tal que partiendo de una ciudad cualquiera se vayan recorriendo todas las demás. Pero solo se puede pasar por ellas una y solo una vez para llegar de nuevo a la de partida tras visitar las 19 ciudades restantes. En vez de dibujar un dodecaedro en perspectiva vamos a proyectarlo en un plano y así obtener su grafo. La imagen muestra que es posible encontrar ese camino. Se han enumerado los vértices en vez de nombrarlos con ciudades para seguir fácilmente el recorrido:

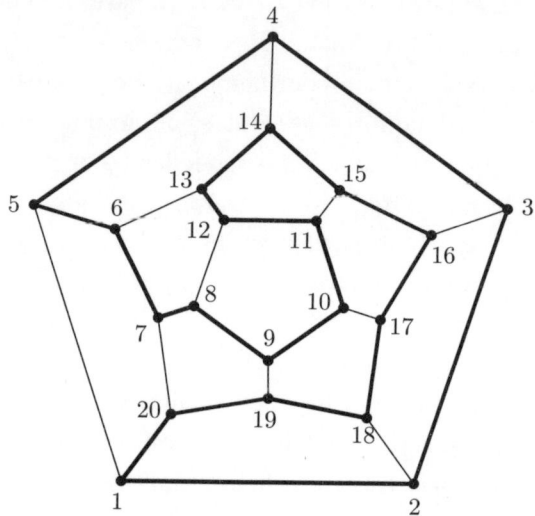

El lector entenderá ahora por qué se denominó «grafo hamiltoniano» al que cumplía con el requisito del juego anterior.

La teoría matemática de grafos se desarrolló espectacularmente en la segunda mitad del s. XX, especialmente en aplicaciones prácticas vinculadas a la optimización y planificación, tanto a nivel político y empresarial como en la vida cotidiana. Por ejemplo, es famoso el denominado «problema del viajante» en el que este debe realizar una serie de visitas a lugares diferentes, siempre parte desde su casa y vuelve a ella al final, de forma que el recorrido realizado o el coste económico sean mínimos. Por ejemplo, si disponemos de varios itinerarios posibles para ir y volver a nuestro domicilio, nos puede interesar más aquel que resulte más rápido. Aunque sea más largo que otro más corto, pero más lento (rutas que tengan semáforos frente a otras que no los tengan, carreteras con peaje o sin él, etc.).

25

SOBRE LA IDEA DE INFINITO

El diámetro del Aleph sería de dos o tres
centímetros, pero el espacio cósmico estaba ahí, sin
disminución de tamaño. Cada cosa (la luna del espejo,
digamos) era infinitas cosas, porque yo claramente
la veía desde todos los puntos del universo.

Jorge Luis Borges, *El Aleph*

El buscador Google toma su nombre de un número increíblemente grande, el gúgol: 10^{100} (10 elevado a 100), o sea, un 1 seguido de 100 ceros. Se trata de un número inimaginable, absolutamente gigantesco. Pero ahora vamos a interesarnos por números aún mayores, tan descomunalmente grandes que es por lo que nos vemos obligados a hablar del infinito, un concepto tanto matemático como filosófico. Causa desasosiego pensar que, si M es un número infinitamente grande, entonces $M + 1 = M$, que quiere decir que $M + 1$ es también infinitamente grande. Así pues, por grande que sea el número que imaginemos, siempre habrá otro mayor que él. El concepto de infinito golpea la intuición humana cuando se demuestra que una parte de él puede ser igual al infinito en su conjunto, en abierta contradicción con los conjuntos finitos en los que el todo es mayor que cualquiera de las partes.

Tomemos por ejemplo el conjunto de los números naturales: 1, 2, 3, etc. Todos sabemos que no tiene fin. Es infinito. Consideremos ahora el conjunto de los números pares que no es más que una parte del conjunto anterior (un subconjunto). ¿Qué conjunto es más grande, el de los naturales o el de los pares? Veamos. Si los naturales son sillas y vamos sentando en ellas a los pares, tendremos que sobre el 1 se sienta el 2, sobre el 2 el 4, sobre el 3 el 6, y así sucesivamente. Se puede por tanto asociar biunívocamente a cada número natural un número par. Y esto significa que el Infinito de los Naturales es igual de grande que el Infinito de los Pares (la intuición podría inducirnos a error argumentando que hay doble de números pares que de naturales). Este tipo de infinito, el más sencillo, lo denominó el matemático alemán Georg Cantor (1845-1918): «Aleph 0» (Aleph es el nombre de la primera letra del alfabeto hebreo cuyo significado es el principio, el nacimiento de cualquier cosa). A ese mismo Aleph 0 pertenece el conjunto de los múltiplos de tres, de cinco, o de cualquier número. Al Aleph 0 pertenecen igualmente los infinitos cuadrados perfectos: 1, 4, 9, 16, 25, …, así como el conjunto de los números triangulares: 1, 3, 6, 10, 15, …, (se obtienen mediante la sencilla fórmula: $n\cdot(n+1) / 2$ con n perteneciente al conjunto de los números naturales). Podemos ver gráficamente cómo ambos tipos de números generan los polígonos correspondientes:

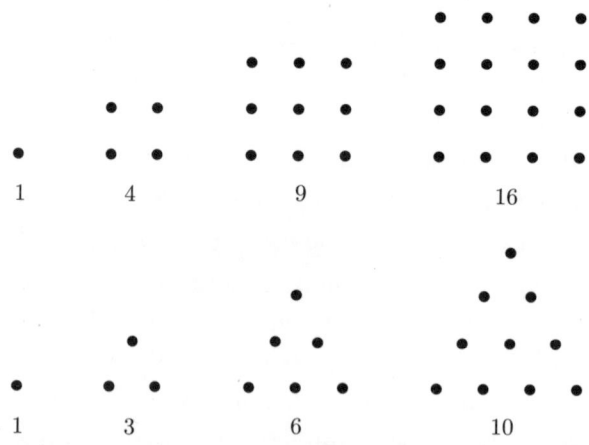

Estos dos conjuntos de números, los cuadrados perfectos y los triangulares, es posible ponerlos en correspondencia biunívoca con el conjunto de los números naturales. Veámoslo en las siguientes tablas:

Naturales	1	2	3	4	5	6	...
Cuadrados perfectos	1	4	9	16	25	36	...
Triangulares	1	3	6	10	15	21	...

Los conjuntos infinitos desconciertan. Pensemos por ejemplo en el conjunto de los números enteros: $Z = -\infty \ldots -3, -2, -1, 0, 1, 2, 3, \ldots +\infty$ y comparémoslo con el de los números naturales: $N = 1, 2, 3, 4, 5, \ldots +\infty$. Es lógico pensar que Z tiene más elementos que N, pues a los naturales se le añaden el cero y los negativos. Y, sin embargo, no es así. Ambos son conjuntos infinitos del mismo orden: Aleph 0. Veamos en una tabla que se pueden poner en correspondencia biunívoca ambos conjuntos:

Naturales	1	2	3	4	5	6	...
Enteros	0	-1	1	-2	2	-3	...

Cantor demostró también que el conjunto de los números racionales es del tipo Aleph 0. Y, nuevamente, esto puede ir en contra de la intuición ya que dadas dos fracciones muy próximas entre sí, no importa cuánto, siempre hay al menos otra entre ellas (por ejemplo, entre 3/10 y 1/3 podemos encontrar, entre otras, 8/25). Y esto podría hacer creer que el conjunto de las fracciones es mayor que el de los números naturales. Una demostración sencilla en la que aparecen las infinitas fracciones posibles nos hará ver que no es así:

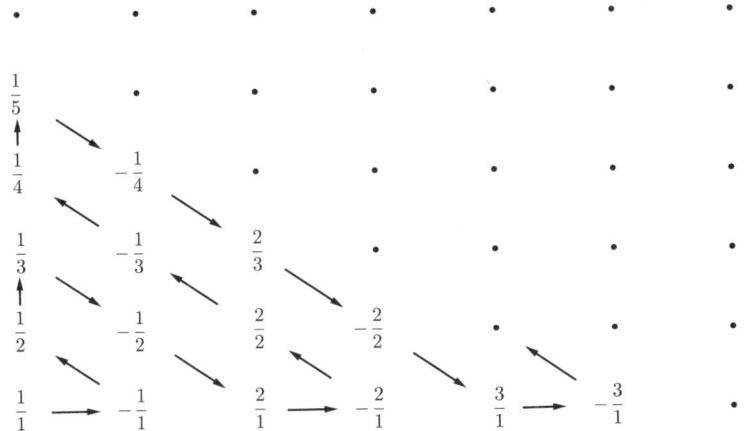

Partiendo de 1/1 y siguiendo el orden de las flechas obtenemos la correspondencia biunívoca que buscábamos:

151

Naturales	1	2	3	4	5	6	7	8	9	...
Racionales	1/1	-1/1	1/2	1/3	-1/2	2/1	-2/1	2/2	-1/3	...

Cantor fue el creador de la aritmética del infinito a finales del s. XIX si bien se le reconoce al matemático inglés John Wallis (1616-1703) haber utilizado por vez primera el símbolo habitual del infinito: ∞ (conocido también como el «lazo del amor»), en realidad una hermosa curva conocida como «Lemniscata de Bernouilli».

Pero lo verdaderamente revolucionario fue que Cantor demostró la existencia de infinitos tipos de infinitos que, para gran pesadilla de muchos matemáticos de su época, no eran igual de grandes entre sí. Se puede demostrar que el conjunto infinito de los números reales, que es la unión de los números racionales y los números irracionales, resulta ser un infinito mayor que el de los números naturales. Los números reales pertenecen entonces al denominado «Aleph 1». Y es posible encontrar conjuntos de números Aleph 2, Aleph 3, etc.

Tampoco resulta intuitiva la manera en la que estos conjuntos operan entre sí. Por ejemplo, en Aleph 0:

Aleph 0 + 10^{100} = Aleph 0

Aleph 0 · $10^{gúgol}$ = Aleph 0

Aleph 0 · Aleph 0 = Aleph 0

Aleph 0 + Aleph 0 = Aleph 0

Sin embargo:

(Aleph 0) $^{Aleph 0}$ = Aleph 1

Otro matemático alemán emblemático en la historia, David Hilbert (1862-1943), planteó a principios del s. XX una serie de problemas, algunos de los cuales han sido resueltos, pero otros no, entre los que se encuentra el siguiente: ¿habrá otro tipo de infinito entre el Aleph 0 y el Aleph 1? El matemático Paul Cohen demostraría a mediados del pasado siglo que la respuesta podía ser sí y no. Y otro matemático de referencia de la época, Kurt Gödel (1906-1978), daría por bueno el resultado de Cohen y la consecuencia fue que dos nuevos mundos matemáticos, antagónicos pero consistentes, habían nacido.

Para concluir este breve recorrido por el inquietante universo de los números infinitos, citaremos un divertimento creado por David Hilbert y conocido como «El Hotel Infinito»:

Dos amigos hoteleros deseaban tener el hotel más grande del mundo y para conseguirlo decidieron construir uno con infinitas habitaciones. Muy astutos ambos, por lo que se verá, alojaron a infinitos huéspedes asegurándoles que siempre tendrían una habitación, pero con la única condición que tendrían que aceptar cambiar de la misma si se les requiriese. Los infinitos huéspedes aceptaron encantados. Y llegó un nuevo cliente. Y el hotel infinito estaba totalmente lleno. Entonces los propietarios del hotel comunicaron por megafonía a los infinitos huéspedes que sumaran una unidad al número de su habitación y se cambiasen a la misma. Y todos lo hicieron. El que estaba en la número 1 pasó a la 2, el que estaba en la 2 pasó a la 3, y así sucesivamente. Consiguientemente se quedó libre la número 1 que fue felizmente ocupada por el recién llegado cliente. Pero estando de nuevo lleno el hotel infinito se presentó ahora un representante de una asociación de jubilados diciendo que infinitas personas mayores querían alojarse en el hotel infinito, que como sabemos, estaba lleno por completo. No lo dudaron de nuevo los audaces empresarios de la propiedad. Esta vez comunicaron a los huéspedes del hotel que multiplicasen por 2 el número de sus habitaciones y se trasladaran a la que correspondiese. Así, el que ocupaba la 1 pasó a la 2, el que ocupaba la 2 pasó a la 4, el de la 3 pasó a la 6, y así sucesivamente. De esta forma, se ocuparon todas las habitaciones pares y quedaron libres todas las impares. Como hay un infinito número de impares, los infinitos jubilados no tuvieron más que ocuparlas. Se cuenta que poco después apareció otro representante, pero esta vez de infinitas agencias de viajes, cada una con infinitos clientes, que también querían hospedarse en el hotel infinito. Otra vez resolvieron el problema los dos amigos. Pidieron a los infinitos huéspedes del hotel que multiplicasen por 2 el número de su habitación y se trasladasen a ella. De esta forma, y por segunda vez, se quedaron libres todas las habitaciones impares. Ahora asignaron a cada una de las infinitas agencias de viajes un número primo distinto de 2. Por ejemplo, el 3, 5, 7, 11, etc. Y a cada cliente de cada agencia un número par o impar. Imaginemos, por ejemplo, la agencia asignada con el número primo 3. Los clientes de esa agencia serían: 3^1, 3^2, 3^3, 3^4, etc. Y las habitaciones que ocuparían y que estaban vacías por ser todas impares, serían: 3, 9, 27, 81, etc. Como hay infinitos números pares e impares, los infinitos huéspedes de la agencia 3 estarían alojados. Idéntica fórmula se aplicaría a los infinitos clientes de la agencia 5 que ocuparían las habitaciones, también impares y vacías: 5, $5^2 = 25$, $5^3 = 125$, $5^4 = 625$, etc. Finalmente, como el número de números primos es infinito, las infinitas agencias de viajes verían alojados a los infinitos clientes de cada una de ellas.

26

MOMENTO DE RELAJACIÓN TEATRAL V: ENTREVISTA A UNA FRACCIÓN ALGEBRAICA

L as fracciones algebraicas son cocientes de polinomios en los que el grado del polinomio denominador ha de ser distinto de cero. Y los polinomios son expresiones algebraicas formadas por sumas o restas de monomios. Por último, los monomios son también expresiones algebraicas formadas por el producto de un número real y una o más variables elevadas a exponentes que siempre son números naturales. El grado de un polinomio es el del monomio de mayor grado que contenga. Para que el lector se haga una idea, una fracción algebraica podría ser la siguiente:

$$\frac{x^3 + 2x^2 + x}{x^2 - 1}$$

En el ejemplo anterior, el grado del polinomio numerador es 3 y el del polinomio denominador es 2. Los alumnos de ESO (Educación Secundaria Obligatoria, 12-16 años) suelen recibirlas como auténticos tormentos aunque puedan sumarse, restarse, multiplicarse y dividirse como las fracciones numéricas. Esto no resulta tan sencillo dado que han de aprender previamente a factorizar los polinomios intervinientes (deben saber sacar factor común, conocer los productos notables, la regla de Ruffini, etc.), unas veces para poder calcular el m.c.m. de los mismos (mínimo común múltiplo) al objeto de obtener el denominador común y poder sumar o restar esas fracciones algebraicas y, otras veces, para calcular el m.c.d. (máximo común divisor) sencillamente para simplificarlas si es posible antes de multiplicarlas o dividirlas. En el ejemplo anterior, si se saca factor común en el numerador se observa que aparece un producto notable ($x^3 + 2x^2 + x = x \cdot (x^2 + 2x + 1) = x \cdot (x + 1)^2$) y es posible simplificar con el denominador que resulta ser otro producto notable ($x^2 - 1 = (x + 1) \cdot (x - 1)$), quedando finalmente la fracción algebraica con el siguiente aspecto: $x \cdot (x + 1) / (x\text{-}1)$.

Esta pequeña pieza teatral trata de transgredir lúdicamente este tipo de ejercicios para amortiguar, en la medida de lo posible, los estragos que hubiesen podido infligir en los lectores en sus años de estudiantes y, por qué no, para liberación parcial de los que las sufren en la actualidad.

La pieza se desarrolla en un plató de Radio Pi, una emisora redonda que suele invitar a personajes matemáticos.

Personajes:
P: Presentador
FA: Fracción Algebraica

(En la sintonía podría escucharse el teorema de Thales interpretado por Les Luthiers).

P: Hoy tenemos la suerte de contar en nuestros estudios con un personaje muy especial: la fracción algebraica. ¿Cómo se definiría usted?

FA: Bueno, soy una persona… dividida, siempre quebrada. Tengo mi parte de arriba y mi parte de abajo.

P: Bien, pero sus partes tienen algo peculiar, algo en común, Fracción Algebraica, ¿podría decirle a los oyentes en qué consisten sus partes?

FA: Encantada. Mire, todas las de mi familia tenemos en común que somos muy polinómicas. Tanto el numerador como el denominador. Polinomios siempre.

P: ¿Y qué me puede contar de su parte… de abajo? Bueno, siempre que no le importe entrar en una cuestión tan íntima como esta…

FA: Verá, mi parte de abajo hay veces que está eufórica y tiene un grado enorme y, a veces…a veces, está bajita de ánimo, quiero decir, con un grado penoso. Eso sí, por lo menos mi grado de abajo es la unidad.

P: Pero ese polinomio denominador... ¿lo digo bien Fracción Algebraica?

FA: Se expresa usted con una precisión que me deja anonadada, ya me gustaría que me tratasen así la legión de alumnos que a diario me manipulan

P: Gracias FA, como le preguntaba… ¿ese polinomio denominador suyo puede incluso llegar a valer cero? Porque imagino que existe el polinomio nulo, ¿verdad?

FA: Da gusto escucharle. Le voy a contestar: en mi parte de abajo siempre hay algo. Por poco que sea. El polinomio nulo jamás podrá alojarse en los bajos de una Fracción Algebraica, sencillamente porque dejaría de tener sentido mi existencia. ¿Me comprende?

P: Totalmente. Por cierto, a veces, su primer aspecto es infernal. ¿Sus manipuladores qué dicen?

FA: Por prudencia y elegancia no le diré lo que dicen, pero soy objeto de los improperios más soeces que imaginarse pueda. Aunque a primera vista mi aspecto físico es, como usted dice, demoníaco, pero tengo una singularidad. Puedo simplificarme hasta límites insospechados. Sorprendo habitualmente por esta razón.

P: Fracción Algebraica, eso de simplificarse es algo así como «adelgazar», ¿no?

FA: Sí, sí, muy parecido. Nos encanta a las Fracciones Algebraicas que nuestros manipuladores nos dejen lo más reducidas que se pueda. De hecho, cuando llegan a ese glorioso punto, con razón nos llaman «fracciones irreducibles». Igual que a la fracción numérica 30/900 como le gusta que la expresen es como 1/30.

P: ¿Y qué hay que hacer para que una FA como usted se reduzca al máximo? A todo el mundo le gusta ir ligero de equipaje…

FA: Verá, no siempre es posible, pero se puede intentar. Se trata de que me descompongan, tanto por arriba como por debajo. No me molesta que lo hagan, todo lo contrario. Pero hay que ir con cuidado. Descomponer sí, pero con conocimiento de causa.

P: Oiga, eso de descomponer sus partes... ¿no consistía en factorizar sus polinomios?

FA: Desde luego que me deja usted perpleja. ¡Un periodista que no solo se atreve a entrevistar a una Fracción Algebraica, sino que se dirige a ella en los términos apropiados! ¡Habla usted con propiedad! Pues como bien dice, todo lo que hay que hacer es factorizarme por completo. Y simplificar después lo que se pueda.

P: Perdone mi indiscreción nuevamente, pero, así como me acaba de explicar que puede aligerarse hasta un cierto límite, ¿y si quiere aumentar? ¿eso también sería posible?

FA: Me causa una hemorragia de placer que me formule esta pregunta. Por supuesto que sí. Siempre es posible que cualquiera de nosotras se convierta en otra equivalente, pero más voluminosa. Basta con multiplicar nuestro polinomio de arriba y el de abajo por cualquier otro polinomio siempre que no sea el nulo. Pero no es lo habitual.

P: Lamentándolo mucho, pero se nos acaba el tiempo, muchas gracias por haber venido a esta emisora. Fracción Algebraica, fue todo un placer tenerle entre nosotros, por cierto... ¿a dónde se marcha ahora?

FA: El placer es mío. Pues me vuelvo al libro de texto, a aburrirme completamente. Menos mal que viniendo a la radio me ha dado el aire, aunque sea un ratito.

27

EL DNI Y EL CÓDIGO DE CONTROL

No deja de ser curioso hasta qué punto las matemáticas forman parte de nuestra identidad corporal y existencial. Desde que nacemos ya nos adjudican un número que no nos abandonará hasta que dejemos de existir. El famoso DNI. Se puede establecer una correspondencia biunívoca entre cada español y su DNI. En el DNI, que para residentes españoles coincide con el NIF, aparecen ocho dígitos y una letra. ¿Cuál es la utilidad de la letra? Pues sencillamente se trata de un código detector de posibles errores al escribir los dígitos. Si usted divide el número de su DNI entre el número primo 23 y halla el resto de la división, obtendrá un resultado comprendido entre 0 y 22. Desde luego si le sale 0 su DNI tiene premio porque es divisible por 23. Pues bien, cada uno de esos 23 números posibles lleva asociada una y solo una letra tal y como muestra la siguiente tabla:

Resto	0	1	2	3	4	5	6	7	8	9	10	11
Letra	T	R	W	A	G	M	Y	F	P	D	X	B
Resto	12	13	14	15	16	17	18	19	20	21	22	
Letra	N	J	Z	S	Q	V	H	L	C	K	E	

A modo de ejemplo, hagamos la prueba con un número de DNI elegido al azar: 21.346.583, y vamos a buscar la letra que le corresponde:

$$\frac{21.346.583}{23} \approx 928.112, 3043$$

Hemos dividido con la calculadora y no obtenemos el resto que es lo que necesitamos. Sin embargo, no será difícil obtenerlo. La propiedad de la división nos dice que:

$$\text{Dividendo} = \text{Divisor} \cdot \text{Cociente} + \text{Resto}$$

Tendremos entonces:

$$21.346.583 = 928.112 \cdot 23 + \text{Resto}$$

$$\text{Resto} = 21.346.583 - 928.112 \cdot 23$$

$$\text{Resto} = 7$$

Ahora vamos a la tabla y vemos que al resto 7 se le asocia la letra: F, con lo cual, el DNI completo sería:

21.346.583 F

Si alguien por error teclea mal una sola cifra, por ejemplo, la de las decenas: 21.346.573 F, al introducir el DNI con el código de control que es la F, el sistema no lo admitirá pues el resto al dividir el número errado por 23 sería 20 cuya letra asociada es la C y no la F. Así pues, el lector puede ahora comprobar con su DNI por qué la letra que lleva al final es esa y no otra.

28

LOS CÓDIGOS DE BARRAS

Uno de los más habituales códigos de barras es el denominado EAN – 13 (European Article Number) y consiste en un conjunto de barras blancas y negras de diferente grosor bajo las cuales aparecen 13 cifras divididas en cuatro partes. Veámoslo con un ejemplo real:

$$84 - 10573 - 10368 - 8$$

Las dos primeras cifras corresponden al país (84 = España), el primer grupo de cinco cifras determina la empresa (10573), el segundo grupo también de cinco cifras especifica el producto (10368) y la decimotercera cifra (8) constituye el dígito de control. Su utilidad es similar a la que acabamos de ver en el DNI. Veamos cómo se calcula.

Disponemos las 13 cifras tal y como aparecen en la siguiente tabla de forma que debajo de las mismas se colocarán alternativamente los números 1 y 3.

8	4	1	0	5	7	3	1	0	3	6	8
1	3	1	3	1	3	1	3	1	3	1	3

El algoritmo consiste en sumar todos los productos de parejas verticales:
$$8 \cdot 1 + 4 \cdot 3 + 1 \cdot 1 + 0 \cdot 3 + 5 \cdot 1 + 7 \cdot 3 + 3 \cdot 1 + 1 \cdot 3 + 0 \cdot 1 + 3 \cdot 3 + 6 \cdot 1 + 8 \cdot 3 = 92$$

Si la suma total efectuada no acaba en 0, como es nuestro caso, el número de control se calcula efectuando la diferencia entre la decena posterior a la suma obtenida y la suma propiamente. Por tanto, en nuestro ejemplo:

$$\text{Dígito de control} = 100 - 92 = 8$$

Y, por ello, la secuencia completa de cifras en el código de barras es: 84 – 10573 – 10368 - 8

Finalmente, si la suma efectuada siguiendo el algoritmo anteriormente explicado terminase en 0, el dígito de control sería 0.

Ahora, cuando el lector vaya al supermercado y observe cómo le escanean los productos, sabrá la información oculta en el código de barras iluminado por el lector de infrarrojos que está pasando a los ordenadores.

Otro tipo de códigos muy extendidos en la actualidad son los denominados QR (Quick Response) muy habituales en bares y restaurantes, sobre todo a partir del COVID-19. Tienen forma cuadrada con una matriz de puntos y líneas de colores blanco y negro en el interior. Así como los códigos de barras convencionales que acabamos de analizar almacenan información en una sola dimensión (horizontal), los códigos QR la almacenan en dos dimensiones: horizontal y vertical de forma que resultan más versátiles. Los hay pequeños, de 21 x 21 columnas y, grandes, de 177 x 177 columnas. En todos ellos puede observarse la existencia de dos cuadrados, respectivamente, en cada una de las esquinas del lado superior y un tercero en la esquina inferior izquierda. Se trata de marcadores de posición. La capacidad de un código QR puede llegar a ser de 4 296 caracteres alfanuméricos o 7 089 dígitos, si bien si se le dota de un nivel de corrección de errores elevado, la capacidad puede reducirse. Pero la contrapartida es que aún estando deteriorado el código QR puede seguir dándonos la misma información. Existen páginas webs que permiten crear códigos QR de forma gratuita.

29

LA PROPORCIÓN ÁUREA EN EL CUERPO HUMANO: DE MARCUS VITRUVIUS A LE CORBUSIER

El matemático Luca Pacioli (1445-1517), nacido en Borgo San Sepolcro (Italia) fue ordenado fraile franciscano en 1477 y por ello ha pasado a la posteridad como «Fray Luca Pacioli». Es probablemente el primer matemático en la historia con un retrato auténtico y atribuido a Jacopo de'Barbari en el que enseña geometría a un alumno que podría tratarse de Alberto Durero.

Destacan en el cuadro, un dodecaedro que se asienta sobre la obra enciclopédica de Pacioli llamada *Summa* (considerado como el primer libro de álgebra impreso) así como un poliedro colgante denominado rombicuboctaedro, transparente y con agua en el interior que podría simbolizar la atemporalidad y pureza de las matemáticas.

ASC

Pacioli escribió también una trilogía conocida como *De Divina Proportione* (*La Divina Proporción*) y contó como ilustrador al más grande de los posibles de la época: Leonardo da Vinci. Fue en el segundo libro donde aparece el magistral estudio de las proporciones humanas en el dibujo conocido como *El Hombre de Vitruvio* o *El Hombre Ideal* (Galleria dell'Accademia, en Venecia). Pero Leonardo se basó para su dibujo en las notas publicadas por el arquitecto romano del s. I a. C.: Marcus Vitruvius Pollio. No obstante, ni Marcus Vitruvius, ni Leonardo da Vinci o fray Luca Pacioli dejaron escrito que la proporción áurea estuviese presente en el cuerpo humano. Sin embargo, cuando se miden en el citado dibujo la altura del hombre (lado del cuadrado en el que se inscribe y que resulta ser de igual longitud que ambos brazos extendidos) así como la distancia del ombligo al suelo (el ombligo es el centro de la circunferencia mientras que los genitales lo son del cuadrado) y se dividen esas dos medidas, se obtiene 1,62 que es muy aproximadamente el número de oro. Y es por esta razón que en el Renacimiento se acentúa la importancia de la proporción áurea en el cuerpo humano.

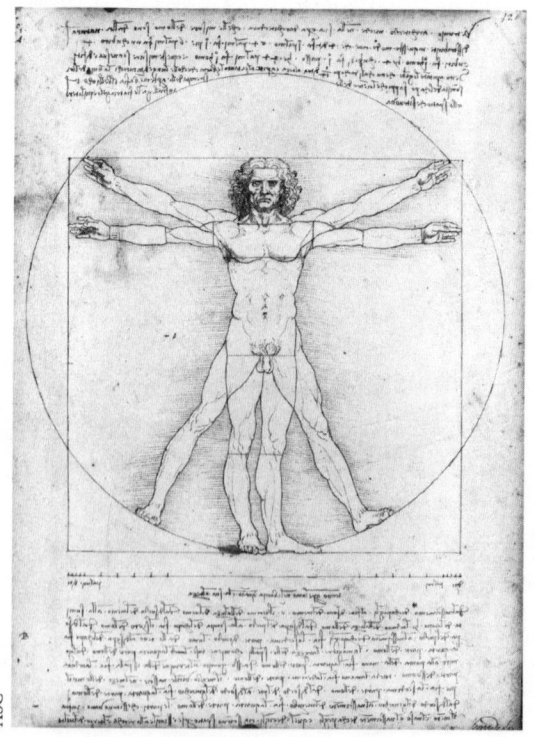

Si el lector efectúa las mediciones oportunas en su propio cuerpo es lo más probable que no le resulte la divina proporción, pero se acercará a la misma si toma una amplia muestra de personas y calcula la media aritmética de ese cociente en todas ellas.

Es obligado citar al arquitecto y pintor suizo Charles Édouard Jeanneret, mucho más conocido como «Le Corbusier» (1887-1965). Desde que el polifacético Matila Ghyka (poeta, matemático, ingeniero eléctrico, abogado, etc.) publicase sus investigaciones sobre el número de oro *Estética de las proporciones en la Naturaleza y en el arte*, así como *El número de oro, ritos y ritmos pitagóricos en el desarrollo de la civilización occidental*, la fascinación de Le Corbusier por las excelencias de la divina proporción alcanzó tal nivel que diseñó un sistema de medidas conocido como *Modulor*, reproducido a continuación, que permitía aplicarlo tanto en el ámbito arquitectónico y urbanístico como en el del diseño de mobiliario funcional.

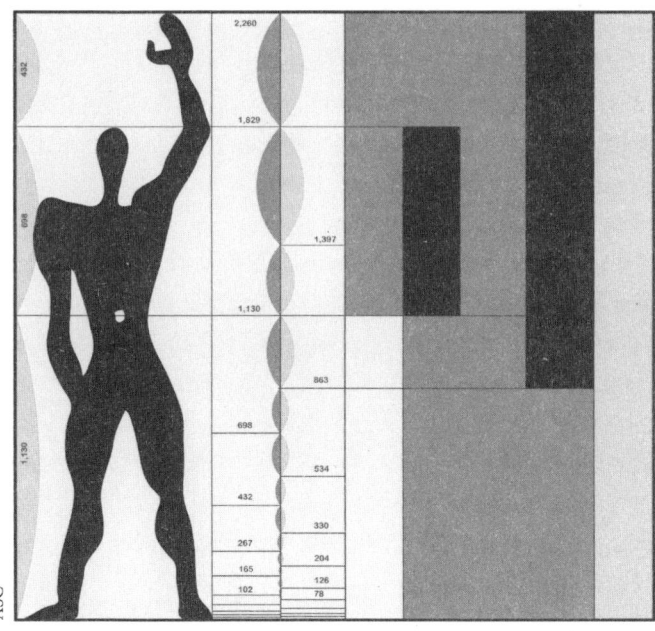

Resalta en el *Modulor* la figura humana en color negro con un brazo extendido. La altura de esa figura se fija en 183 cm frente a la distancia del ombligo al suelo que es de 113 cm. El cociente sigue la proporción áurea ya vista en el hombre vitruviano. Pero si tenemos en cuenta la distancia desde el suelo hasta la parte superior del brazo extendido que es de 226 cm. y le restamos la distancia desde el suelo hasta la muñeca del brazo que cuelga que es de 86 cm, resulta 140 cm. Nuevamente, el cociente entre 140 y 86 nos vuelve a dar el número de oro. Es por ello que Le Corbusier creyó haber encontrado la manera de llevar la armonía subyacente en la proporción áurea a cualquier ámbito físico de la existencia humana. Belleza, estética y matemáticas unidas por un simple número irracional.

30

EL IMC (ÍNDICE DE MASA CORPORAL)

Aunque el DNI es uno de esos números que, como hemos visto, nos acompañan a lo largo de toda la vida sin sufrir cambio alguno, hay otros números muy personales que también pueden acompañarnos, pero que van cambiando dependiendo de la etapa existencial que atravesemos. Es cierto que, llegados a determinada edad, los hay que se mantienen casi constantes. Por ejemplo, la altura, el peso, la longitud del pie, la longitud de la circunferencia de la cintura, etc. No obstante, hace años la OMS puso de moda el Índice de Masa Corporal (IMC). Veamos cómo se calcula:

$$IMC = \frac{Peso}{Altura^2}$$

La unidad del IMC es kg/m^2.

Este índice indica si estamos dentro de lo normal en el peso según la altura. Como acabamos de ver, basta dividir el peso de una persona en kg entre su altura (en metros) al cuadrado. Por ejemplo, alguien que mida 1,76 m y su peso sea de 80 kg, tendrá un IMC = 25,83.

En general:

Peso insuficiente	IMC < 18,5
Peso normal	18,5 < IMC < 25
Sobrepeso	IMC > 25

Ahora bien, no debe olvidarse que este índice no tiene en cuenta factores de cierta importancia como la edad, el sexo, el porcentaje de grasa corporal o la masa muscular. Se puede demostrar que para valores normales del IMC basta con aplicar una fórmula popular que seguro el lector recuerda:

$$\text{Peso ideal} = \text{Altura en centímetros} - 100$$

En el ejemplo que vimos anteriormente, el peso ideal de la persona sería: 176 − 100 = 76 kg, siendo innecesario aplicar la fórmula del IMC.

Puede resultar interesante conocer el porcentaje de peso ideal en el que se encuentra una persona:

$$\% \, P.I = \frac{Peso \, real \; (kg)}{Peso \, ideal \; (kg)} \cdot 100$$

Aplicándolo al ejemplo anterior: % P.I = (80/76) · 100 = 105,26, que viene a decirnos que estamos un 5,26 % por encima del peso ideal. Una desviación razonable.

31

MOMENTO DE RELAJACIÓN TEATRAL VI:
LA DERIVADA

S e trata de un monólogo para un actor o actriz que interprete a uno de los conceptos cruciales en matemáticas como es el derivada. Las derivadas se empiezan a estudiar en bachillerato y sus aplicaciones son múltiples. Este personaje debe transmitir una enorme convicción en sí mismo y hasta cierto punto un merecido engreimiento por los numerosos problemas que ha resuelto desde su invención…

«Me llaman Derivada y soy una herramienta matemática sumamente prolífica con más de tres siglos de existencia. Creo que no exagero si me proclamo como la reina del cálculo infinitesimal. Vine a resolver uno de los legendarios problemas en la historia de las matemáticas: el problema de la recta tangente a una curva en un punto. De hecho mi significado geométrico no es otro que la pendiente de dicha recta tangente en ese punto.

Mis progenitores, allá por el s. XVII y a pesar de las agrias disputas acerca de quién me había gestado primero, fueron el inglés sir Isaac Newton y el alemán Gottfried Wilhelm Leibniz. Es verdad que el "método fluxional" de Newton fue la primera versión del cálculo diferencial, pero no es menos cierto que sería Leibniz quien independientemente lo publicase por vez primera. Aunque ambos métodos son esencialmente idénticos, la notación de Leibniz resultó ser mucho más prolífica que la de Newton y por esto las matemáticas avanzaron rápidamente en Europa y se estancaron en Inglaterra. Siempre me ha resultado intrigante que dos prodigios de las matemáticas me gestasen en los mismos años, pero en lugares tan distantes.

Un poco mágica reconozco que soy. Y está claro que dependo siempre de una función sobre la que he de actuar. Por ejemplo, si me ponen a una función constante por delante, la anulo por completo, al seno lo transformo en coseno y únicamente dejo indemne a una querida función: la exponencial con base el irracional número e, que es la base de los logaritmos neperianos. Disfruto derivando polinomios porque les bajo los humos a todos, les reduzco el grado de forma inmediata.

Lo que vengo a cuantificar como Derivada es la rapidez con la que varía una magnitud que interesa estudiar. En física resulto de gran importancia. Por ejemplo, la velocidad instantánea mide cómo ha variado el espacio recorrido en un tiempo infinitesimal. Curiosamente esa velocidad es la que nos muestra el velocímetro de un vehículo y que suele estar incrementada en torno a un 10 % para contribuir a que se respeten los límites de velocidad establecidos. En el argot popular, la velocidad es la derivada del espacio respecto del tiempo. Y ¿qué es la vida sino cambio y movimiento? Por ello, rápidamente me percaté de los eficaces servicios que podía ofrecer como medidora de variaciones instantáneas en contextos muy diversos como la economía, la química, la biología e incluso la psicología. No lo voy a ocultar, también me siento muy orgullosa resolviendo problemas de optimización. Ahorro muchísimo tiempo a la hora de calcular el valor que hay que dar a una variable para obtener un resultado óptimo. Derivar tiene su arte. En definitiva, las derivadas somos enormemente versátiles y nos adaptamos a las situaciones más diversas con facilidad.

No puedo ocultar la enorme satisfacción que siento cuando me utilizan, debidamente, en la "regla de la cadena". Se trata de uno de los momentos culminantes de mi existencia. Se aplica en las denominadas "funciones compuestas", que son funciones que dependen de otras funciones. Una función simple puede ser, por ejemplo, $y = ln\ x$. Y si me derivan bien, el resultado es: $y' = 1/x$. Sin embargo, en una función compuesta como: $y = ln\ (x^2 + 3\ x - 4)$, ya intervenienen dos funciones: $f(x) = \ln x$ y otra $g(x) = x^2 + 3x - 4$, de forma que lo que tenemos realmente es: $y = f(g(x))$, y si me derivan como Dios manda, el resultado es: $y' = f'(g(x)) \cdot g'(x) = (2x + 3)/(x^2 + 3x - 4)$, pues la derivada de $g(x)$ es sencillamente: $g'(x) = 2x + 3$.

Mantengo una relación especial de pareja con mi inseparable compañera, la Integral. Existe una íntima unión entre nosotras. La Integral, al igual que yo, se aplica a una determinada función. Y decimos que se resuelve cuando es posible encontrar otra función llamada "primitiva" cuya derivada es precisamente aquella función sobre la que actuaba la integral».

ORÍGENES DE LA TEORÍA DEL CAOS

32.1. LOS PUNTOS DE LAGRANGE

Al estudiar el sistema formado solo por dos cuerpos, como el Sol y la Tierra (también la Tierra y la Luna o la Tierra y un satélite) sometidos a la fuerza de la gravitación universal de Newton, el movimiento de ambos no reviste complejidad, la órbita del planeta es estable y se cumplen las leyes de Kepler. El problema surge cuando un tercer cuerpo aparece en las inmediaciones de los otros dos y existe una interacción gravitatoria entre ellos. La complejidad aumenta si se considera un sistema con más de tres cuerpos como por ejemplo el sistema solar.

En 1772, los matemáticos Joseph-Louis de Lagrange (1736-1813) y Leonhard Euler estudiaron el «problema de los tres cuerpos» que Newton dejó planteado sin resolver, pero con las siguientes restricciones:

1) Que uno de los tres cuerpos (M_3) tuviese una masa despreciable en comparación a los otros dos (M_1 y M_2) y se moviese en el campo gravitatorio de ellos ($M_3 \simeq 0$).

2) Que uno de los cuerpos, por ejemplo, M_1 tuviese una masa mayor que el otro M_2: $M_1 > M_2$, y que el de menor masa (M_2) girase alrededor del primero (M_1) describiendo órbitas circulares.

Un ejemplo de sistema de este tipo podría ser una mota de polvo moviéndose bajo la atracción gravitatoria del Sol y la Tierra. Y el resultado de su estudio fue que existían cinco puntos, los denominados puntos de Lagrange (L_1, L_2, L_3, L_4 y L_5) en los que el cuerpo de masa despreciable (M_3) describía una órbita en torno al cuerpo de mayor masa con mismo periodo orbital que la rotación del cuerpo restante M_2 (ver imagen):

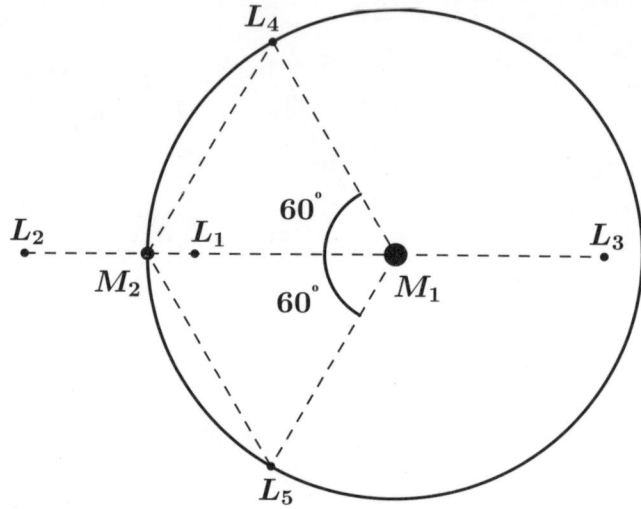

Los puntos de Lagrange L_4 y L_5 resultaron ser de equilibrio estable y prácticamente se situaban sobre la órbita de la masa menor de los dos cuerpos (M_2) y formando un triángulo equilátero con M_1 y M_2. En esos puntos, una pequeña desviación de M_3 respecto del equilibrio, devolvía la mota de polvo a su órbita inicial.

En la línea que unía los cuerpos M_1 y M_2 se situaban los puntos L_1, L_2 y L_3. Esos tres puntos eran de equilibrio inestable de tal forma que una pequeña variación respecto de los mismos generaba fuerzas que alejaban sustancialmente al cuerpo de masa despreciable M_3 de esa posición.

Esto es lo que actualmente se conoce como un sistema con *dinámica caótica*. Si M_1 representa la masa del Sol y M_2 la de la Tierra (la distancia Tierra-Sol es de aproximadamente 150 millones de km), es precisamente en el punto L_2, a 1,5 millones de km de distancia de la Tierra, donde se encuentran actualmente el telescopio espacial Gaia (desde 2013 y se prevé que esté operativo hasta 2025) y el telescopio espacial James Webb (lanzado con éxito el 25-12-2021 y con una vida útil estimada de unos diez años, también conocido por la sigla JWST). Es obvio que esos telescopios han de estar permanentemente recalculando su posición para no verse sometidos a una posible salida brusca de su órbita provocada por la dinámica caótica. A pesar de la inestabilidad de L_2, es un buen lugar para observatorios espaciales porque al mantener una misma orientación hacia el Sol y la Tierra resultan más factibles los ajustes y calibrados de los mismos (el telescopio espacial James Web no se encuentra realmente ubicado en el punto L_2 sino que orbita alrededor del mismo realizando correcciones periódicas para evitar alejarse). La masa aproximada del telescopio espacial James Webb es de unos 6 500 kg (M_3 en el estudio que venimos realizando), que comparada con la masa del Sol de unos $1,9 \cdot 10^{30}$ kg (M_1) o la de la Tierra de aproximadamente $5,9 \cdot 10^{24}$ kg (M_2), nos llevan a considerarla despreciable: $M_3 \simeq 0$.

Los puntos de Lagrange L_1, L_2 y L_3 podrían constituir en el futuro auténticas lanzaderas naturales para hacer llegar naves espaciales a los lugares más recónditos del universo con un mínimo gasto energético. De la misma forma, L_4 y L_5 por la estabilidad que les es inherente podrían constituir lugares convenientes para colonias espaciales en un futuro quizás no muy lejano.

32.2. La estabilidad en el sistema solar: Henri Poincaré

> Los cielos mismos, los planetas
> y este globo terrestre
> observan con orden invariable las leyes de la categoría,
> de la prioridad, de la distancia,
> de la posición, del movimiento,
> de las estaciones, de la forma,
> de las funciones y de la regularidad.
>
> William Shakespeare (1564-1616), *Troilo y Cressida*

El rey de Suecia y Noruega, Oscar II, en 1889, y con ocasión de su 60 cumpleaños, retó a los científicos de la época con un importante premio para ver si alguno podía resolver el problema de la estabilidad del sistema solar a largo plazo. Quería saber si las órbitas de los planetas se mantendrían estables con el tiempo o si, por el contrario, algún planeta colisionaría con algún otro o incluso con el Sol mismo.

Fue el egregio matemático, astrónomo y físico teórico francés Jules Henri Poincaré (1854-1912) quien ganó el premio en 1889 al abordar y, casi resolver, el problema de los tres cuerpos (que por ejemplo podrían ser el Sol, la Luna y la Tierra). Poincaré, al igual que los científicos de su época, creía en un universo mecanicista newtoniano y predecible, que funcionaba como un gran reloj. El descubrimiento de lo que en la actualidad conocemos como «dinámica caótica» se debe a un hecho poco conocido pero determinante. Poincaré resolvió el problema de los tres cuerpos y debió quedarse perplejo cuando, una vez ganado el premio, se percató de un craso error en su trabajo. Telegrafió de inmediato al matemático y presidente del tribunal Gotta Mittag-Leffler tratando de evitar que se imprimiese y difundiese su estudio. Pero ya era tarde. Mittag-Leffler no se lo podía creer. El trabajo ya estaba impreso, pero por suerte, aún no se había difundido. Y fue el propio Poincaré quien se hizo cargo del costo de la nueva edición y así fue como la Academia de Ciencias pudo publicar de nuevo el trabajo premiado, aunque modificado, soslayando el error inicial. Ninguno de los matemáticos del tribunal evaluador se dio cuenta del error de Poincaré salvo él mismo.

El error había consistido en suponer que un pequeño cambio en las condiciones iniciales del sistema repercutiría finalmente también en un pequeño cambio en los resultados. Subsanó el error enunciando el actual concepto de «dependencia sensitiva». Esto consiste en que pequeños cambios en las condiciones iniciales de un sistema simple pueden producir finalmente situaciones absolutamente impredecibles. El propio Poincaré dejaría escrito lo siguiente:

Una causa muy pequeña que escapa a nuestra atención determina un efecto considerable que no podemos dejar de observar y entonces decimos que el efecto es debido al azar. Si conociésemos exactamente las leyes de la naturaleza y la situación del universo en el momento inicial, podríamos predecir exactamente la situación de ese mismo universo en un momento posterior. Pero, aun cuando se diese el caso de que las leyes de la naturaleza no tuvieran ningún secreto para nosotros, incluso así solo podríamos conocer la situación inicial aproximadamente. Si esto nos permitiese predecir la situación siguiente con la misma aproximación, eso es todo lo que necesitamos y diríamos que el fenómeno habríase predicho, que está gobernado por leyes. Pero no siempre es así, puede ocurrir que pequeñas diferencias en las condiciones iniciales las produzcan grandes en el fenómeno final. Un pequeño error en las primeras producirá un abultado error en las segundas. La predicción se hace imposible y aparece el fenómeno fortuito.

Gracias a aquel error surgiría años más tarde una nueva y prolífica rama de la matemática: el caos determinista. Fue el matemático James A. Yorke quien en 1975 utilizó por vez primera el vocablo «caos» para este tipo de comportamientos en su artículo escrito junto a Tien-Yien Li, *Period three implies chaos* ('El periodo tres implica caos'). No es de extrañar que el matemático inglés Ivars Peterson llamase a Poincaré «el profeta del caos». Por vez primera, quedaba demostrada la existencia de sistemas deterministas pero impredecibles. El determinismo clásico laplaciano estaba vinculado a la predictibilidad en el sentido de que pequeños cambios en las condiciones iniciales de un sistema conllevaban también pequeños cambios en el devenir del mismo. Por tanto, puede afirmarse que la «teoría del caos» había nacido sin que Poincaré lo hubiese sospechado. Más adelante se llegaría a la convicción de que abundaban más en la naturaleza los sistemas caóticos que los ordenados del determinismo clásico. La meteorología es buen ejemplo de ello. Esta ruptura del mecanicismo tendría fuertes connotaciones en numerosos ámbitos y también en el pensamiento filosófico (por ejemplo, la obra de Antonio Escohotado: *Caos y Orden*, Premio Espasa de Ensayo, 1999).

A Henri Poincaré también se le conoce como «el último universalista» por haber contribuido de forma magistral, como ningún otro, en prácticamente todas las ramas de las matemáticas y la física a finales del s. XIX y principios del s. XX. Esto sería imposible en la actualidad para cualquier científico debido a la especialización extrema existente en estos dos ámbitos del conocimiento. Algunas de sus aportaciones reseñables trataron áreas como la topología, geometría, análisis matemático, teoría de funciones, teoría de números, teoría de la relatividad y, muy especialmente, los denominados sistemas dinámicos dentro de los cuales se sitúan los sistemas caóticos que él llegó a entrever abordando el problema de los tres cuerpos.

Escribió sobre filosofía de la ciencia y lógica e hizo aportaciones de enorme interés en la investigación sobre los procesos creativos. Llegó a decir que la actividad creativa se soporta sobre una tensión siempre renovada entre orden y caos. Y durante una conferencia aseguró que, en numerosas ocasiones, el proceso de descubrimiento científico parecía iniciarse en la frustración, la confusión y el caos mental para desembocar en una imprevista intuición. Arthur Koestler (1905-1983), novelista, historiador, activista político y filósofo húngaro, denominó «bisociaciones» a esos tránsitos del caos al orden. Según este escritor, lo que Arquímedes experimentó hace unos 2300 años cuando el rey Hierón de Siracusa le preguntó si la corona de oro que ordenó construir tenía algún otro metal mezclado, fue una «bisociación». Arquímedes, al introducirse en una bañera, se percató que la cantidad de líquido desalojado era igual al volumen del cuerpo sumergido. Pudo, de esta forma, calcular el volumen de la corona sin tener que fundirla y, a partir de ahí, resolver el problema (probablemente tomaría un volumen similar de oro, lógicamente con una forma distinta, y lo compararía en una balanza con la corona del rey para comprobar de inmediato que la balanza no estaba en equilibrio para desgracia del orfebre).

En cuanto a la estabilidad del sistema solar y aunque lleve más de cuatro mil millones de años tal y como lo vemos, no está garantizado que tenga que seguir siendo así en el futuro. Se sabe que para que se ponga de manifiesto esa impredecibilidad del sistema solar debe transcurrir un lapso de tiempo de alrededor de 100 millones de años. Desde hace tiempo, existen evidencias de la existencia de comportamiento caótico en el cinturón de asteroides entre Marte y Júpiter. Se cree que esos fragmentos que forman el cinturón de asteroides no llegaron a compactar para formar otro planeta y el caos determinista puede explicar que no exista una distribución uniforme de las órbitas de los asteroides con la consecuencia de dejar «huecos» sin órbitas. También es conocido desde hace décadas que la órbita de Plutón presenta dinámica caótica.

Llegados a este punto, el lector debería animarse a construir un artilugio conocido como «péndulo doble» para que pueda apreciar la singular belleza de un movimiento caótico desde el punto de vista físico-matemático. Para ello, (ver imagen) coloque un rodamiento R_1 solidario a una varilla V fija al techo o a la pared (preferiblemente esta última). Soldada a R_1 irá una varilla de longitud L_1 en cuyo extremo se aloja otro rodamiento R_2 alrededor del cual podrá girar otra varilla de longitud L_2 $(L_1 > L_2)$.

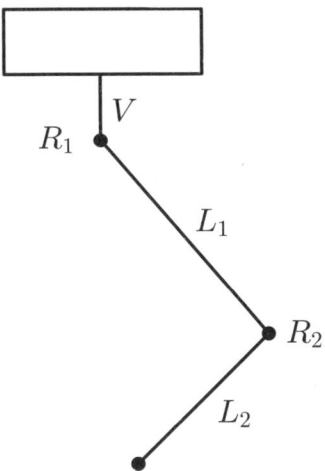

Quedará fascinado ante las caprichosas circunvoluciones, erráticas y absolutamente imprevisibles de los dos péndulos simples encadenados que constituyen el péndulo doble. La idea es que inicie el movimiento llevando el extremo inferior del sistema a una altura por encima de la varilla fija V. En ese momento se suelta el péndulo doble y observamos los giros sorprendentes tanto de L_1 como, sobre todo, de L_2. Creerá el lector que se encuentra ante un espectáculo circense de trapecistas en acción. Pues bien, si una vez el sistema se para debido a los rozamientos, volvemos a colocar el extremo inferior del sistema en una posición ligeramente distinta a la de la primera vez y soltamos de nuevo el sistema, se comprobará que el devenir es absolutamente diferente. No se producirán las mismas circunvoluciones de L_1 y L_2, ni el número de giros será similar. Hemos partido aproximadamente de un mismo punto, pero los caminos seguidos habrán sido totalmente diferentes. El lector puede encontrar en Internet numerosos vídeos para su construcción y deleitarse con las conferencias del prestigioso profesor de matemáticas y física James A. Yorke, citado con anterioridad, y uno de los científicos que mejor conoce la teoría del caos a nivel mundial. En casi todas sus conferencias divulgativas lleva un péndulo doble.

32.3. El atractor de Lorenz

No es posible obviar en los orígenes de la teoría del caos al matemático y meteorólogo estadounidense Edward Lorenz (1917-2008) del MIT

(Instituto Tecnológico de Massachusetts), por su crucial contribución al conocimiento de un sistema caótico emblemático como es la atmósfera, cuyo comportamiento estudia la meteorología. En 1963, publicó en la prestigiosa revista *Journal of the Atmosferic Sciences* un artículo memorable titulado *Deterministic nonperiodic flow* en el que ya aparecían importantes conceptos de dinámica no lineal (la que subyace en los sistemas caóticos). Más tarde, el 29 de diciembre de 1972, presentó una conferencia (que no llegó a publicarse) en la 139ª reunión de la *American Association for the Advancement of Science* titulada *Predictibilidad: el aleteo de una mariposa en Brasil, ¿originó un tornado en Texas?*, de donde sale el eslogan asociado a la teoría del caos conocido como el «efecto mariposa» del que hablaremos más adelante. La explicación de este efecto se encuentra en la teoría del «atractor» de Lorenz, cuya génesis muy resumida nos proponemos ofrecer.

Estudiando un fenómeno físico muy común en meteorología, la convección (básicamente la elevación del aire caliente en la atmósfera debido a su menor densidad causante de la formación de nubes tormentosas), vino a simplificar un modelo matemático que en 1962 había formulado B. Saltzman para dejarlo en tres ecuaciones diferenciales no lineales:

$$\frac{dx}{dt} = 10 \ (y - x)$$

$$\frac{dy}{dt} = 28 \, x - y - x \, z$$

$$\frac{dz}{dt} = x \, y - \frac{8}{3} z$$

Los primeros miembros de cada ecuación representan los cambios con respecto al tiempo de las tres variables seleccionadas: x = velocidad de convección; y = temperatura horizontal; z = temperatura vertical. El modelo matemático anterior simulaba tanto fenómenos que ocurren en la atmósfera como en otro tipo de fluidos como las corrientes marinas, por ejemplo. Los fenómenos turbulentos pueden originarse como consecuencia del ascenso de fluidos cuando estos se calientan y al descenso de las capas altas cuando se enfrían.

No le resultó muy difícil representar gráficamente el devenir del sistema modelizado en un sistema tridimensional conocido como «espacio de las fases». Y la imagen que emergió en la pantalla del ordenador debió dejar estupefacto al propio Lorenz por la complejidad y belleza de la misma. Como se aprecia en la figura, la forma parecía la de las alas de una mariposa. Una especie de espiral doble que pasaba recurrentemente de un lado a otro con la particularidad de no cruzarse jamás consigo mismo.

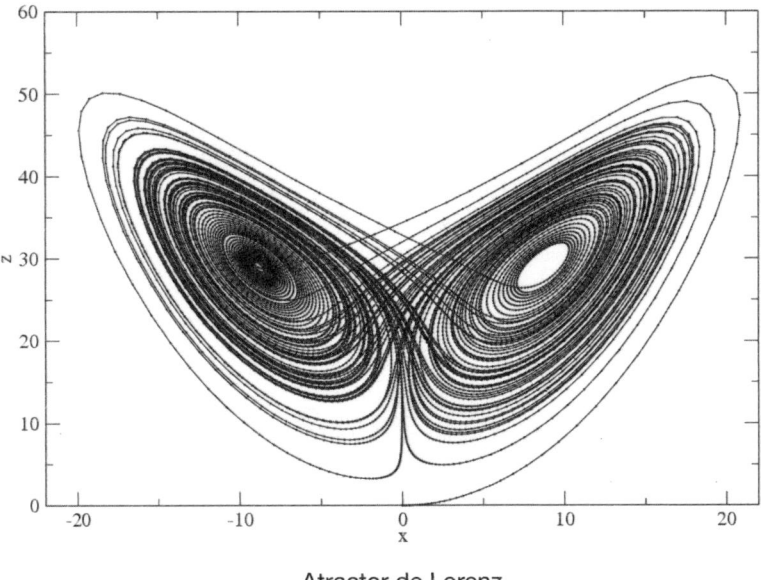

Atractor de Lorenz

Otro importante descubrimiento de Lorenz y que caracteriza a los sistemas caóticos fue la «dependencia sensitiva» también conocida como «sensibilidad a las condiciones iniciales». Aunque quien realmente se topó por primera vez con este comportamiento fue Henri Poincaré, como vimos con anterioridad. Pero este no pudo visualizarlo por la inexistencia de ordenadores en su época mientras que Edward Lorenz sí dispuso de los primeros ordenadores en el s. xx y se percató visualmente del hallazgo.

Un día de invierno de 1961, Lorenz había ejecutado las ecuaciones diferenciales que vimos anteriormente, en su ordenador, partiendo de unos valores iniciales que se procesaban mientras iba obteniendo determinadas soluciones numéricas. El ordenador que utilizó fue un Royal Mcbee LGP-300, especialmente lento como todos los de su época. Reproducimos a continuación, por su interés histórico, la descripción que el propio Lorenz hace en *La Esencia del caos* de los acontecimientos vividos aquel memorable día:

> En un momento dado, decidí repetir algunos de los cálculos con el fin de examinar con mayor detalle lo que estaba ocurriendo. Detuve el ordenador, tecleé una línea de números que había salido por la impresora un rato antes y lo puse en marcha otra vez. Me fui al vestíbulo a tomarme una taza de té y regresé al cabo de una hora, tiempo durante el cual el ordenador había simulado unos dos meses de tiempo meteorológico. Los números que salían por la impresora no tenían nada que ver con los anteriores. Inmediatamente, pensé que se había estropeado alguna válvula o que el ordenador tenía alguna otra avería, cosa nada infrecuente, pero antes de llamar a los técnicos decidí comprobar dónde se encontraba la dificultad, sabiendo que de esa forma podría acelerar la reparación. En lugar de una interrupción brusca, me encontré con que los nuevos valores repetían los anteriores en un principio, pero que enseguida empezaban a diferir en una, en varias unidades en la última cifra decimal, luego en la anterior y en la anterior. La verdad era que las diferencias se duplicaban en tamaño más o menos constantemente cada cuatro días, hasta que cualquier parecido con las cifras originales desaparecía en algún momento del segundo mes. Con eso me bastó para comprender lo que ocurría: los números que yo había tecleado no eran los números originales exactos sino los valores redondeados que había dado la impresora en un principio. Los errores redondeados iniciales eran los culpables, ya que se iban amplificando constantemente hasta dominar la solución. Dicho con terminología de hoy: se trataba del caos.
>
> Pronto caí en la cuenta de que, si la atmósfera auténtica se comportaba como ese sencillo modelo, la predicción a largo plazo sería imposible.

Lo que vino a explicar Lorenz básicamente es que si, por ejemplo, un valor obtenido en la primera fase de funcionamiento del ordenador hubiese sido 0,364321, en la siguiente fase, el valor elegido para empezar de nuevo el proceso habría cambiado a 0,364. Un valor redondeado a las milésimas. Al comparar las gráficas obtenidas en ambas fases, con valores numéricos prácticamente iguales como condiciones iniciales, se percataría de la enorme diferencia entre ellas al final tal y como reproducimos a continuación:

La línea continua simula el devenir del tiempo meteorológico para ciertos valores iniciales, mientras que la línea discontinua correspondería a la evolución del tiempo atmosférico partiendo de valores muy próximos, pero algo diferentes a los de la línea continua. Al cabo de «varios días», las previsiones resultan absolutamente dispares.

Es importante resaltar que el descubrimiento de Lorenz fue accidental como tantas otras veces en la historia de la ciencia. Por ejemplo, los rayos X, la penicilina, la sacarina, la radioactividad descubierta en 1896 por el físico francés Henri Becquerel cuando colocó casualmente en un cajón una placa fotográfica junto a sales de uranio o, más recientemente, la viagra en 1992 cuando la empresa farmacéutica Pfizer investigaba un fármaco con el objetivo de dilatar los vasos sanguíneos del corazón para así mejorar los síntomas de la angina de pecho (sildenafilo). El fármaco resultó no ser demasiado efectivo para la angina de pecho, no obstante, y de forma sorprendente, los pacientes masculinos descubrieron que mejoraban de forma significativa sus erecciones. Había nacido el primer fármaco oral para la disfunción eréctil (1998). Ejemplos todos de serendipia en la investigación científica.

Lorenz visualizó por primera vez lo que caracteriza un sistema con dinámica caótica: una pequeña diferencia en las condiciones iniciales puede suponer una extraordinaria diferencia en los resultados finales. Y en esto consiste precisamente la «dependencia sensitiva» que se ha popularizado como el «efecto mariposa».

El relato anterior explica el porqué de la imposibilidad de la predicción del tiempo a largo plazo. Los modelos matemáticos del comportamiento de la atmósfera son válidos a corto plazo e incluso así, en ocasiones, fallan.

32.4. Introducción a los fractales

32.4.1. El polvo de Cantor

En íntima conexión con la teoría del caos se encuentran estos objetos llamados «fractales» de los que nos ocuparemos a continuación. A finales del s. xix, matemáticos como George Cantor (1845-1918), artífice como vimos en capítulos anteriores de los números transfinitos, crearon unas formas transgresoras en relación con las clásicas figuras euclidianas como eran las líneas rectas o los círculos. La repercusión que tuvieron esas nuevas formas en el ámbito científico de la época fue tal que se las denominó «monstruos matemáticos» debido a su extrema irregularidad, así como por carecer de recta tangente en ninguno de sus puntos. Estas aparentes patologías geométricas constituyeron el germen de los objetos bautizados como «fractales» por el matemático polaco, nacionalizado francés, Benoît Mandelbrot (1924-2010) en 1975. Desde luego, fueron necesarios estudios previos (1919) para la medida de la dimensión de esos extraños objetos siendo relevantes en ese ámbito los matemáticos Hausdorff y Besicovitch.

Aunque existen numerosas definiciones de fractal, pero vamos a elegir la formulada por el eminente matemático español Miguel de Guzmán (1936-2004) por ser aplicable a prácticamente todos estos objetos y en particular al «polvo de Cantor»:

«Un fractal es el producto final que se origina a través de la iteración infinita de un proceso geométrico bien especificado».

Habitualmente, ese proceso geométrico es de naturaleza muy simple, aunque tras la repetición infinita (iteración) de la pauta geométrica resulte un objeto en apariencia muy complejo. El lector entenderá mejor la anterior definición con la génesis del polvo de Cantor que explicamos: se toma un segmento imaginario de longitud la unidad. Lo dividimos en tres partes iguales y eliminamos la central. Volvemos a repetir esta operación en los dos segmentos que quedaron vivos. Si continuamos así hasta el infinito obtendremos una sucesión, primero de segmentos cada vez más pequeños y después de puntos, conocida como polvo de Cantor que tiene algunas peculiaridades (ver imagen).

Se puede observar que los puntos extremos de los segmentos eliminados no desaparecen jamás. Así ocurre con 1/3 y 2/3 tras la primera iteración (se denomina así a la primera vez que aplicamos la pauta geométrica establecida) o con 1/9, 2/9, 7/9 y 8/9 en la segunda, y así sucesivamente. Y lo interesante es que, aunque la longitud final tiende a cero (si se avanza en la iteración lo suficiente lo que vamos obteniendo son segmentos cada vez más pequeños cuya apariencia es la de cientos de miles de micropartículas de polvo), su dimensión como objeto fractal es aproximadamente 0,63, que no se corresponde ni con un punto de dimensión 0, ni una línea de dimensión 1. Además, otra peculiaridad de los fractales que se presenta en el polvo de Cantor, es la «autosemejanza». Esto es que, si ampliásemos cualquier parte del fractal a un tamaño adecuado, se reproduciría el aspecto global del mismo.

32.4.2. El fractal de Mandelbrot

Debemos presentar ahora al más emblemático de los fractales, el conocido como «fractal de Mandelbrot». Hay que reconocerle al matemático Benoît Mandelbrot haber acuñado este término que aparece por vez primera en su libro *Les objects fractals: forme, hasard et dimension*. El término «fractal» procede del latín *frangere* que significa 'irregular'. La idea fundamental consiste en que un fractal es un objeto geométrico generado en la pantalla del ordenador gracias a una fórmula matemática iterativa (iterativa significa que se aplica una y otra vez) cuya dimensión puede ser fraccionaria e incluso irracional. La dimensión del fractal constituye una medida de la irregularidad del mismo. Y la «geometría fractal» constituye una nueva forma de mirar el mundo desde el último cuarto de siglo pasado.

Estamos acostumbrados a utilizar objetos con dimensión entera. Una recta, por ejemplo, tendría dimensión 1. La dimensión de una figura plana como un cuadrado sería 2. Y la de un objeto como una esfera, sería 3. Todas las anteriores son figuras geométricas simples. El mismo Mandelbrot dejaría escrito:

> Pero las montañas no son conos, las nubes tampoco son esferas, ni la corteza terrestre es lisa ni un relámpago viaja en línea recta. La geometría fractal cambiará a fondo su visión de las cosas. Seguir leyendo es peligroso. Se arriesga a perder definitivamente la imagen inofensiva que tiene de nubes, bosques, galaxias, hojas, plumas, flores, rocas, montañas, tapices y de muchas otras cosas. Jamás volverá a recuperar las interpretaciones de todos estos objetos que hasta ahora le eran familiares.

Gracias a la geometría fractal desarrollada por Mandelbrot, las dimensiones de esos objetos como el polvo de Cantor visto con anterioridad y la de otros similares pueden calcularse.

Mandelbrot generó el fractal que lleva su nombre a partir de una pauta matemática muy simple que, sin embargo, dio a luz un objeto hipercomplejo de una belleza infinita:

$$Z_{n+1} = (Z_n)^2 + C$$

Esa fórmula también es conocida como «iterador cuadrático» y en ella tanto Z como C son números complejos (de la forma $a + b\,i$, siendo a y b números reales e i la unidad imaginaria que cumple: $i^2 = -1$). Se comienza dando un valor inicial a C así como a Z_1, obteniéndose $Z_2 = (Z_1)^2 + C$. Se continúa la iteración colocando Z_2 en el lugar de Z_1 en la fórmula anterior para obtener Z_3 y así sucesivamente. En esto consiste la iteración. Se obtiene una sucesión de puntos: $Z_1, Z_2, Z_3, \ldots$ que tiene dos posibilidades una vez se representan en el plano complejo (también llamado plano de Argand, un sistema cartesiano donde la parte real del número complejo se encuentra en el eje de abscisas y la parte imaginaria en el eje de ordenadas, tal y como se vio en el momento de relajación teatral III: Decimalandia II), o bien la sucesión diverge al infinito (grupo de escape) o converge hacia algún punto (grupo prisionero).

Así pues, el conjunto de Mandelbrot se define como aquel cuyos puntos C del plano complejo dan lugar a una sucesión (con $Z_1 = 0$): C, $C^2 + C$, $(C^2 + C)^2 + C$, ..., que permanece acotada, es decir, converge hacia algún punto. Todo lo anterior viene a significar que, para esa sucesión de puntos, existe una circunferencia fija que los contiene a todos.

Si la pantalla de un ordenador se considera un plano complejo, es posible representar en el mismo aquellos puntos que pertenezcan al conjunto de Mandelbrot resultando el fractal de Mandelbrot, de una enorme complejidad e incuestionable belleza aún a pesar de haber sido generado a través de una fórmula extraordinariamente simple como hemos visto.

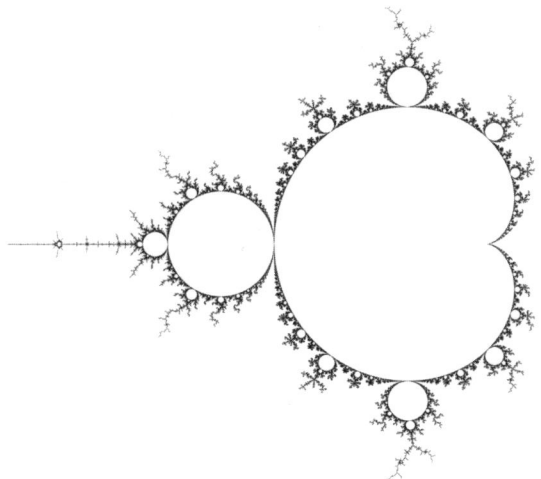

Lo más inquietante de este fractal es que si nos acercamos a cualquier punto de la periferia y lo vamos ampliando cada vez más, aparecerán nuevas y fantásticas figuras inimaginables de tal forma que tras muchas iteraciones podemos toparnos inexplicablemente con la misma forma del fractal de partida (ver página 856 de *Chaos and fractals, new frontiers of science*, de Peitgen, Jürgens y Saupé).

Mandelbrot también demostró que medir la longitud de una costa o de una frontera no tenía interés práctico alguno. Por ejemplo, al medir la frontera entre España y Portugal, podemos utilizar un compás cuya abertura mida Ω metros. Si el compás cubrió la frontera un número N de veces, su longitud será $N \cdot \Omega$ m. Si ahora cerramos la abertura del compás de forma que mida λ cm, habrá nuevos trozos que con la abertura anterior no se pudieron medir y que sin embargo ahora sí pueden medirse. Por tanto, si la frontera ha requerido N' veces la nueva abertura λ del compás, la longitud será $N' \cdot \lambda$ cm, lógicamente $N' \cdot \lambda > N \cdot \Omega$. Si continuamos reduciendo la abertura del compás, la longitud de la frontera termina por tender a infinito. Sin embargo, si se considera la frontera como un objeto fractal y se calcula su dimensión, esta resulta ser 1,13 que, comparada con la de Gran Bretaña que es de 1,25, nos dice que es algo menos rugosa.

En definitiva, lo que caracteriza un objeto fractal, como se dijo al principio, es su dimensión no entera (fraccionaria o irracional) y el hecho de presentar una cierta invarianza a escala (ya comentada en el polvo de Cantor) también conocida como autosimilaridad o auto-semejanza. En la naturaleza, existen objetos que nos recuerdan a los fractales y es por lo que se habla de «geometría fractal de la naturaleza». Por ejemplo, un brócoli o una coliflor. Si hacemos una fotografía a una coliflor tal como la compramos en la frutería y después hacemos otra a un cogollo de la misma, al compararlas veremos que son casi semejantes. Exactamente igual con el brócoli. Daría la impresión de que la naturaleza utiliza pautas fractales porque con ello consigue economizar los procesos. No obstante, aunque observamos en la naturaleza estructuras como las mencionadas anteriormente y otras similares que nos llevan a considerarlas fractales, en rigor no podrían denominarse así ya que no es físicamente posible continuar con la misma pauta indefinidamente. Llegará un momento que estemos en una escala atómica donde se pierde el aspecto macroscópico del fractal. De hecho, no se suelen superar los cuatro o cinco niveles de autosemejanza (el nivel 1 corresponde al aspecto del objeto real).

Las aplicaciones de la geometría fractal siguen siendo innumerables, desde la compresión de imágenes, el diseño de antenas en telecomunicaciones, pasando por el estudio de los vasos sanguíneos, los ritmos cardíacos (resulta paradójico que un corazón sano presente dinámica caótica), las redes neuronales, composiciones musicales (música fractal), la bolsa, la meteorología, los insectos sociales, la vida artificial, la distribución de las galaxias, etc.

32.4.3. El programa Fractint

Y si el lector quiere adentrarse en el universo del arte fractal, le sugiero que vaya a la página http://www.fractint.org donde puede descargarse la aplicación según sea su sistema operativo para poder generar fractales a su gusto entre una amplia lista. Solo tendrá que darle los valores que desee a los parámetros del fractal para a continuación generarlo en la pantalla de su ordenador. Procure ajustar a la máxima resolución su pantalla para obtener resultados espectaculares. Los fractales así obtenidos son de libre utilización. Como curiosidad decir que este programa ha cumplido ya más de treinta años.

El fractal de Lorenz que aparece en la figura es un ejemplo de fractal que se puede obtener con este programa.

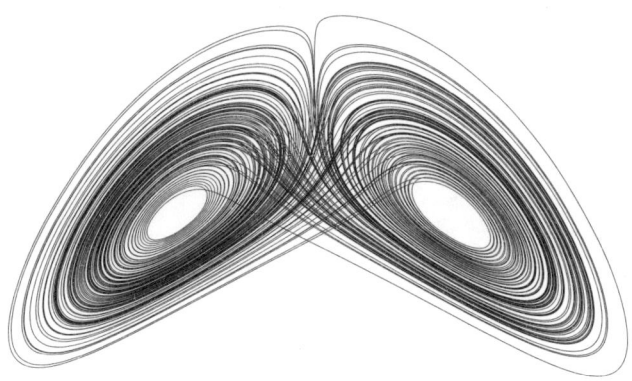

32.4.4. El juego del caos

Para concluir con esta incursión por los fractales, propongo al lector un juego. Se trata del juego del caos. Un sorprendente juego que demostrará que a partir del azar es posible obtener una figura fractal (que como hemos visto sigue una pauta bien ordenada, determinista).

Necesitará una hoja de papel, una regla, una calculadora, un lápiz y un dado convencional de seis caras numeradas del 1 al 6. También es posible utilizar un programa como Geogebra. Comience dibujando en el papel un triángulo cualquiera. El que más le guste. Numere los vértices con 1, 2 y 3. Ahora dibuje un punto inicial en la hoja. Da igual si lo sitúa fuera o dentro del triángulo. Lo llamaremos x_0. Efectúe una asignación del tipo siguiente para las caras numeradas del dado: 1 y 2 con 1, 3 y 4 con 2 y finalmente, 5 y 6 con 3 (de lo que se trata es que al tirar el dado salga al azar uno de los tres números 1, 2 y 3).

Lance por vez primera el dado e imaginemos que ha salido un 4. Entonces, por la asignación que acabamos de hacer le corresponde 2. Es el momento para que trace el segmento que va desde x_0 hasta el vértice 2 del triángulo. Ayudándose con la regla y la calculadora determine el punto medio de ese segmento y dibújelo como x_1. Ya conoce la pauta del juego. A continuación, vuelva a lanzar el dado e imaginemos que la cara que ha salido es un 6 y, por tanto, la asociamos con el vértice 3. Repetimos la operación anterior. Trazamos el segmento que va desde x_1 hasta el vértice 3 y dibujamos su punto medio: x_2. Y así seguimos iterando tantas veces como queramos. Puede imaginar que en el papel aparecerán una serie de puntos x_0, x_1, x_2, x_3, …, x_n (debería omitir los segmentos trazados y solo dejar los puntos medios que son los que interesan). Con paciencia ya se puede vislumbrar algo si $n = 100$, más claro si hacemos $n = 500$, y decididamente nítido si $n = 10\,000$ o superior. La imagen da una idea de las primeras iteraciones del juego:

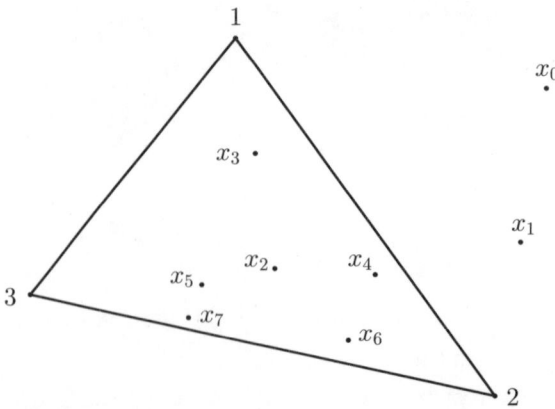

Aunque cualquiera esperaría una nube borrosa de puntos sin orden alguno, la figura que se acaba obteniendo es el «triángulo de Sierpinski», un fractal con la apariencia siguiente:

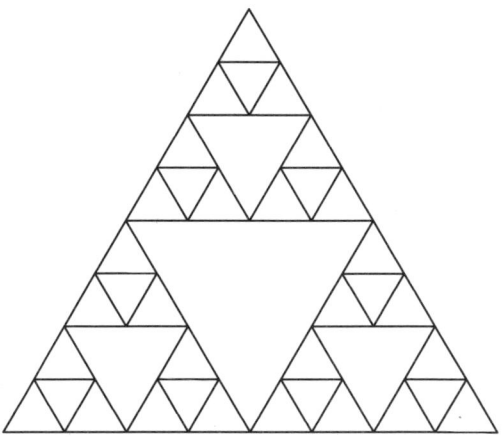

Un divertimento final, cuyo resultado garantizo al lector que es espectacular, consiste en utilizar latas de refresco vacías para construir un monumental triángulo de Sierpinski (cuya dimensión fractal es log 3 / log 2, aproximadamente 1,585). La forma básica se consigue con tres latas. Proceda a colocar dos de ellas en horizontal y paralelas de forma que la tercera quede justo encima. Puede pegarlas con silicona para mantener rígida la estructura. Frontalmente veremos un triángulo ABC (ver imagen). Con nueve latas se formará la estructura siguiente:

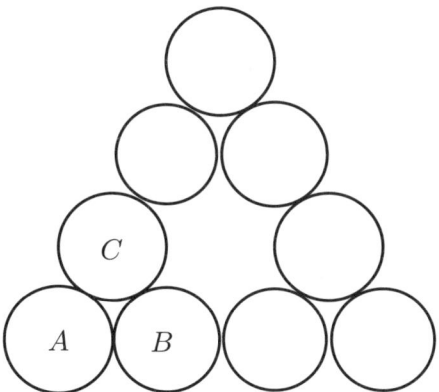

Puede observarse que el triángulo básico ABC ha requerido $3^1 = 3$ latas, el triángulo que acabamos de representar en la imagen necesitó: $3^2 = 9$ latas, y con otras dos estructuras más similares a esta última, es decir, con $3^3 = 27$ latas, formaríamos un triángulo de Sierpinski similar al obtenido tras el juego del caos, solo que a base de latas de refresco. El siguiente tendría $3^4 = 81$ latas y así sucesivamente.

191

33

ELOGIO DE PLANILANDIA, LAS TAPAS DE LAS ALCANTARILLAS Y LOS HORRORES DE LA CUARTA DIMENSIÓN

Vivimos entre planos. El mundo habitado por los humanos necesita las superficies planas. Las pantallas de ordenador y de los teléfonos móviles, las pantallas de cine, la superficie de la mesa donde trabajamos, las caras de los libros que leemos, son planas. Cortamos el queso con un cuchillo cuya hoja es plana y perpendicularmente a una tabla que también lo es, pisamos normalmente superficies planas como el suelo, las calles o las carreteras asfaltadas.

Hay ocho posibilidades de posiciones relativas de tres planos en el espacio, pero el mejor ejemplo de una de ellas es el que tenemos en casa: dos paredes colindantes son dos planos perpendiculares entre sí cuya intersección es una recta o arista que es la esquina, y si tenemos en cuenta el tercer plano que es el suelo, perpendicular a los otros dos, veremos que tienen en común un punto, o vértice O. Lo fantástico es que esos tres planos cuya intersección es un punto resultan ser equivalentes a tres ecuaciones lineales de primer grado con tres incógnitas con solución única. Llamando X, Y, Z a las tres direcciones mutuamente perpendiculares entre sí, los planos serían $X = 0$ (plano YZ), $Y = 0$ (plano XZ), $Z = 0$ (plano XY), cuya intersección es el origen de coordenadas, el punto $(0,0,0)$.

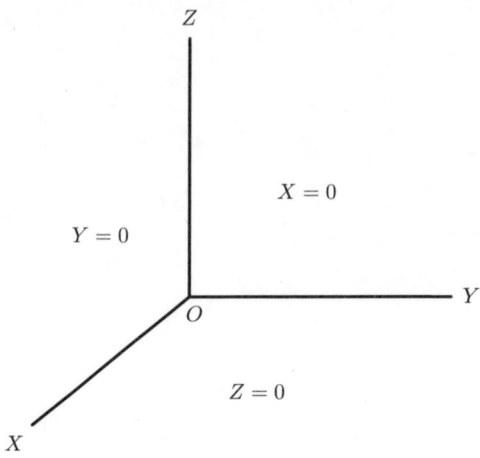

Esto es, un sistema compatible determinado. Si las páginas de un libro son modelos de planos (suponemos que su espesor es cero), un libro en reposo podríamos decir que constituye un haz de planos paralelos. Pero si abrimos el libro a modo de abanico, entonces lo que tenemos es un haz de planos secantes que intersecan en una recta que es el lomo del propio libro.

Todo el mundo entiende que el mínimo número de puntos para obtener un plano es tres, eso sí, siempre que no estén alineados. Y las repercusiones de este hecho las vemos en la vida cotidiana. Por ejemplo, las mesas con cuatro patas, aun siendo muy estables, pero suelen cojear. Una pata se queda en el aire, mientras que tres de ellas están felizmente tocando el plano del suelo. Se trata de cuatro puntos no coplanarios. Hay que buscar un calzo para prolongar la pata discordante y obligarla a que pertenezca al plano del suelo. Sin embargo, las mesas de tres patas nunca van a cojear. Por eso los trípodes tienen tres patas, y en general en sistemas estáticos, las tres patas generan gran estabilidad (el lector quizás haya pensado en esos taburetes portátiles de tres patas muy útiles para senderismo, camping, etc.). Las personas que no aprendieron a montar en bicicleta en la infancia suelen tener problemas al llegar a adultos para conseguir el equilibrio sobre dos ruedas. Y por eso se inventaron los triciclos. Incluso hay motos con dos ruedas delanteras y una trasera.

Curiosamente los animales tienen un número par de extremidades. Por supuesto el ser humano. No se conoce hasta el momento ningún animal trípedo. Imagine el lector la complicación para caminar si los humanos tuviésemos tres piernas.

Una experiencia de la vida cotidiana cuando caminamos por la calle consiste en toparnos con tapas de alcantarillas que son circulares. ¿Por qué se eligen así y no con otras formas poligonales? Existen varias razones. El lector es probable que recuerde haber visto otras tapas no circulares como, por ejemplo, las que son cuadradas. Son circulares aquellas que albergan en su interior unas profundidades notables, como es el caso de las alcantarillas. Aquellas otras bajo las cuales discurren cableados eléctricos, por ejemplo, a poca profundidad, suelen ser cuadradas. Con una tapa circular lo que se consigue es seguridad. Concretamente que jamás se pueda caer la tapa al interior del agujero, algo que sí puede suceder con las cuadradas pero que no reviste gravedad por la escasa profundidad existente. Veamos gráficamente la situación:

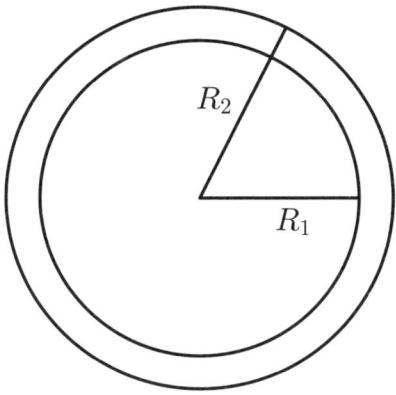

La tapa de la alcantarilla tiene un radio R_2 y, por tanto, su diámetro es $D_2 = 2\,R_2$. El diámetro del agujero es $D_1 = 2\,R_1$. Esa tapa se asienta sobre una corona circular de anchura $R_2 - R_1$. Es evidente que, si se levanta la tapa y se coloca verticalmente respecto del agujero, jamás podrá caer dentro pues: $D_2 > D_1$. La circunferencia es una curva de anchura constante, y de ahí que resulte ideal para usos como el anterior (existen otras curvas también de anchura constante como los «triángulos de Reuleaux» que veremos más adelante). Además, se puede colocar en cualquier posición por la misma razón, para tapar el agujero. E incluso, debido al peso de la misma, puede hacerse rodar para desplazarla evitando así esfuerzos innecesarios.

Con una tapa cuadrada todo cambia. Veámoslo en la imagen:

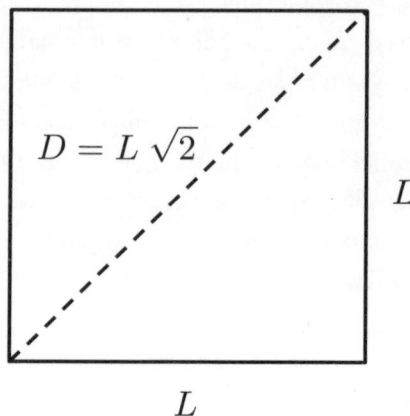

$$D = L \sqrt{2}$$

L

L

Resulta evidente que si levantamos una tapa cuadrada y la colocamos verticalmente respecto del agujero, de forma que el lado L ocupe la diagonal D y dado que: $L < D$, la tapa caería al fondo. Aunque la tapa cuadrada se asiente sobre un soporte también cuadrado de anchura mínima, seguirá cumpliéndose la desigualdad anterior. Por eso, las tapas cuadradas suelen tapar agujeros de poca profundidad porque, si se caen, no pasa nada.

Otra curiosidad es que la circunferencia es la curva de mayor área encerrada para un mismo perímetro. Si, por ejemplo, comparamos un cuadrado y una circunferencia que tengan igual perímetro, demostraremos que el área encerrada por la circunferencia es mayor que la del cuadrado. En efecto, el perímetro de un cuadrado de lado L es: $P = 4\,L$, mientras que la longitud de la circunferencia de radio R es: $L = 2 \cdot \pi \cdot R$. Como son iguales (hipótesis de partida):

$4\,L = 2 \cdot \pi \cdot R$, de donde resulta que: $L = \pi \cdot R\ /\ 2$.

El área del cuadrado será: $A_{cu} = L^2 = \pi^2 \cdot R^2\ /\ 4$.

Por otro lado, el área del círculo será: $A_{ci} = \pi \cdot R^2$.

Se comprueba fácilmente que:

$$A_{cu} = \frac{\pi^2 R^2}{4} = \frac{\pi}{4} \cdot \pi R^2 = \frac{\pi}{4} \cdot A_{ci}$$

Y dado que $(\pi / 4) < 1$, resulta que:

$$A_{ci} > A_{cu}$$

Que era lo que queríamos demostrar.

Hagamos ahora un viaje en el tiempo para rendir homenaje a Edwin Abbott, un eclesiástico inglés enamorado de las matemáticas, que en 1884 publicó *Planilandia*, una sátira contra la jerarquizada sociedad victoriana de la época que al mismo tiempo constituye un tratado de geometría bidimensional en el que viven seres lineales y poligonales que se relacionan jerárquicamente entre sí. Abbott presenta a los soldados como triángulos isósceles sumamente puntiagudos, las clases medias como triángulos equiláteros, las mujeres como segmentos y los profesionales como cuadrados o pentágonos. A medida que aumenta el número de lados del polígono entran en juego las clases nobles. En el límite, el círculo se reserva a la clase sacerdotal, el más elevado nivel al que un planilandés podría aspirar. Dado que a la vista de cualquier ser de Planilandia lo que se observa son puntos o líneas rectas, el autor resuelve de forma divertida la técnica que siguen para diferenciar unas figuras de otras: simplemente tocar un ángulo del otro. La incursión en Planilandia de un desconocido proveniente de la tercera dimensión, que resulta ser una esfera, y que interactúa con un cuadrado planilandés que no da crédito a lo que ve (círculos que aumentan o disminuyen su diámetro según el ser esférico asciende o desciende) crea momentos hilarantes en la obra teatral que hacen pensar al lector del siglo XXI si lo que vemos a nuestro alrededor tridimensional no será más que una sección de mundos de dimensiones superiores.

Para concluir este viaje por el mundo plano, hemos de mencionar un libro difícil de encontrar: *El prodigioso jardín de las matemáticas*, escrito por Alexander Niklitschek en 1943, una auténtica joya en la historia de la divulgación de las matemáticas, porque dedica uno de los capítulos finales a los horrores de la cuarta dimensión. Y en el intento de que el lector sea capaz de visualizar esa cuarta dimensión lo que hace es partir de la segunda dimensión, el mundo plano del que venimos hablando, planteando una divertida situación. Los hombres bidimensionales viven en un papel secante y tienen en determinado punto de su mundo plano un tesoro que es una gota de tinta que protegen con una circunferencia de aceite de la cual la gota es su centro. El ladrón que intenta destruir el tesoro lo constituye el agua que avanza inexorable hacia la gota. Al llegar el agua al anillo de contención que es el aceite y que no puede ser penetrado, el agua se ve obligada a rodearlo cubriendo todo el plano, pero dejando intacta la gota de tinta protegida por su muralla aceitosa. Creen los habitantes de ese mundo plano que tienen perfectamente protegido su tesoro. Pero aquí aparece la tercera dimensión para la que el tesoro está totalmente abierto y desprotegido. Un hábil cuentagotas vertical dejará caer una gota de agua sobre el tesoro, provocando que la gota de tinta se diluya ante la mirada incrédula de los habitantes bidimensionales, y el tesoro desaparecerá súbitamente sin dejar rastro. El autor concluye que, de igual manera, los habitantes tridimensionales de nuestro mundo cotidiano estamos totalmente indefensos ante posibles incursiones de entes provenientes de la cuarta dimensión.

34

MOSAICOS REGULARES, SEMIRREGULARES Y POR QUÉ LAS ABEJAS CONSTRUYEN SUS PANALES CON CELDAS HEXAGONALES

Seguro que el lector alguna vez ha necesitado embaldosar el suelo de un patio, cuarto de baño o habitación, o incluso alicatar alguna pared con algún tipo de azulejo que quedase bonito. Llamamos «teselar» al proceso de rellenar alguna superficie plana de forma que se cumplan dos requisitos fundamentales: las teselas (las piezas básicas utilizadas para cubrir la superficie plana) no se pueden superponer ni tampoco dejar huecos sin cubrir. El caso más sencillo que abordaremos es el de la teselación con polígonos regulares iguales. ¿Podremos utilizar indistintamente triángulos, cuadrados, pentágonos, etc.?

Es una experiencia común la de pasear por aceras con baldosas cuadradas. Incluso puede que hasta las tenga en su casa. Fíjese en un vértice cualquiera en el que confluyen cuatro cuadrados. Observe que ese punto está rodeado por cuatro ángulos rectos, cuatro ángulos de 90°, cada uno perteneciente a un cuadrado diferente. Ha sido posible teselar el plano con cuadrados porque la suma de esos cuatro ángulos rectos da un total de 360° que es una circunferencia completa. Igual ocurre con los triángulos equiláteros donde los ángulos interiores, que son los formados por dos lados consecutivos, miden 60° cada uno. Basta acoplar 6 triángulos en torno a un vértice común para obtener $6 \cdot 60 = 360°$.

Entonces ¿podrá un pentágono regular teselar el plano? Es necesario calcular el ángulo interior que resulta ser de 108° (el ángulo central mide 360° / 5 = 72° y por tanto el ángulo interior mide 2 · 54° = 108°) y no existe ningún múltiplo de 108° que permita obtener 360°. Por esta razón no se puede cubrir un plano con pentágonos regulares (con tres pentágonos regulares confluyentes en el mismo vértice tendríamos un ángulo de 3 · 108° = 324° con lo cual quedaría un hueco sin cubrir de 360° – 324° = 36°). El único polígono regular que nos queda y que tesela el plano es el hexágono regular (los otros dos, como hemos visto, son el cuadrado y el triángulo equilátero) que ya se formó anteriormente con los seis triángulos equiláteros y cuyo ángulo interior mide 120°. Bastarán tres hexágonos regulares en torno a un mismo vértice para cubrir el espacio plano circundante. La siguiente figura muestra gráficamente lo que acabamos de ver:

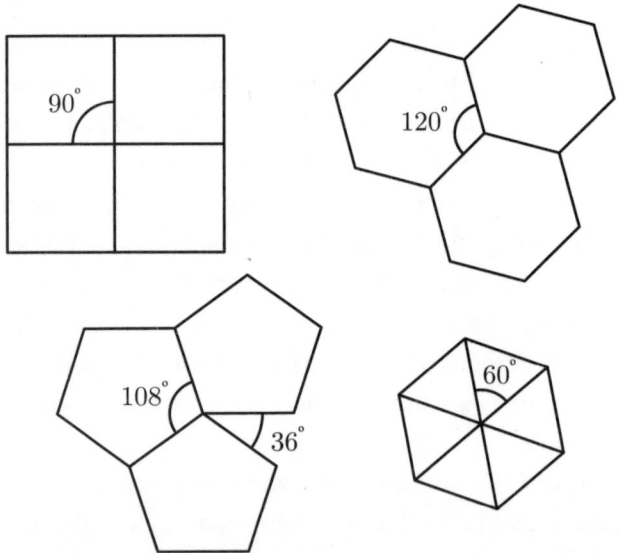

A modo de conclusión, para poder embaldosar una superficie plana con polígonos regulares iguales será necesario que el ángulo interior del polígono sea divisor de 360°. Un mosaico regular es el que está formado exclusivamente por polígonos regulares de un solo tipo.

La comunidad de abejas melíferas, desde un punto de vista cenital, vive en un mosaico plano formado por viviendas hexagonales. En una colmena pueden convivir del orden de 50 000 abejas, la gran mayoría obreras. Es evidente la organización interna que debe existir para que en tan reducido espacio puedan coexistir tal cantidad de insectos. Por algo son conocidas como insectos sociales. La geometría, como veremos, parece ser la clave de esa convivencia. Las celdas que constituyen el panal son hexágonos regulares. Ya vimos que, de todas las curvas cerradas de perímetro dado, la de mayor área es la circunferencia. Pero la circunferencia no puede teselar el plano porque siempre deja huecos sin rellenar:

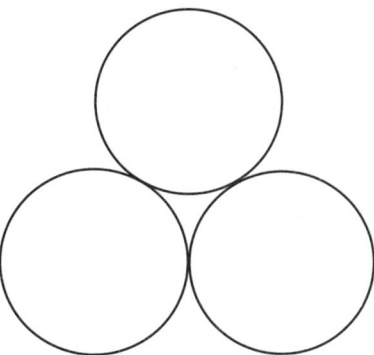

Como el material con el que las abejas construyen las celdas es la cera que ellas mismas producen, lo que les interesa es utilizar la mínima cantidad posible y conseguir la máxima superficie interior para almacenar la miel. Y de los polígonos regulares que teselan el plano (cuadrados, triángulos equiláteros y hexágonos regulares), para un mismo perímetro, es el hexágono regular el que proporciona un área máxima (el que más se acerca a la circunferencia). Esto fue lo que ya preconizó Pappus de Alejandría (s. III-s. IV) y que llamó la «Conjetura del Panal»:

> Las abejas, en virtud de una cierta intuición geométrica, saben que el hexágono es mayor que el cuadrado y que el triángulo, y que podrá contener más miel con el mismo gasto de material.

Sin embargo, hubo que esperar hasta el año 1999 para que el matemático Thomas Callister Hales la demostrase. Por esta razón, orientada claramente a la optimización de recursos, es por lo que las celdas que construyen las abejas tienen forma de hexágono regular, para almacenar el máximo de miel posible con el mínimo gasto de cera en su construcción.

Ahora podemos entender por qué se embaldosan muchos suelos con hexágonos regulares, por qué las redes de las porterías de fútbol son hexagonales e incluso un tipo de malla metálica usado habitualmente para separar espacios consiste en una red de hexágonos regulares de alambre. Otro ejemplo a nivel astronómico (ya mencionado al estudiar los puntos de Lagrange) lo constituye el telescopio espacial James Webb que se encuentra actualmente en el punto $L2$ de Lagrange (a 1,5 millones de km de la Tierra) tiene su espejo primario de forma hexagonal formado por 18 hexágonos regulares acoplados entre sí precisamente para captar la máxima cantidad de luz procedente de los confines del universo.

Pero volvamos a la teselación del plano. También es posible teselar o crear mosaicos combinando adecuadamente polígonos regulares distintos, pero con igual medida de los lados e igual configuración en los vértices, obteniéndose los conocidos como «mosaicos semirregulares» de los que solo existen 8 tipos. La razón de ese número es la misma por la que existen solo 3 mosaicos regulares, y es que en cualquiera de los vértices donde confluyen los polígonos regulares ha de cumplirse que la suma de los ángulos alrededor del mismo ha de ser 360°. La tesela básica de uno de ellos, por ejemplo, formado por hexágonos regulares, cuadrados y triángulos equiláteros, sería la que aparece en la figura:

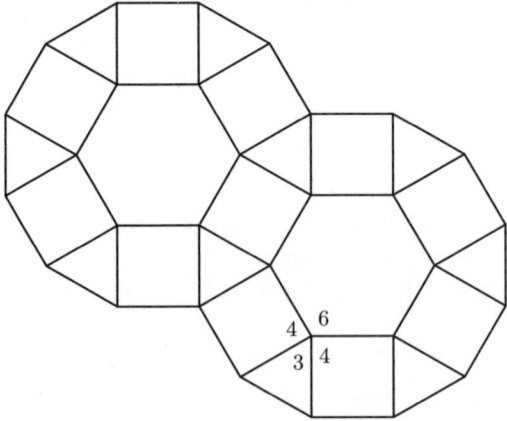

Una forma de codificar la combinación de la figura anterior es fijarse en un vértice cualquiera y dar una vuelta completa alrededor del mismo anotando el tipo de polígono regular por el que se va pasando. Elijamos por ejemplo un vértice del hexágono (ver imagen). Empezamos por un 6 que corresponde al hexágono regular, le seguirá un 4 que corresponde al cuadrado, a este le seguirá un 3 correspondiente al triángulo equilátero para terminar con otro 4 que sería el último cuadrado al dar una vuelta completa. Es decir, esa configuración se codificaría: (6, 4, 3, 4). Y, en efecto, se comprueba que el ángulo interior del hexágono es de 120°, sumado al del cuadrado que es de 90°, más el del triángulo equilátero que es de 60° y por último el del cuadrado de nuevo, o sea, 90°, nos da exactamente 360°. Y por ello, esta configuración es posible.

La siguiente tabla proporciona las configuraciones de los 8 casos posibles de mosaicos semirregulares:

6, 4, 3, 4	12, 12, 3	3, 6, 3, 6	8, 8, 4
3, 4, 3, 3, 4	6, 12, 4	6, 3, 3, 3, 3	4, 4, 3, 3, 3

En esta tabla, el número 12 se corresponde con un dodecágono regular y el 8 con un octógono regular. El lector puede comprobar cómo en todas las configuraciones se cumple que la suma de los ángulos interiores alrededor de un vértice es 360°.

35

ARTE NAZARÍ

En el arte nazarí (s. XIII, XIV y XV) la imaginación de los artesanos llevó a la creación de mosaicos con teselas básicas a base de polígonos no regulares de singular belleza. Un ejemplo de ellos que se muestra en la siguiente figura es el conocido como «multihueso» o «polihueso» que puede encontrarse en los Reales Alcázares de Sevilla y en la Alhambra de Granada. La tesela básica, «el hueso», se genera a partir de un cuadrado como se observa en la imagen. Los trapecios laterales se colocan en la parte superior e inferior del cuadrado:

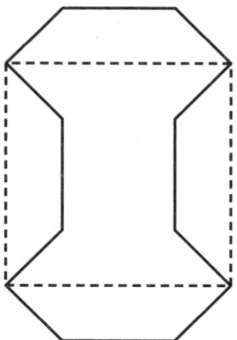

La clave matemática de estos mosaicos, aparte de la belleza de las teselas básicas, estriba en la aplicación impecable de los movimientos en el plano: giros, traslaciones y simetrías.

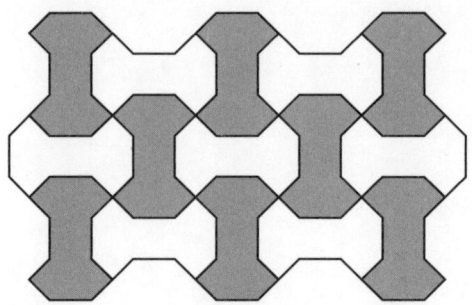

A continuación, otra tesela del arte nazarí también generada a partir de un cuadrado, como se aprecia en la imagen, conocida como «avión» por su peculiar forma:

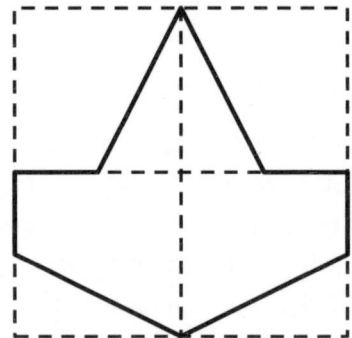

Genera el mosaico siguiente:

Y si hay un mosaico emblemático presente en el arte nazarí, es el que tiene por tesela básica la «pajarita», generada a partir de un triángulo equilátero:

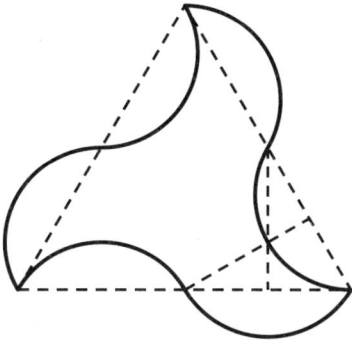

y que da lugar a una de las más bellas configuraciones geométricas:

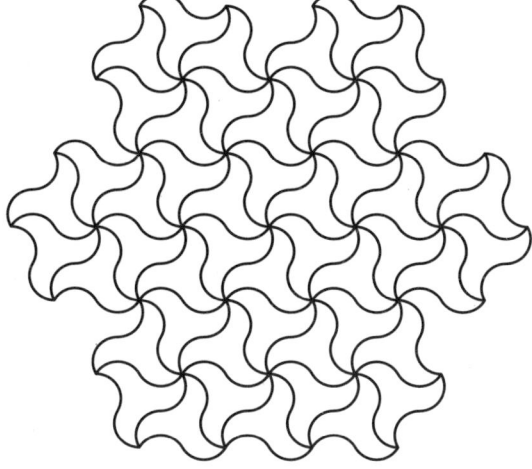

Por último, traemos otro mosaico nazarí que se encuentra en el Salón de Embajadores de los Reales Alcázares de Sevilla y que está siendo muy utilizado en la actualidad como pavimento de lugares de cierto interés arquitectónico como por ejemplo los alrededores de la Torre Sevilla, con una tesela básica nuevamente generada a partir de un cuadrado,

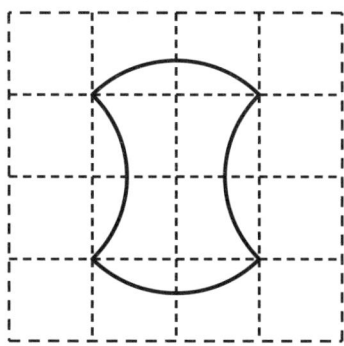

pero con formas de arcos de circunferencia que generan la bella composición de la siguiente figura:

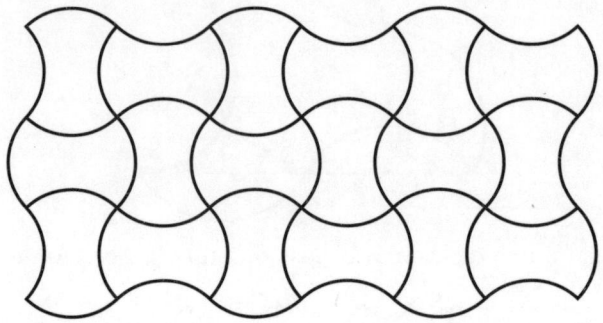

36

MAURITS CORNELIS ESCHER

My vinculado a los mosaicos de la Alhambra, y también muy posterior en el tiempo, se encuentra el pintor neerlandés Maurits Cornelis Escher (1898-1972), nacido en Leeuwarden, una hermosa ciudad situada al norte de los Países Bajos. Escher estudió secundaria en Arnhem donde su profesor de dibujo, Van der Haagen, le inclinó inexorablemente por el arte gráfico. Posteriormente se trasladó a Haarlem, en 1919, para estudiar en la Escuela de Arquitectura y Artes Decorativas donde fue influido por otro profesor de técnicas gráficas libres: Jessurum de Mesquita. Y desde 1924 se estableció en Roma durante una década para, posteriormente, desplazarse a Suiza con una estancia de dos años y, finalmente, terminar viviendo en Bruselas durante cinco años más. En 1941 se traslada a Holanda con su familia. Tuvo dos exposiciones importantes en 1954, una en el Stedelijk Museum de Amsterdam, con ocasión de una Conferencia Matemática Internacional, y otra en la Whyte Gallery de Washington. Falleció en Hilversum, Holanda, el 27 de marzo de 1972.

Tras su segunda visita a la Alhambra de Granada en 1936 (había estado anteriormente, en 1922), su fascinación por las teselaciones nazaríes del plano en base a figuras exclusivamente geométricas, que hemos visto anteriormente, le llevaría a transgredir esas pautas geométricas con otras teselaciones basadas en animales fantásticos e insólitos paisajes. Es el caso de la composición que reproducimos titulada «Sol y Luna»:

La conocida banda de Moebius fue inmortalizada por Escher con la intención de comunicar la idea de infinito con una inquietante xilografía en la que nueve hormigas rojas reptan eternamente y sin descanso a través de esta anormal superficie de una sola cara. El lector puede construir su propia cinta de Moebius. Para ello debe recortar en cartulina un rectángulo alargado, debe curvarlo como para formar un cilindro, pero cuando vaya a unir los extremos, ha de girar uno de ellos 180° y proceder a pegarlo con el otro. Si trata de colorear uno de los bordes se sorprenderá al ver que, al final, están todos los bordes coloreados. Porque la cinta de Moebius solo tiene un borde. La litografía de Escher, basada en la banda de Moebius, titulada «Banda sin fin» es una hermosa metáfora sobre el amor que él sentía hacia su esposa Jetta, con dos espirales entrelazadas que forman los rostros de ambos representando, matemáticamente, la unidad de lo dual.

Escher estuvo abducido por los cubrimientos del plano mediante figuras blancas y negras como aves, cocodrilos u hombrecillos. Es el caso de «Día y Noche» en la que campos cuadrados de labranza se transforman en pájaros blancos y negros que avanzan en sentidos opuestos sobre una imponente simetría axial, o la litografía «Mosaico I» donde aparecen tortugas, guitarras, avestruces, elefantes y enigmáticos seres humanos. La serie «Metamorfosis» es un espectacular friso en el que se suceden transformaciones fantásticas de cuadrados a lagartos reptantes, de estos a hexágonos regulares que cual panales ven nacer a abejas voladoras que terminan por convertirse en peces, palomas y en un tablero de ajedrez que culmina con la palabra *Metamorfosis*. El lector puede disfrutar de todas estas obras sublimes visitando la página web oficial de Escher: https://mcescher.com.

Otra de las obsesiones de Escher fue la de representar figuras imposibles con unos dibujos que consiguen engañar al cerebro haciéndonos ver como posible lo que no lo es. En la litografía *Cascada*, el agua fluye, aparentemente de forma natural, de abajo hacia arriba. Otra litografía, *Escalera arriba y escalera abajo*, es una imagen inquietante de monjes que suben eternamente por unas escaleras mientras otros bajan sin descanso y de por vida, por otra. En *Belvedere* se muestra un cubo imposible junto a una escalera que es imposible determinar si queda dentro o fuera de un curioso palacete.

La genialidad de Escher como artista la demuestra su inmortal obra que no es más que el reflejo de su carácter crítico, sarcástico e inconformista:

> No puedo evitar burlarme de todas nuestras inflexibles certidumbres. Resulta muy divertido confundir deliberadamente las dimensiones dos y tres, el plano y el espacio, e inyectar humor en la gravedad de los cuerpos.

En sus trabajos estuvieron presentes de forma recurrente las ideas de infinito, simetría e incluso de sibisemejanza, cuando el furor de la geometría fractal aún no había comenzado. Dejó escrito:

> Por encima de todo, me complazco en el contacto y la amistad de los matemáticos a que todo ello ha dado lugar. Con frecuencia me han proporcionado nuevas ideas y a veces ha existido incluso una interacción entre nosotros.

37

TEORÍA MATEMÁTICA DE LA PERSPECTIVA

Hemos visto en capítulos anteriores cómo el binomio arte y matemáticas constituye un ámbito de enorme interés a lo largo de la historia de la humanidad. La búsqueda de la belleza ha sido algo común en ambos mundos. No en vano, Johannes Kepler (1571-1630) dejó escrito: «Las matemáticas son el arquetipo de la belleza del mundo». Ya hemos hecho algunas incursiones importantes dentro de ese binomio como la proporción áurea o la proporción cordobesa. También hicimos un escueto estudio de los mosaicos en el arte nazarí, así como de otras propuestas en épocas más recientes como los trabajos del pintor holandés Maurits Cornelis Escher o las teselaciones aperiódicas contemporáneas del eminente físico-matemático Roger Penrose.

Para adentrarnos en la teoría matemática de la perspectiva, que supuso una crucial innovación en el Renacimiento por cuanto se constituyó como técnica sumamente eficaz para representar en el plano objetos reales tridimensionales, hemos de hacer un viaje a la Florencia del s. xv. En esa época, y en los comienzos de los estudios sobre la perspectiva, prevalecieron los intereses artísticos sobre los matemáticos y es por ello que destacaron dos artistas coetáneos como Alberto Durero y Leonardo da Vinci. Este último escribió su *Trattato della Pittura* con una introducción que parafraseaba a Platón diciendo: «Que nadie que no sea matemático lea mis obras».

Entre los artistas del Quattrocento italiano hemos de destacar en primer lugar la figura de Piero della Francesca (1415-1492) por sus contribuciones al estudio matemático de la perspectiva. De hecho, fue un artista innovador que creó espacios tridimensionales con los que conseguía profundidad en sus pinturas al tiempo que naturalidad en la narrativa visual. En uno de sus tratados más célebres, *De Prospectiva Pingendi*, incorpora conceptos fundamentales como el «punto de fuga» o la «proyección geométrica». También en su otro tratado *De quinque corporibus regularibus* hace un estudio de los cinco sólidos platónicos (tetraedro, cubo, octaedro, dodecaedro e icosaedro) en relación con la geometría y la perspectiva. Contribuyó, por tanto, de forma muy significativa a vincular la ciencia y el arte facilitando así el desarrollo de la perspectiva durante el Renacimiento.

Otra de las figuras de referencia en el estudio de la perspectiva, más desde un enfoque práctico que teórico, es el arquitecto florentino Filippo Brunelleschi (1377-1446). Su legado de la representación bidimensional del Baptisterio de Florencia vino a sentar las bases prácticas de la perspectiva hacia 1420. No obstante, será el humanista y teórico del arte, Leon Battista Alberti (1404-1472), quien consolide la teoría de la perspectiva basándose en la representación en escorzo. En su libro *Della Pictura,* (escrito en 1435 pero impreso en 1511) explica cómo llevar a un lienzo una figura situada oblicua o perpendicularmente al plano del mismo. El lector puede percatarse de la enorme repercusión que estos estudios tendrían en siglos posteriores y en pintores como, por ejemplo, Caravaggio (1571-1610), Velázquez (1599-1660), Rubens (1577-1640) o el sevillano Juan Valdés Leal (1622-1690), todos ellos pintores del Barroco.

Existe un famoso grabado del pintor alemán Alberto Durero (1471-1528) conocido como *El pintor de la mujer acostada* (ver imagen en página siguiente), donde se muestra cómo aplicar en la práctica esta técnica de la perspectiva o del escorzo.

Podemos observar en el grabado un cristal perpendicular al plano de la mesa y cuadriculado que deja al pintor en el lado derecho con otra retícula similar pero horizontal bajo sus manos mientras en el lado izquierdo se encuentra la mujer acostada. El pintor reproducirá en la cuadrícula horizontal exactamente lo que sus ojos vean en la retícula

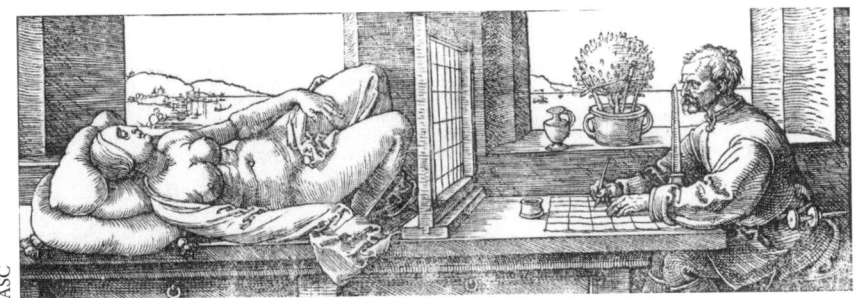

ASC

vertical obteniendo una representación de la figura humana desde su punto de vista o perspectiva.

El gran hallazgo conocido como «punto de fuga» (el punto en el horizonte al que parecen converger las vías de un tren cuando las observamos alejándose de nosotros) será de vital importancia a partir de ahora tanto en el mundo de la pintura como en el de la fotografía siglos más tarde. Un sencillo ejemplo ilustra cómo representar un cubo *ABC-DEFGH* cuando tenemos un único punto de fuga *PF* situado sobre la línea de horizonte:

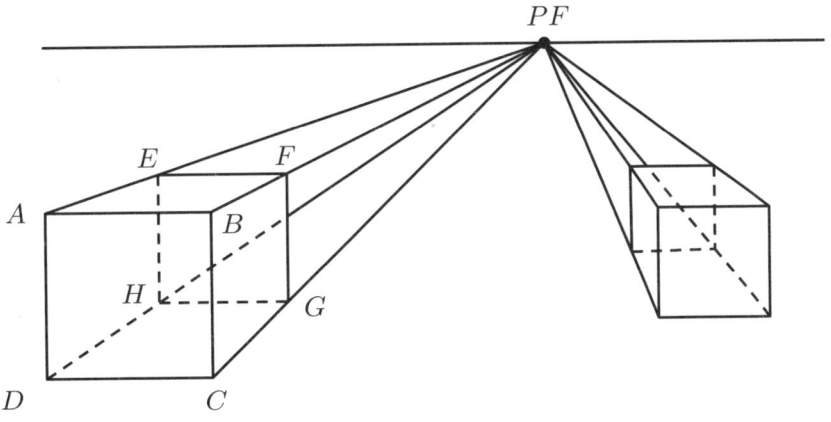

Una vez elegido el punto de fuga *PF* y dibujado el cuadrado *ABCD* se han trazado los segmentos desde los cuatro vértices hasta *PF*. Esas líneas son las que darán la ilusión de profundidad en el cubo representado.

Parece lógico que tras la consolidación de la teoría de la perspectiva apareciese un nuevo ámbito de investigación matemática: la geometría proyectiva, con aplicaciones fundamentales a la navegación como la cartografía. Arte y matemáticas, fusionadas para mayor gloria de ambas.

38

CUADRADOS MÁGICOS

C uenta la leyenda que hacia el año 2800 a. C. tuvieron lugar unas terribles inundaciones en China. Tratando de aquietar la cólera del río Lo, la población comenzó a sacrificar animales sin conseguir su objetivo. Aquellos chinos querían saber exactamente el número de sacrificios necesario para detener la devastadora situación. Entonces vieron aparecer súbitamente en el río Lo a una tortuga con un extraño cuadrado inscrito en el caparazón. Un cuadrado que resultó ser mágico por la razón que veremos a continuación:

4	9	2
3	5	7
8	1	6

Comprobaron que, sumando por filas, columnas o en diagonal, el resultado daba siempre 15. Y dedujeron que ese número debía ser el que buscaban. Y así fue como volvió el río Lo a la calma y el número 15 se convertía en un número mágico. Más tarde, consideraron que los números pares en las esquinas constituían la parte *yin,* o femenina, y los impares la parte *yang,* la parte masculina. En el centro el 5, el equilibrio entre el *yin* y el *yang* por pertenecer simultáneamente a una fila, una columna y ambas diagonales.

217

Con esta introducción histórica nos adentramos en un ámbito, el de los cuadrados mágicos, a los que se les atribuyó en Oriente el poder de descubrir tesoros, alejar incendios, preservar de los accidentes, favorecer en las batallas, promover la fuerza, infligir desasosiego a los enemigos, atraer la fortuna e incluso curar la esterilidad femenina; por ello eran llevados como talismanes o amuletos entre las prendas personales. Además, numerosos matemáticos de renombre universal han estudiado sus propiedades durante siglos como, por ejemplo, Pierre de Fermat (1601-1665), matemático francés que estableció hacia 1640 las bases del análisis combinatorio en la teoría de los cuadrados mágicos y de quien hablaremos sucintamente a continuación. Llama la atención que Fermat había estudiado Derecho en Toulouse, fue consejero del Parlamento en aquella ciudad y se dedicó a las matemáticas más bien como entretenimiento y diversión que como profesión. Y, aun así, su legado matemático es realmente admirable. No en vano, el matemático francés Pierre Simon Laplace (1749-1827) llegó a considerarlo el verdadero inventor del cálculo diferencial. Sin embargo, Fermat tenía la mala costumbre de hacer sus desarrollos matemáticos y anotaciones en los márgenes de los libros e incluso en cartas a sus amigos. Tal vez por ello perdió la oportunidad de ser considerado el precursor de la geometría analítica junto a Descartes. Fermat y Blaise Pascal (1623-1662), otro ilustre matemático y físico francés, resolvieron el «problema del caballero de Meré», que constituyó el advenimiento de la moderna teoría de probabilidades. El conocido como «último teorema de Fermat», que sin duda ha hecho famoso a este matemático, afirma que para $n > 2$, siendo n un número natural, la ecuación: $x^n + y^n = z^n$, con x, y, z números enteros positivos distintos de cero, no tiene solución. El lector se habrá percatado que cuando $n = 2$, las soluciones son infinitas. Esas soluciones se conocen como ternas pitagóricas porque satisfacen el teorema de Pitágoras que establece que, en un triángulo rectángulo, la suma de los cuadrados de los catetos es igual al cuadrado de la hipotenusa: $x^2 + y^2 = z^2$. Algunas ternas pitagóricas son las siguientes: (3,4,5), (8,15,17), (33,56,65), etc. No obstante, estas ternas no invalidan el último teorema de Fermat porque no se cumple en ellas el requisito $n > 2$. Fermat, cuando formuló su teorema en 1637, no era consciente de que pasaría a la posteridad por haber dejado escrito que había encontrado una demostración maravillosa, pero que no le cabía en el margen del libro donde la había anotado, concretamente la traducción realizada por Bachet al latín de *Arithmetica* de Diofanto de 1621. Más de tres siglos hubo que esperar para que el matemático estadounidense Andrew Wiles lo demostrase en 1994 y lo publicase al año siguiente.

Pero volvamos a los cuadrados mágicos. ¿A qué nos referimos cuando hablamos de cuadrado mágico? Se trata de un cuadrado en el que se ubican los números naturales a partir del 1 y se termina en un número que sea cuadrado perfecto: $9 = 3^2$, $16 = 4^2$, $25 = 5^2$ etc. Hablamos entonces de cuadrados mágicos de orden 3, orden 4, orden 5, etc. En general, orden n. Un cuadrado mágico de orden 5, por ejemplo, contiene todos los números naturales desde el 1 hasta $5^2 = 25$ y tendrá 5 filas y 5 columnas. Además, tiene que cumplirse que la suma de los números por filas, columnas o diagonales sea constante. Esa constante caracteriza al cuadrado mágico y ha sido bautizada como «constante mágica». Vamos a demostrar una fórmula que permite encontrar esa «constante mágica» que simbolizaremos por CM:

Supongamos una sucesión de números naturales: 1, 2, 3, 4, ...N, donde N deberá ser cuadrado perfecto, es decir: $N = n^2$. El cuadrado mágico formado con esos números será de orden n si cumple con los requisitos que establecimos en el párrafo anterior. Supongamos que se cumplen. La suma de esos N números no es otra cosa que la suma de los N términos de una progresión aritmética cuya diferencia entre dos términos consecutivos es 1. Cada término se obtiene sumando 1 al anterior.

Demostremos en primer lugar la fórmula que nos da la suma de los N términos de una progresión aritmética de diferencia d:

Sea la P.A. (progresión aritmética): $a_1, a_2, a_3, ...a_N$

La suma de esos N términos será: $S = a_1 + a_2 + a_3 + ...+ a_N$

Evidentemente, también podremos escribir: $S = a_N + a_{N-1} + ...+ a_3 + a_2 + a_1$

Luego, sumando las dos expresiones anteriores: $2S = (a_1 + a_N) + (a_2 + a_{N-1}) + ...+ (a_N + a_1)$

Pero en toda PA se cumple que cualquier término es igual al anterior más la diferencia, así pues: $a_2 = a_1 + d$ y $a_{N-1} = a_N - d$, con lo cual:

$a_2 + a_{N-1} = a_1 + d + a_N - d = a_1 + a_N$. Esto quiere decir que la suma de términos equidistantes de los extremos es constante e igual a: $a_1 + a_N$.

Entonces, se tendrá: $2S = (a_1 + a_N) + (a_1 + a_N) + ... + (a_1 + a_N)$, N veces, de donde:

$2S = (a_1 + a_N) \cdot N$, resultando la conocida fórmula:

$$S = \frac{a_1 + a_N}{2} \cdot N$$

En el caso de nuestro cuadrado mágico: $a_1 = 1$; $a_N = N = n^2$, de donde:

$$S = \frac{1 + n^2}{2} \cdot n^2$$

Por último, y dado que en un cuadrado mágico de orden n hay n filas y n columnas, la constante mágica CM, que es la suma de los números de cualquier fila o columna (o diagonal), implica (elegimos a continuación las filas, pero podríamos haber elegido igualmente las columnas).

Número de fila	Suma de los términos de esa fila
1	CM
2	CM
3	CM
...	CM
n	CM

La suma de todas las filas será: $CM + CM + ... + CM$ (n veces) $= n \cdot CM$, que lógicamente coincidirá con la suma S de todos los números del cuadrado mágico, desde 1 hasta N y que calculamos anteriormente al aplicar la fórmula de la suma de los términos de una progresión aritmética. Así pues:

$$n \cdot CM = S = \frac{1 + n^2}{2} \cdot n^2$$

$$CM = \frac{1 + n^2}{2} \cdot n$$

Ahora ya sabemos calcular la constante mágica CM de un cuadrado mágico de cualquier orden sin más que aplicar la fórmula anterior. Se obtendrían: $CM = 15$ ($n = 3$), $CM = 34$ ($n = 4$), $CM = 65$ ($n = 5$) etc.

Evidentemente, un cuadrado mágico de orden 1 solo puede ser un cuadrado con el número 1 en su interior. Sin embargo, si el lector intenta construir un cuadrado mágico de orden 2 comprobará de inmediato que es imposible ya que siendo la *CM* = 5, no hay forma de colocar los números 1, 2, 3 y 4 en filas y columnas de forma que la suma por filas, columnas y diagonales sea 5. En el caso del cuadrado mágico de orden 3 que hemos visto en la introducción histórica, puede comprobarse fácilmente que no existe otra combinación distinta de la dada ya que las 7 variaciones posibles se consiguen mediante simetrías y giros de la distribución de partida (en total resultan 8 variaciones que el lector puede intentar descubrir sin más que partir del cuadrado mágico con el que se inicia este capítulo y aplicarle los tres giros y cuatro simetrías que dejan invariante el cuadrado inicial).

Sin embargo, en los cuadrados mágicos de orden 4 hay 880 variaciones posibles y en los de orden 5 hay 275 305 224. No se conoce en la actualidad ninguna fórmula que permita obtener el número de cuadrados mágicos de cualquier orden.

El cuadrado mágico de orden 3 con el que comenzamos nos da una pista para crear otros cuadrados mágicos del mismo orden, pero constante mágica diferente. Los números que aparecen en ese primer cuadrado mágico forman una progresión aritmética cuya diferencia es 1: 1, 2, 3, 4, 5, 6, 7, 8 y 9. Si pensamos en otra progresión también aritmética, pero comenzando por otro número distinto y cuya diferencia sea también distinta, podremos ubicar esos nuevos números en el nuevo cuadrado mágico sin más que respetar el orden del primer cuadrado mágico. Por ejemplo, la nueva progresión aritmética cuyo primer término sea, por ejemplo, 5 y la diferencia 4, se obtiene: 5, 9, 13, 17, 21, 25, 29, 33, 37. Colocaremos los números así: el 5 en el lugar donde estaba el 1 en el primer cuadrado mágico, el 9 en el lugar donde se encontraba el 2, y así sucesivamente. Obtendremos el siguiente cuadrado mágico:

17	37	9
13	21	29
33	5	25

Hemos construido un nuevo cuadrado mágico de $CM = 63$, si bien no se podrá aplicar la fórmula vista anteriormente para el cálculo de la constante mágica.

El teorema de Green-Tao afirma que existen sucesiones arbitrariamente largas de números primos en progresión aritmética y ello puede servirnos para construir otros cuadrados mágicos de cualquier orden a base exclusivamente de números primos siguiendo la misma técnica vista anteriormente. Por ejemplo, con la fórmula: $199 + 210 \cdot n$, siendo n un número natural incluyendo al cero, se obtienen números primos en progresión aritmética desde $n = 0$ hasta $n = 9$ inclusive (con $n = 10$ se obtiene el número 2299 que no es primo por ser divisible por 11 aunque seguiría estando en progresión aritmética con los obtenidos para valores $n < 10$). Si elegimos los nueve primeros números primos obtenidos con la fórmula, se obtiene la siguiente progresión aritmética: 199, 409, 619, 829, 1.039, 1.249, 1.459, 1.669, 1.879 (con $n = 9$ se obtendría el último número primo con la fórmula, el 2089, pero que se descarta porque necesitábamos solo nueve números). Tomando como referencia un cuadrado mágico de orden 3 como el siguiente (es una variación del cuadrado mágico con el comenzamos este capítulo):

6	1	8
7	5	3
2	9	4

Podremos utilizar los números primos encontrados anteriormente para construir un nuevo cuadrado mágico que sigue el mismo orden de este último, resultando:

1 249	199	1 669
1 459	1 039	619
409	1 879	829

Pasando a los cuadrados mágicos de orden 4 es obligado mencionar uno vinculado al mundo del arte y considerado como el primero que

222

aparece en Occidente (aunque anteriormente Luca Pacioli hablaba de este tipo de cuadrados en un manuscrito titulado *De viribus quantitatis*). Se trata de un grabado del pintor renacentista Alberto Durero titulado *Melancolía I* que se encuentra en el Museo Británico de Londres. En ese grabado, además del cuadrado mágico situado en el ángulo superior derecho y que se muestra a continuación, aparecen otros elementos matemáticos como un extraño poliedro llamado «romboedro truncado», un ángel con el rostro ofuscado que sostiene un compás en una mano, un reloj de arena, una balanza, etc.

16	3	2	13
5	10	11	8
9	6	7	12
4	15	14	1

Este cuadrado mágico de Durero está formado por 16 celdas donde se ubican los números desde el 1 hasta el $16 = 4^2$. La constante mágica se comprueba que es 34. Y tiene una serie de curiosidades. Por ejemplo, los números centrales de la última fila coinciden con la fecha de la ejecución del grabado: 1514, la suma de los cuatro vértices del cuadrado también es 34 así como la suma de las cuatro casillas centrales. Si se suman los cuatro números que forman un cuadrado en cualquiera de las

223

esquinas, el resultado vuelve a ser 34. Si se suman los cuadrados de los números de las dos primeras columnas (o filas) resulta lo mismo que si se suman los cuadrados de los números de las otras dos columnas (o filas), en todos los casos 748 (que es múltiplo de 34). El resultado volverá a ser el mismo al sumar los cuadrados de los números de dos filas o columnas alternas (1ª y 3ª con 2ª y 4ª). De igual forma, sumando los cuadrados de los números que no pertenecen a las diagonales se obtiene el mismo resultado que al sumar los cuadrados de los números pertenecientes a las diagonales, nuevamente 748.

Es probable que el polifacético artista catalán Josep María Subirachs (1927-2014) se basase en el cuadrado mágico de Durero para realizar otro diferente en la fachada de la Pasión de la Sagrada Familia en Barcelona. La peculiaridad que tiene este cuadrado mágico es que faltan los números 12 y 16, mientras que se repiten el 14 y el 10. Por esta razón, la constante mágica tampoco se puede calcular con la fórmula que dedujimos al principio, sino que nos obliga a sumar todos los números y dividir por 4 o comprobar que la suma por filas, columnas o diagonales da el mismo número. Veamos cómo es este cuadrado mágico tan especial:

1	14	14	4
11	7	6	9
8	10	10	5
13	2	3	15

La constante mágica se puede calcular fácilmente y resulta ser 33 que coincide con la edad a la que se supone murió Jesucristo. Esta podría ser la razón de haber eliminado el 12 y el 16 del cuadrado mágico original de orden 4, y haber introducido el 14 y el 10 por segunda vez.

Veamos a continuación un método sencillo de construcción de cuadrados mágicos de orden impar propuesto por el matemático francés Claude-Gaspar Bachet de Méziriac (1581-1638). Como ejemplo de aplicación del método se ha elegido un cuadrado mágico de orden 3 cuya constante mágica es 66 y que ciertas tribus de África del Norte (tolba) diseñaron como talismán. El número 66 se correspondía con el nombre de Alá, palabra que en árabe se compone de solo cuatro consonantes, cada una de las cuales con un valor numérico determinado (hay que tener en cuenta que en árabe la lectura se realiza de derecha a izquierda):

ه	ل	ل	ا
5	30	30	1

Como vemos, los valores numéricos son: 'alif = 1, lam = 30, ha = 5, de donde: 1 + 30 + 30 + 5 = 66.

Los números consecutivos a ubicar en el cuadrado, previamente ordenados, son: 18, 19, 20, 21, 22, 23, 24, 25 y 26 (podríamos también ubicar estos números siguiendo el mismo orden de los números del cuadrado mágico de orden 3 con el que se inició este capítulo, sin embargo hemos elegido este procedimiento general para cuadrados mágicos de orden impar cualesquiera que no requiere partir de otro cuadrado mágico conocido y del mismo orden). Obsérvese que no se empieza por el 1 ni se acaba en un número cuadrado perfecto. Sin embargo, será posible configurar el cuadrado mágico.

Empezamos por crear un cuadrado de orden 3 con sus tres filas y columnas. A continuación, añadiremos una celda en el centro de cada lado. Ahora iremos colocando los números, de menor a mayor, siguiendo la diagonal superior que atraviesa tres celdas, se continuaría con la diagonal central y se acabaría con la diagonal inferior, también de tres celdas. Los números que quedaron situados dentro del cuadrado original están bien colocados. Los que quedaron fuera del cuadrado se colocarán dentro, pero en el lado opuesto (ver imagen):

Terminaremos este paseo matemático por los cuadrados mágicos con un procedimiento para construirlos en el caso de ser de orden par. Sea por ejemplo el cuadrado mágico de orden 4 con los números desde el 1 hasta el 16. Marcamos con una X las casillas correspondientes a las dos diagonales del cuadrado (ver imagen). Empezamos por la casilla situada en el ángulo superior izquierdo y como tiene la X, colocamos el primer número, que sería el 1. Seguiríamos hacia la derecha por la primera fila y como las casillas segunda y tercera no tienen la X se dejan en blanco. Al llegar a la cuarta casilla colocaríamos allí el cuarto número de la serie, es decir, el 4. Y así sucesivamente, fila tras fila, hasta ubicar el número 16.

Finalmente, comenzaríamos por la casilla situada en el ángulo inferior derecho y que contiene el número 16. Ahora pasaríamos a la siguiente a su izquierda. Como no tiene X, ahora sí ubicamos allí el 2, siguiendo la misma pauta, se situaría a la izquierda del 2 el 3, y así sucesivamente, subiendo en zigzag, hasta rellenar todas las celdas vacías.

X			X
	X	X	
	X	X	
X			X

1	15	14	4
12	6	7	9
8	10	11	5
13	3	2	16

Si el orden del cuadrado mágico fuese múltiplo de 4, es decir, 4 k (siendo k un número natural cualquiera), se dividiría el cuadrado de lado 4 k en k^2 subcuadrados 4 x 4 a los que se aplicaría la misma pauta vista para k = 1.

39

MOMENTO DE RELAJACIÓN TEATRAL VII:
EL EFECTO FOTOELÉCTRICO

JUSTIFICACIÓN TEÓRICA

Se conocía desde finales del siglo XIX que al hacer incidir un determinado haz de luz (visible o ultravioleta) sobre algunas placas metálicas se producía una corriente eléctrica. La luz incidente parecía que conseguía arrancar electrones de la placa. Se trataba del efecto fotoeléctrico.

En aquella época se aceptaba que la luz estaba compuesta por ondas electromagnéticas (ecuaciones de Maxwell). La energía de las ondas electromagnéticas depende de la amplitud de los campos eléctrico y magnético involucrados, pero no de su frecuencia. Como consecuencia, con esta teoría no había manera de explicar el efecto fotoeléctrico. De nada servía aumentar la intensidad de la radiación electromagnética porque la frecuencia se mantenía fija y no se conseguía liberar a los electrones. Tuvo que ser Albert Einstein (1879-1955) quien en 1905 utilizase la ecuación de Planck: $E = h \cdot f$ (E = energía de una radiación electromagnética, h = constante de Planck; f = frecuencia de la radiación) para explicar qué ocurría a nivel atómico con el efecto fotoeléctrico. Hay que resaltar que con Planck y en 1900 da comienzo la singladura de la física cuántica, así denominada precisamente por considerar que la energía está cuantizada (los paquetes de energía $h \cdot f$ se llamaron «cuantos»). Einstein consideró en su explicación que la luz también podía considerarse como un haz de partículas llamadas fotones, siendo la energía de un fotón la misma que Planck había establecido para la radiación electromagnética. Sin lugar a dudas, la explicación del efecto fotoeléctrico de Einstein contribuyó al impulso definitivo de la física cuántica y a su desarrollo posterior.

Le dieron el Premio Nobel de Física a Einstein por el efecto fotoeléctrico en 1921, dieciséis años después de la publicación de su teoría, entre otras razones porque en 1905 aún no se disponía de datos experimentales suficientes para verificarla. En síntesis, lo que vino a demostrar Einstein es que cada metal tiene un valor de frecuencia umbral en la radiación incidente a partir del cual tiene lugar el efecto fotoeléctrico. Así pues, la energía de la radiación incidente tenía que ser superior a esa energía umbral también llamada «trabajo de extracción» para que se liberasen electrones con cierta energía cinética. La ecuación básica es: $E_i = W_0 + E_c$ (E_i = energía incidente, W_0 = trabajo de extracción que depende de cada metal, E_c = energía cinética del electrón liberado). Si la $E_i < W_0$, entonces no se manifestaba el efecto fotoeléctrico. De forma que la $E_c = E_i - W_0$. La intensidad de la radiación no influía en el efecto fotoeléctrico ya que una mayor intensidad suponía mayor cantidad de fotones con la misma frecuencia. Y lo determinante no es el número de fotones, sino la frecuencia de los mismos.

La siguiente gráfica da una idea de lo que ocurre con el efecto fotoeléctrico:

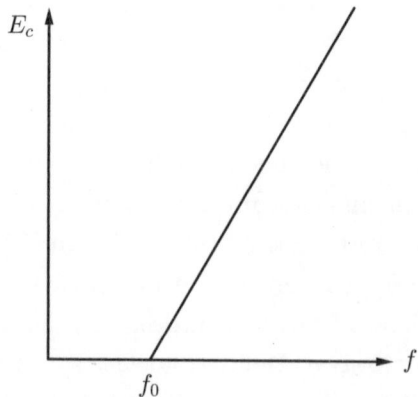

Hasta que la radiación incidente de frecuencia f no supera la frecuencia umbral del metal en cuestión f_0, no se liberan los electrones. El trabajo de extracción es: $W_0 = h \cdot f_0$

La relación entre frecuencia y longitud de onda electromagnética es: $\lambda = c / f$ (λ = longitud de onda, c = velocidad de la luz, f = frecuencia). A mayor frecuencia corresponderá menor longitud de onda. En el divertimento teatral del efecto fotoeléctrico jugaremos con los colores rojo, verde y violeta cuyas frecuencias correspondientes van de menor valor (rojo) a mayor (violeta).

EL DIVERTIMENTO TEATRAL

Se han elegido los nombres Istenio, en honor a Einstein, y Maxwelino, en honor al prestigioso físico y matemático escocés James Clerk Maxwell (1831-1879), la teoría del electromagnetismo se debe a él, así como la idea de que la luz consistía en una onda electromagnética. Se trata de un encuentro imaginario en pleno siglo XX ya que, como el lector habrá comprobado, el mismo año en que fallece Maxwell, nace Einstein.

Personajes: Istenio y Maxwelino.

Maxwelino: Oye, Istenio, ¿por qué te dieron el Premio Nobel en 1921?

Istenio: Porque expliqué el efecto fotoeléctrico

Maxwelino: ¿Y en qué consistía ese efecto tan raro?

Istenio: Para que lo entiendas, Maxwelino, ¿tú te has fijado cuando te acercas a las puertas de algunos establecimientos comerciales que de pronto se abren automáticamente?

Maxwelino: Sí, sí que me he fijado.

Istenio: Pues ahí lo tienes, el efecto fotoeléctrico. Y también en sistemas de alarmas antirrobo, en los semáforos que regulan el tráfico y hasta en paneles solares para obtener energía eléctrica sin contaminar el medio ambiente.

Maxwelino: ¿Y por qué no me explicas a mí el efecto fotoeléctrico ese? Pero facilito, que yo lo entienda. ¡En mi época no se sabían esas cosas!

Istenio: ¡Eso está hecho hombre! *(y lo agarra por el hombro, como buenos amigos que son, para contarle una historia alucinante...).* Yo haré de electrón y tú serás un fotón. ¿Te gusta la idea?

Maxwelino: Loco estoy por empezar.

Istenio, que hace de electrón, podría llevar una malla negra y el pelo amarillo y Maxwelino, que hace de fotón, puede llevar una especie de poncho grande inicialmente de color rojo (el color es importante porque juega el papel de la frecuencia de la luz incidente). Ese poncho habrá que cambiarlo durante la representación por otro de color verde y uno violeta finalmente. Como mobiliario, un tobogán por el que se deslizará el fotón, un saltador de trampolín (no es imprescindible, pero si lo tenemos acentuará el salto liberador del electrón). Istenio, el electrón, podría estar en la parte baja del tobogán dándole vueltas a un balón que haría las veces de núcleo de su átomo.

Fotón: *(En lo más alto del tobogán, con un poquito de guasa y con el poncho rojo)*. ¡Eh! ¡Hola, Electrón, qué aburrido te veo ahí!

Electrón: *(Algo enfadado)*. Mira, Fotón, lo que estoy es harto ya de darle vueltas siempre a lo mismo.

Fotón: Ya te veo, ¿y a qué le das tú tantas vueltas, criatura?

Electrón: Un electrón ¿a qué le va a dar vueltas? ¡Pues a su núcleo!

Fotón: ¿Y yo puedo ayudarte de alguna manera?

Electrón: Si quieres, me puedes liberar.

Fotón: ¿Y qué debo hacer?

Electrón: Solo tienes que chocar contra mí con energía suficiente.

Fotón: *(Se deja caer frenando la caída)*. ¡Ea! ¡Eso está hecho!

Electrón: *(Recibe el impacto, pero no sale despedido fuera de la atracción de su núcleo)*. ¡No vale, Fotón! ¡Tienes que comunicarme más energía! ¡Cambia de color!

Fotón: *(Ahora aparece con un poncho verde y vuelve a tirarse por el tobogán, caerá algo más rápido)*. ¡Yuju, Electrón! ¡Prepárate, que voy a por ti!

Electrón: *(Recibe el impacto, ahora un poco más fuerte que cuando iba de rojo, pero aún insuficiente para liberarlo, con lo cual sigue girando alrededor del núcleo).* ¡Fotón! ¡Que no consigues sacarme de aquí! ¡Ponte más energético, hombre!

Fotón: *(Por fin se coloca el poncho violeta, ya no se frena en la caída).* ¡Ahí voy! ¡Seré el fotón de tu vida!

Electrón: *(Fotón ha chocado contra él y por fin lo libera de sus ataduras atómicas, salta hacia delante y corre feliz entre el público diciendo...)* ¡Gracias, fotón liberador! ¡Uy, pedazo de fotón, me has arrancado del metal que me atrapaba! ¡Al fin soy un electrón libre! Ahh... ¡qué felicidad!

Vuelven a estar juntos, Istenio y Maxwelino, en el escenario.

Istenio: ¿Te ha quedado claro en qué consiste el efecto fotoeléctrico?

Maxwelino: Creo que sí. Bueno, de lo que se trata es de conseguir que un fotón, que no es otra cosa que una partícula de luz, choque contra un electrón, que es lo que de verdad me flipa por completo, y lo libere del átomo al que pertenece, ¿no?

Istenio: Pero recuerda que esa luz arranca al electrón a partir de un color o energía que depende de cada metal.

Maxwelino: ¡Ah, ya lo entiendo! ¡Por eso cuando el fotón chocó como luz roja o verde no consiguió liberar al electrón mientras que después, de color violeta, tenía más energía y lo dejó en libertad!

Istenio: ¡Qué cabeza tan privilegiada la tuya, Maxwelino! ¡Hay que ver lo bien que siempre se te dieron a ti la física y las matemáticas!

Y con este final feliz abandonan el escenario dando muestras de la amistad que les une, ahora mucho mayor que al principio.

40

EL TEOREMA DE LA BOLA PELUDA O LA DIFICULTAD
DE PEINARSE A LA PERFECCIÓN

Imagine el lector que acaba de darse una espléndida ducha y se dispone a prepararse para asistir a un acontecimiento público importante en el que el buen aspecto físico resulta conveniente. Y llega el momento de peinarse. Lo del peinado perfecto acaba por no ser posible. No hay quien pueda con el rebelde remolino. Conseguir tener todo el pelo perfectamente alisado sobre la superficie de la cabeza es tarea inútil. Tampoco es culpa del peluquero, ni del peine, ni del cepillo. Ni tan si quiera de nuestro cuerpo imperfecto. La culpa es del teorema de la bola peluda, con una denominación que puede resultar hilarante, pero que explica el porqué de esta cotidiana circunstancia.

Vamos a modelizar la cabeza humana como si fuese una esfera. Una esfera con infinitos puntos de los que van a emerger pelos perpendiculares al cuero cabelludo. A los efectos matemáticos, cada pelo será un vector y consideraremos que todos tienen igual módulo, o sea, misma longitud, y mismo sentido que es el que va desde la raíz hasta el extremo, pero distinta dirección (la dirección es la recta de la cual el vector es un segmento). ¿Qué es lo que hacemos al peinarnos? Pues tumbar los pelos o vectores justo en el punto donde nacen que es la raíz, en un intento por modificar su dirección natural y conseguir que sean tangentes a la superficie de la cabeza. El peine va tumbando todos los pelos que se encuentra hasta toparse con un lugar, normalmente la coronilla, donde se forma un remolino y no hay pelo que lo cubra. Y no se trata de malformación, sino que el teorema de la bola peluda afirma y demuestra que existe al menos un punto de la superficie de la cabeza que se queda sin cubrir. Lo cual significa que puede haber cabezas con más de un remolino como de hecho ocurre.

Realmente, dentro del campo de la topología, lo que afirma el teorema es que dado un campo vectorial continuo tangente a una superficie esférica, necesariamente debe existir al menos un punto de esa superficie en el que el vector sea nulo.

Ahora bien, si nuestra superficie de cuero cabelludo no fuese esférica sino circular, plana, por tanto, podríamos peinarnos a la perfección y sí que sería posible cubrir todo el círculo con pelos tangentes sin la existencia de remolinos rebeldes. Otro asunto discutible sería la estética de una cabeza plana a modo de azotea.

Pero lo sorprendente de este teorema es que se aplica también a fenómenos meteorológicos como los huracanes y tornados. Si tomamos ahora la superficie de la esfera terrestre y consideramos el campo de vectores «velocidad del viento» tangentes en cada punto de esa superficie, el teorema afirma que en todo momento deberá existir en la Tierra al menos un punto con velocidad cero. Es decir, que en todo momento se está produciendo en la Tierra un ciclón. Y ese punto con velocidad nula es el conocido como «ojo del huracán» o del ciclón. Así, y por extraño que parezca, en las inmediaciones de un huracán, el único punto donde nos salvaríamos y donde no pasa nada, es en el «ojo del huracán». Lo difícil es llegar a él sin perecer en el intento. Por último, también en los remolinos en el mar que son masas de agua que giran rápidamente sobre sí mismas, existe un punto central u ojo del remolino, donde no ocurre absolutamente nada.

41

FÍSICA Y MATEMÁTICAS AL PEDALEAR

Desde que en 1817 un barón alemán inventara la draisiana, el vehículo precursor de la actual bicicleta que tenía dos ruedas alineadas, pero sin pedales y era propulsado por los pies del conductor en contacto con el suelo, han transcurrido más de dos siglos en los que la tecnología ha perfeccionado hasta límites insospechados este medio de locomoción, deporte y diversión. La primera bicicleta que incorpora los pedales data de 1839 y estos han continuado hasta la actualidad. Ya en la Exposición Universal de París en 1889 se describía la bicicleta como «el hada mecánica que multiplica los poderes del hombre» y, más tarde, Albert Einstein diría que «la vida es como montar en bicicleta, ya que para conservar el equilibrio hay que mantenerse en movimiento».

41.1. LA HELENA DE LA GEOMETRÍA Y EL PÉNDULO DE HUYGENS

La cicloide, la curva a la que nos dedicaremos a partir de ahora, ha sido llamada la Helena de la geometría en clara alusión al personaje de la mitología griega Helena de Troya, hija de Zeus, que por su belleza era pretendida por héroes diversos y que generó severas disputas entre ellos. Y es que la cicloide abrió también numerosos debates entre los más prestigiosos matemáticos del siglo XVII como Torricelli, Pascal, Mersenne, Roberval, Galileo, Johann Bernouilli y el mismo Newton.

Esta preciosa curva generada por la rueda de una bicicleta, aunque a simple vista no la podamos ver fácilmente, es la cicloide. Para imaginárnosla, coloquemos nuestra bicicleta en posición vertical sobre el suelo. Elegimos, por ejemplo, la rueda trasera y marcamos con rotulador en la cubierta (en el lado visible de la misma) un punto bien visible que casi contacte con el plano del suelo. Nos alejamos unos pocos metros de la bicicleta y le pedimos a alguien que la haga avanzar en línea recta frente a nosotros y paralelamente a nuestro cuerpo. Si observamos la trayectoria de ese punto dibujado veremos que, tras una vuelta completa de la rueda, vuelve a estar en contacto con el suelo, igual que al principio. Y si la rueda avanza una vuelta más, volverá a ocurrir lo mismo. Pues bien, si la bicicleta rueda sin resbalar, la curva que describe el punto elegido es una especie de arco ancho y amplio sumamente bello: la cicloide. Una curva muy interesante así bautizada por Galileo y cuyas propiedades, como vamos a ver, son fascinantes.

Dado que con el experimento anterior a lo más que podemos llegar es a imaginarnos esa curva intentando unir mentalmente la secuencia de puntos a medida que gira la rueda, vamos a verla a continuación partiendo de una circunferencia C de radio unidad apoyada en un eje horizontal en un punto A de la misma. Si la circunferencia avanza hacia la derecha sin resbalar, el punto A describirá, tras dos vueltas completas de la rueda, la hermosa curva que aparece en la imagen y que es la cicloide:

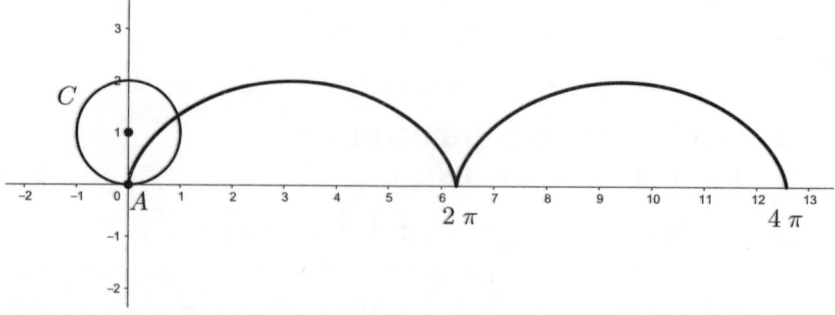

Obsérvese, por ejemplo, que cuando se ha recorrido la primera media vuelta, la situación del punto A es la siguiente:

236

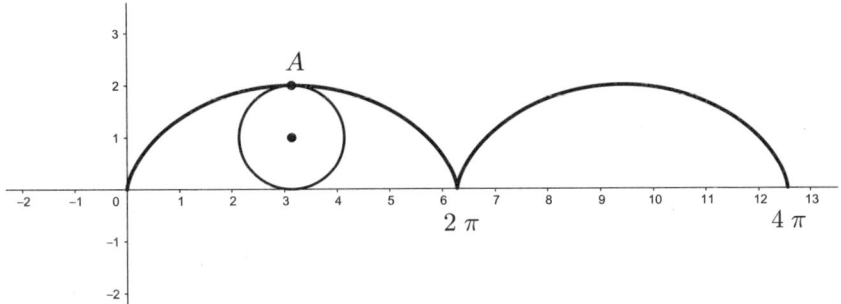

El primer arco de cicloide se corresponde con un avance de la rueda correspondiente a la longitud de su circunferencia (recordemos que $r = 1$): 2π, y lógicamente, el segundo tramo a un avance de otros 2π, en total: 4π. Es evidente que el centro de giro de la circunferencia lo que describe durante todo el trayecto es una recta paralela al eje horizontal o de abscisas (siempre se encuentra a la misma distancia del eje X que es el radio).

Por la sencillez y elegancia del procedimiento, merece la pena deducir las ecuaciones paramétricas de la cicloide (ver imagen).

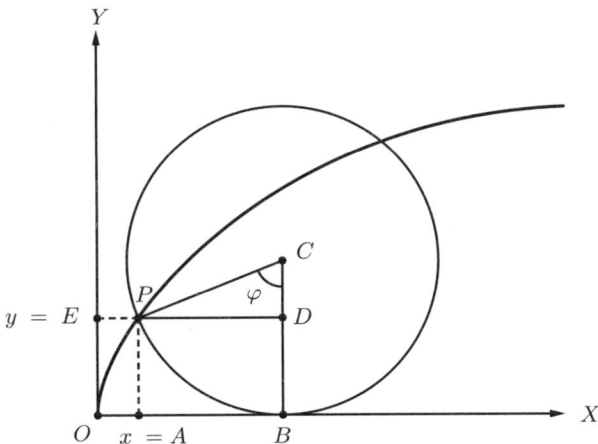

Sea un punto cualquiera de la cicloide: $P(x,y)$, y el radio de la circunferencia: $R = PC$

Ha de cumplirse:

$x = OA = OB - AB; y = OE = BC - DC$, pero $BC = PC = R$, luego: $y = R - DC$

La clave de la demostración estriba en el hecho de que el segmento OB tiene igual longitud que el arco PB: $OB = PB$, debido a que ese arco es

237

lo que ha avanzado la circunferencia desde su posición inicial en O sin resbalar en ningún momento hasta llegar al punto B.

Por otra parte, sabemos que el ángulo φ girado por la circunferencia:

Arco = ángulo (rad) · radio → arco $PB = \varphi \cdot R$ → $OB = \varphi \cdot R$

De la imagen se deduce: $AB = PD = R \cdot \sin \varphi$, e igualmente: $CD = R \cdot \cos \varphi$

Finalmente obtenemos las ecuaciones paramétricas de la cicloide:

$$\begin{cases} x = \varphi R - R \sin \varphi = R \left(\varphi - \sin \varphi \right) \\ y = R - R \cos \varphi = R \left(1 - \cos \varphi \right) \end{cases}$$

Podemos comprobar esas ecuaciones fácilmente. Así, cuando la circunferencia se encuentra en su posición inicial: φ = 0 y, en consecuencia, el punto se encuentra en el origen de coordenadas: P (0,0) ya que sin 0 = 0 y cos 0 = 1. Si la circunferencia gira media vuelta, φ = π, entonces el punto se encuentra en P (πR, 2R) y, finalmente, al cabo de una vuelta completa de la circunferencia, φ = 2π, y el punto se encontrará en P (2πR, 0). La altura máxima del punto P es 2 R, el diámetro de la circunferencia.

En 1658, el matemático y arquitecto inglés Christopher Wren (1632-1723) demostró que la longitud de un arco de cicloide es igual a ocho veces el radio de la circunferencia generatriz. Para ello partió sencillamente de considerar que: $ds^2 = dx^2 + dy^2$. Esto es, que si consideramos un trozo infinitesimal de la cicloide ds puede aplicársele el teorema de Pitágoras como si fuese la hipotenusa de un triángulo rectángulo de catetos infinitesimales dx y dy. La obtención del resultado de Wren no resulta demasiado difícil con las herramientas actuales del cálculo integral. Despejando ds de la expresión anterior:

$$ds = \sqrt{dx^2 + dy^2} = \sqrt{\left(\frac{dx}{d\varphi} \right)^2 + \left(\frac{dy}{d\varphi} \right)^2} \, d\varphi$$

Basta derivar las ecuaciones paramétricas que habíamos deducido anteriormente para poder calcular la longitud S de un arco de cicloide:

$$\frac{dx}{d\varphi} = R \left(1 - \cos \varphi \right) ; \frac{dy}{d\varphi} = R \sin \varphi$$

De donde:

$$S = \int_0^{2\pi} \sqrt{\left(\frac{dx}{d\varphi}\right)^2 + \left(\frac{dy}{d\varphi}\right)^2}\, d\varphi$$

$$S = \int_0^{2\pi} \sqrt{R^2\,(1 - \cos\varphi)^2 + R^2\,(\sin\varphi)^2}\, d\varphi$$

$$S = \int_0^{2\pi} R\,\sqrt{(1 - \cos\varphi)^2 + (\sin\varphi)^2}\, d\varphi$$

$$S = \int_0^{2\pi} R\,\sqrt{2\,(1 - \cos\varphi)}\, d\varphi$$

Pues: $(\sin\varphi)^2 + (\cos\varphi)^2 = 1$. De igual manera sabemos por trigonometría que:

$$\sin\frac{\varphi}{2} = \pm\sqrt{\frac{1 - \cos\varphi}{2}}$$

De donde elevando al cuadrado esta última expresión: $1 - \cos\varphi = 2 \cdot (\sin\varphi/2)^2$ y sustituyendo en la integral, sacando fuera las constantes y aplicando la regla de Barrow, resultará:

$$S = 2R \int_0^{2\pi} \sin\frac{\varphi}{2}\, d\varphi = 2R\left[-2\cos\frac{\varphi}{2}\right]_0^{2\pi}$$

$$S = -4R\,(-1 - 1) = 8\,R$$

Hemos calculado la longitud de un arco de cicloide. Galileo también se interesó por esta curva y por el área que cubría bajo uno de sus arcos, y al no disponer de herramientas matemáticas apropiadas para ello se le ocurrió una idea bastante ingeniosa; dibujó un arco de cicloide sobre una chapa y lo recortó. Después dibujó, en otra chapa similar, un círculo cuyo radio era el de la circunferencia generatriz de la cicloide. Y pesó ambos recortes concluyendo, con bastante aproximación, pero lógicamente con un pequeño error, que la chapa con la cicloide pesaba un poco menos que el triple del peso del círculo. Así que el área encerrada bajo un arco de cicloide debía ser algo inferior al triple del área del círculo. Fue Mersenne quien encomendó en 1628 al matemático francés Gilles de Roberval (1602-1675) el estudio de la cicloide consiguiendo este demostrar que el área que cubría un arco de cicloide era exactamente el triple del área del círculo generatriz.

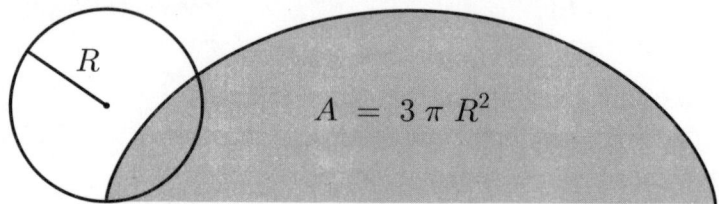

Podemos deducir ese resultado sin demasiada dificultad. Basta recordar las ecuaciones paramétricas de la cicloide, tener en cuenta un solo ciclo e integrar:

Dado que:

$$x = R\,(\varphi - \sin\varphi) \to dx = R\,(1 - \cos\varphi)\,d\varphi$$

$$y = R\,(1 - \cos\varphi)$$

Resultará:

$$A = \int_0^{2\pi} y\,dx = \int_0^{2\pi} R^2\,(1 - \cos\varphi)^2\,d\varphi$$

Desarrollando el cuadrado de la diferencia y extrayendo la constante fuera de la integral:

$$A = R^2 \left(2\pi + \int_0^{2\pi} (\cos\varphi)^2\,d\varphi \right)$$

Por trigonometría sabemos:

$$(\cos\varphi)^2 = \frac{1 + \cos 2\varphi}{2}$$

Sustituyendo en la integral anterior y operando:

$$A = R^2 \left(2\pi + \frac{1}{2} \cdot \left[\frac{1}{2}\sin 2\varphi \right]_0^{2\pi} + \pi \right)$$

Se obtiene finalmente:

$$A = 3\,\pi\,R^2$$

Una curiosa anécdota histórica relacionada con la cicloide nos remite al muy precoz matemático francés Blaise Pascal (1623-1662) que había decidido en 1654 dejar las matemáticas y dedicarse a la teología. Sin embargo, una noche de 1658 sufría de unos dolores que no le dejaban dormir. ¿Y qué hizo Pascal? Se levantó y se dedicó a estudiar precisamente la cicloide. El dolor desapareció y él quiso ver en ello un claro signo divino de que abandonase la teología y volviese a las matemáticas.

41.1.1. El péndulo de Huygens

Hemos querido incluir el péndulo de Huygens dentro del estudio de la cicloide, porque está esencialmente vinculado a esta curva como vamos a ver. Fue el prolífico físico-matemático y astrónomo holandés, Christiaan Huygens (1629-1695) quien se percató en 1659 de una curiosa propiedad de la curva que venimos estudiando, la cicloide, demostrando que se trataba de una curva isócrona (también llamada tautócrona). Los prefijos griegos *tauto-* e *iso-* significan 'igual', así como *chrono* significa 'tiempo'. Por tanto, la cicloide es una curva isócrona porque, siempre que no exista rozamiento y la gravedad sea constante, un objeto tardará el mismo tiempo en llegar al punto más bajo con independencia de la posición inicial que ocupe en la curva. O sea, que da igual si colocamos una pequeña bola a la mitad de la curva o en la parte superior. Si las dejamos caer en el mismo instante van a llegar al mismo tiempo a la parte más baja. Es importante destacar que la cicloide no es el camino de menor longitud que une dos puntos cualesquiera de la misma. Ese camino sería una línea recta entre ambos. Sin embargo, como explicaremos un poco más adelante, la cicloide es el camino más rápido para llegar de un punto a otro. Más rápido que la línea recta (la cicloide es también una curva braquistócrona).

Tuvo la ocurrencia Huygens de unir dos ciclos de cicloide, invertir la curva resultante y colgar del punto de unión de ambas un péndulo simple de longitud dos veces el diámetro del círculo generatriz.

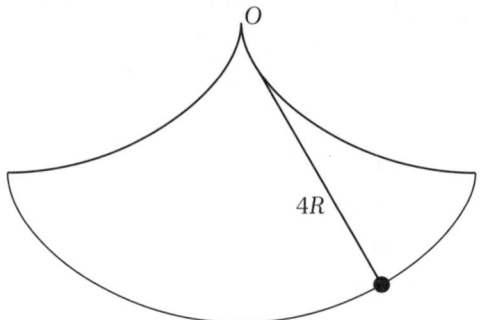

Este péndulo lo hizo oscilar entre las dos curvas cicloidales de forma que se adaptaba a las mismas. Y resultó que al oscilar describía otra cicloide. Comprobó maravillado que el periodo de ese péndulo cicloidal era independiente de la amplitud inicial y dejó escrito en su libro *Horologium Oscillatorium* (1673) lo siguiente:

El péndulo simple no puede ser considerado una medida del tiempo segura y uniforme, porque las oscilaciones amplias tardan más tiempo que las de menor amplitud; con ayuda de la geometría he encontrado un método, hasta ahora desconocido, de suspender el péndulo; pues he investigado la curvatura de una determinada curva que se presta admirablemente para lograr la deseada uniformidad. Una vez que hube aplicado esta forma de suspensión a los relojes, su marcha se hizo tan pareja y segura que, después de numerosas experiencias sobre la tierra y sobre el agua, es indudable que estos relojes ofrecen la mayor seguridad a la astronomía y a la navegación. La línea mencionada es la misma que describe en el aire un clavo sujeto a una rueda cuando esta avanza girando; los matemáticos la denominan cicloide, y ha sido cuidadosamente estudiada porque posee muchas otras propiedades; pero yo la he estudiado por su aplicación a la medida del tiempo ya mencionada, que descubrí mientras la estudiaba con interés puramente científico, sin sospechar el resultado.

El valor del periodo del péndulo de Huygens es:

$$T = 4\,\pi\,\sqrt{\dfrac{R}{g}}$$

Donde R es el radio del círculo generatriz y g la aceleración de la gravedad.

Y la aplicación inmediata fue la invención de relojes de péndulo cicloidales de gran precisión y muy necesarios en astronomía y la navegación marítima de la época. Basta pensar que los relojes de péndulo simple que se utilizaban antes del cicloidal no eran fiables porque el periodo no era constante ya que dependía de la amplitud inicial que variaba continuamente con los vaivenes de las embarcaciones en alta mar. Con Huygens empezó la era de la medida exacta del tiempo, de crucial importancia para los avances posteriores de la física.

Otra increíble propiedad de la cicloide que adelantábamos al iniciar la descripción del péndulo de Huygens es que se trata de una curva braquistócrona. Esta propiedad de la cicloide constituyó el gran problema planteado por Bernouilli, en el que ya había trabajado Galileo, pero que quien lo resolvió magistralmente fue Newton en 1697. Una curva braquistócrona va a cumplir que (en ausencia de rozamiento y con la aceleración de la gravedad constante), dados dos puntos a distinta altura (no estando en la misma vertical) y si dejamos caer un cuerpo pesado desde el punto más alto al más bajo, es la curva de más rápido descenso. Por tanto, la de mínimo tiempo para llegar de uno al otro. Si imaginamos un plano inclinado, cuya sección transversal es un triángulo rectángulo, y dejamos caer una bola desde la parte superior, de todas las trayectorias posibles que hay para llegar al punto final incluyendo la propia hipotenusa del triángulo, la más rápida es un arco de cicloide que conecte ambos puntos. Por esta razón la cicloide, además de ser una curva isócrona, es también una curva braquistócrona.

Las aplicaciones de la cicloide resultan sorprendentes, desde el diseño de los dientes de un engranaje, pasando por la forma de los toboganes en parques infantiles o acuáticos, las pistas para saltos de esquí o la práctica del *skate* e incluso en la industria aeronáutica en la rampa de evacuación de un avión en caso de emergencia. Por eso, la Facultad de Matemáticas de la Universidad de Groningen en Holanda le ha dedicado un monumento llamado *La Braquistócrona* y también en el Kimbell Art Museum de Texas el arquitecto Louis Isadore Kahn utilizó arcos con forma de cicloide en las bóvedas exteriores de sus naves.

El lector podrá comprobar ahora, tras lo expuesto anteriormente, que cada vez que montamos en bicicleta generamos (aunque no veamos) esta espectacular curva llamada cicloide cuyas propiedades y aplicaciones no dejan de resultar sorprendentes.

41.2. SOBRE LA IMPORTANCIA DEL DESARROLLO EN LA BICICLETA Y ALGUNAS CONSIDERACIONES FÍSICAS

En esta singular máquina que es la bicicleta sabemos que es precisamente la fuerza que ejercen los pies sobre los pedales la que se transmite a través de la biela al plato haciéndolo girar. La transmisión del movimiento tiene lugar gracias a la cadena que conecta plato y piñón, dos ruedas dentadas. Y dado que el piñón es solidario a la rueda trasera, cuando esta gira, la bicicleta avanza. El lector seguro que ha experimentado el placer de pedalear en bicicleta, pero se habrá percatado de que para disfrutar haciéndolo es fundamental elegir un adecuado «desarrollo». Hablamos de desarrollo en la bicicleta cuando combinamos un determinado plato, que es solidario con la biela que lleva el pedal, con un determinado piñón que se encuentra alojado en el eje de la rueda trasera. En bicicletas de paseo es habitual que el desarrollo sea único con un solo plato y un único piñón, pero en bicicletas de carretera y de montaña puede haber hasta dos platos (a veces tres) y más de diez piñones. Hablaremos de «desarrollo largo» cuando elegimos plato grande y piñón pequeño. En este caso, tras una pedalada, obtenemos un gran avance en la longitud recorrida (mayor mientras mayor sea el diámetro de la rueda) y se utiliza al pedalear en llano o bajar una cuesta si queremos gran velocidad. Se avanza mucho, pocas vueltas de pedal y notable esfuerzo. Por otro lado, el «desarrollo corto» corresponde a plato pequeño y piñón grande, y se utiliza cuando afrontamos cuestas pronunciadas o arena. En estos casos la velocidad es pequeña, se avanza muy poco, muchas vueltas de pedal y poco esfuerzo.

Es evidente que hay tantos desarrollos como combinaciones posibles entre platos y piñones, por eso si una bicicleta dispone por ejemplo de 2 platos y 11 piñones se dice que tiene: $11 \cdot 2 = 22$ velocidades. Algo no del todo cierto pues a la hora de la verdad no es habitual utilizar el plato grande con piñones grandes ni el recíproco, platos pequeños con piñones pequeños, entre otras razones porque la cadena no trabaja en un plano paralelo al cuadro de la bicicleta y esa pequeña oblicuidad puede desgastar anómalamente tanto la cadena como los piñones.

La clave de todo desarrollo estriba en la transmisión del movimiento a través de la cadena. Los eslabones de la cadena obviamente son todos iguales y esto conlleva que la distancia entre dos agujeros consecutivos sea siempre la misma. En esos agujeros de los eslabones es donde se alojan los dientes tanto del plato como del piñón y por eso la distancia entre dos dientes consecutivos tanto en el plato como en el piñón tiene que ser la misma. Esto último condiciona, como es lógico, el límite en la fabricación de piñones pequeños.

Imaginemos que damos una pedalada (el pedal efectúa un giro de 360°, una vuelta completa del plato). Supongamos que ese plato, por ejemplo, tenga 36 dientes. Resulta evidente que la cadena ha tenido que recorrer esos 36 dientes del plato. Pero esos mismos 36 dientes los ha recorrido la cadena en el piñón elegido, que vamos a suponer tenga 10 dientes. Esto conlleva que a una vuelta completa del plato le corresponden 3,6 vueltas del piñón ($3,6 \cdot 10 = 36$). Porque la cadena tiene que recorrer tantos dientes en el plato como en el piñón. Ahora bien, como el número de vueltas que da el piñón coincide con el número de vueltas que da la rueda, resulta que tras una pedalada la bicicleta habrá avanzado la longitud correspondiente a 3,6 veces la longitud de la circunferencia de la rueda. En el ejemplo que hemos supuesto, si la rueda es de 29" de diámetro, la longitud de su circunferencia o espacio recorrido en una vuelta (1" = 2,54 cm), será: $D \cdot \pi = 29 \cdot 2,54 \cdot \pi$ cm $\simeq 2,31$ m (siendo D el diámetro de la rueda). Y si la rueda dio 3,6 vueltas, el espacio recorrido en esa pedalada será: $3,6 \cdot 2,31 \simeq 8,33$ m. Con una cadencia de pedaleo de 50 pedaladas/min, se habrían recorrido $50 \cdot 8,33 \simeq 416,5$ m en 1 min, que pasados a km/h resultaría en una velocidad media de 25 km/h, que no estaría nada mal. La cadencia de pedaleo es una importante magnitud en ciclismo y suele expresarse también en r.p.m (revoluciones por minuto). De hecho, esa cadencia no es otra cosa que la magnitud física conocida como velocidad angular del plato.

Podemos deducir una sencilla fórmula que nos da la distancia L (en metros) recorrida por la bicicleta en una pedalada en función del diámetro D de la rueda (en pulgadas, habitualmente varía entre 26", 27,5" y 29"), el número de dientes del plato N y el número de dientes del piñón n (ya hemos visto que el número de vueltas que da la rueda por pedalada es N/n):

$$L = 2,54 \cdot 10^{-2} \cdot \pi \cdot \frac{N}{n} \cdot D \approx 0,08 \frac{N}{n} D$$

Puede resultar interesante buscar una nueva fórmula que nos proporcione la velocidad en km/h de la bicicleta conocidos el desarrollo elegido N/n, la cadencia de la pedalada o velocidad angular del plato ω_2 (r.p.m) y el diámetro de la rueda D (en pulgadas).

En primer lugar, veamos cómo se relacionan la velocidad lineal v y la velocidad angular ω en un movimiento circular:

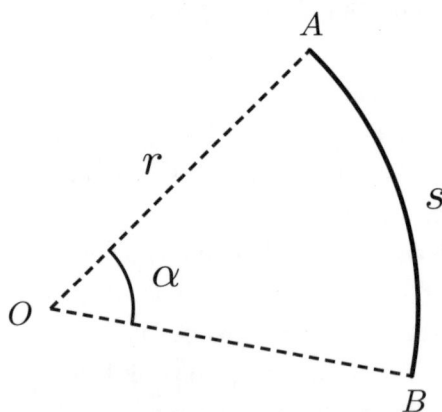

Por definición, la medida de un ángulo α en radianes es: $\alpha = s / r$, siendo la medida del arco: $AB = s = \alpha \cdot r$

En un movimiento circular, la velocidad lineal siempre es tangente a la trayectoria y se define de la siguiente forma:

$$v = \frac{ds}{dt} = r \cdot \frac{d\alpha}{dt} = \omega \cdot r$$

Siendo la velocidad angular: $\omega = d\alpha/dt$

La situación en la bicicleta es la siguiente:

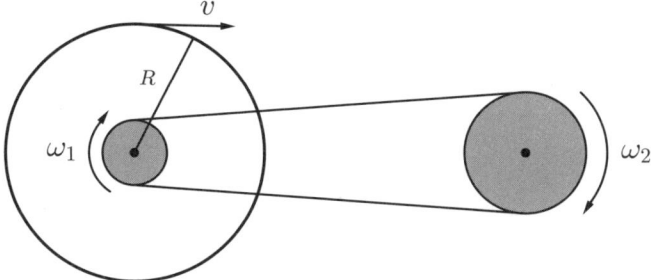

La velocidad de desplazamiento de la bicicleta será: $v = \omega_1 R$, siendo ω_1 la velocidad angular del piñón y R el radio de la rueda.

Dado que $R = D/2$, entonces $v = \omega_1 \cdot D/2$, siendo D el diámetro de la rueda.

También conocemos la cadencia del pedaleo o velocidad angular del plato: ω_2.

Habíamos demostrado la relación entre ω_2 y ω_1:

$$\omega_1 = \frac{N}{n} \cdot \omega_2$$

De donde:

$$v = \omega_1 R = \omega_1 \frac{D}{2} = \frac{N}{n} \omega_2 \frac{D}{2}$$

Si queremos obtener esa velocidad en km/h tendremos que tener en cuenta algunos cambios necesarios en las unidades utilizadas. Como la velocidad angular ω_2 está medida en rev/min y el diámetro D en pulgadas, recurriremos a los siguientes factores de conversión:

1 rev/min = 120·π rad/h (pues 1 rev = 2 π rad y 1 min = 1/60 h)

1 pulgada = 2,54 cm = $2,54 \cdot 10^{-5}$ km (ya que 1 km = 10^5 cm)

Finalmente, para obtener la velocidad en km/h, la fórmula anterior quedaría de la siguiente manera: (con los datos de la velocidad angular ω_2 en rev/min y el diámetro D en pulgadas)

$v = N/n \cdot \omega_2 \cdot D/2 \cdot 120 \pi \cdot 2,54 \cdot 10^{-5} = 4,79 \cdot 10^{-3} \cdot N/n \cdot \omega_2 \, D/2$

Así, por ejemplo, para un desarrollo $N/n = 3,6$, una cadencia de por ejemplo $\omega_2 = 30$ rev/min y una rueda de diámetro $D = 29"$, la velocidad de la bicicleta sería, aplicando la fórmula anterior: $v \simeq 15$ km/h. Manteniendo esa velocidad constante durante 2,5 h se habrían recorrido 37,5 km.

La elección de un adecuado desarrollo resulta crucial en función del tipo de terreno por el que se transita. En general, en llano y firme duro (pendiente cero) se suele utilizar un desarrollo N/n alto mientras que para cuestas con pendientes hasta el 45 % (superiores pueden llegar a ser insoportables para los ciclistas), habrá que elegir desarrollos N/n bajos. Lógicamente el desarrollo largo máximo se obtendrá con una relación: $N_{máx}/n_{mín}$ (plato más grande con piñón más pequeño), mientras que el desarrollo corto mínimo se conseguirá con $N_{mín}/n_{máx}$ (plato más pequeño con piñón más grande). En una bicicleta de montaña típica con dos platos de 36 y 26 dientes respectivamente y once piñones de 11, 13, 15, 17, 19, 21, 24, 28, 32, 37, 42 dientes, el desarrollo máximo será: $36/11 = 3,27$ y el mínimo: $26/42 = 0,62$.

Puede resultar de interés recordar ciertas leyes físicas presentes en el funcionamiento de la bicicleta. La segunda ley de Newton, $F = m \cdot a$, da cuenta por ejemplo de que, para una fuerza total ejercida en el sentido de avance de la bicicleta, a menor masa corresponderá mayor aceleración. Y es por ello que las bicicletas más demandadas por los amantes de este deporte son las de fibra de carbono por su menor peso al tiempo que los ciclistas de competición suelen ser de pesos ligeros. De esta manera la masa total del conjunto: m = bicicleta + ciclista se minimiza. La tercera ley de Newton también puede comprobarse por partida doble. Nos referimos a la ley de acción-reacción. Pensemos en las fuerzas actuantes en dirección vertical: el peso del ciclista y el peso de la bicicleta. Ambas fuerzas se ejercen sobre el suelo siendo la causa común de ambas la gravedad terrestre. A la suma de esas dos fuerzas que consideraremos como de «acción» corresponde otra, llamada de «reacción» y ejercida por el suelo, que es vertical y hacia arriba, de igual valor que la de acción solo que se ejerce sobre la bicicleta en los dos puntos de apoyo simultáneos que son las ruedas en su contacto con el suelo. Por tanto, la fuerza resultante en dirección vertical es nula y no hay movimiento en esa dirección (si el suelo no tuviese consistencia suficiente como para ejercer la fuerza de reacción necesaria, la bicicleta de hundiría). En dirección horizontal, y de especial interés como veremos, se encuentra la fuerza de rozamiento del neumático con el suelo. Simplificando mucho la situación (la dinámica de la bicicleta es bastante más compleja de lo que aquí analizamos) y al avanzar la bicicleta de izquierda a derecha, las ruedas giran en sentido horario. En el punto de contacto con el suelo de la rueda trasera el neumático ejerce una fuerza de rozamiento sobre el mismo cuyo sentido es contrario al del movimiento. Si consideramos a esa fuerza de rozamiento como «acción», resulta inmediato en virtud de la tercera ley de Newton que existe otra fuerza de «reacción» igual en módulo pero de sentido contrario que se aplica sobre la bicicleta y que la hace avanzar. Puede parecer paradójico que en una bicicleta en movimiento siempre existen dos puntos con velocidad nula que son los de contacto con el suelo.

Aspecto de especial interés es la estabilidad y equilibrio de la bicicleta. La experiencia nos demuestra que si una bicicleta está parada, para que no se caiga ha de estar apoyada en algún lugar o bien el ciclista es quien la mantiene en equilibrio con sus pies apoyados en el suelo (también puede recurrirse a una pata de cabra). El momento de mayor inestabilidad aparece cuando se inicia el movimiento. Hasta no conseguir una cierta velocidad, el equilibrio resulta complicado. Una rueda girando constituye un sistema conocido en física como «rotación de un cuerpo rígido».

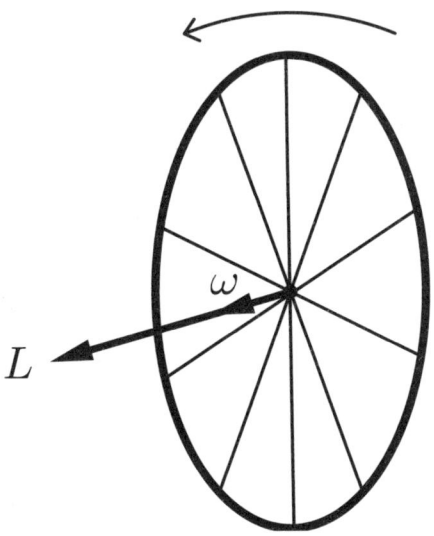

El eje de rotación de la rueda de la bicicleta desde el punto de vista físico es un eje principal y es por ello que el vector momento angular L es paralelo al vector velocidad angular ω, verificándose: $L = I \cdot \omega$, con I = momento de inercia = $m \cdot R^2$ (m = masa del neumático y la llanta, R = radio de la rueda).

A medida que aumenta la velocidad lineal de la bicicleta v, la velocidad angular ω también lo hará, pues ya vimos que $v = \omega \cdot R$. En consecuencia, el momento angular L también se incrementa. Cuando la bicicleta circula vertical con respecto al suelo con una velocidad del orden de los 15-20 km/h, el momento angular es elevado y la bicicleta se mantiene en perfecto equilibrio y estabilidad (le ocurre igual que a un trompo que gire con una velocidad angular elevada). Para que exista desequilibrio es necesario que exista un cambio en el vector momento angular y para ello tiene que existir una fuerza externa cuyo momento M lo permita, ya que: $M = dL/dt$ (el momento de la fuerza externa es igual a la derivada del momento angular respecto del tiempo).

Si por ejemplo la rueda delantera se inclina hacia la izquierda, el par de fuerzas que aparece provoca un giro también a la izquierda tras del cual la bicicleta vuelve a su posición vertical estable. Es posible mantener el equilibrio sin gran dificultad cuando se circula en línea recta a una velocidad adecuada, aunque no se sujete el manillar con las manos. Sin embargo, a pequeñas velocidades esto resulta imposible. Debido al pequeño valor del módulo del momento angular en un patinete eléctrico es por lo que incluso a velocidades elevadas es sumamente difícil mantener el equilibrio sin sujetar el manillar (e intentarlo no deja de ser un acto de gran irresponsabilidad por el peligro que conlleva).

Por último y dado que son las cuestas y las bajadas algunas de las adversidades habituales con las que se enfrenta todo ciclista en el ejercicio de su actividad deportiva, vamos a ver la relación que existe entre la pendiente de una cuesta y el ángulo de elevación de la misma que son conceptos interrelacionados, pero distintos. Una señal de tráfico típica de peligro por pendiente elevada en el ascenso es la de la imagen y cuyo significado matemático se encuentra a la derecha de la misma:

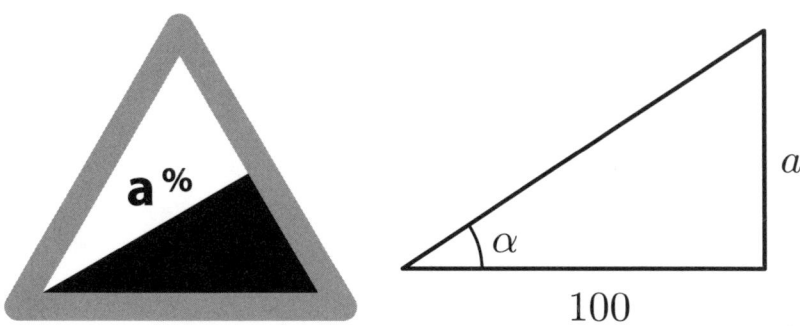

Una pendiente del $a\%$ significa que al avanzar 100 m en horizontal nos elevamos a metros en vertical. Concepto diferente es el ángulo de elevación α que es el ángulo que forma la hipotenusa del triángulo rectángulo con la horizontal. La relación entre pendiente y ángulo de elevación es inmediata:

$$tan\,\alpha = \frac{a}{100} \Rightarrow \alpha = tan^{-1}\frac{a}{100}$$

En la siguiente tabla podemos ver algunos ejemplos de ángulos de elevación para diferentes valores de la pendiente:

Pendiente (%)	0	10	25	40	45	75	100
Ángulo (grados sexag.)	0	5,7	14	21,8	24,2	37	45

A modo de ejemplo también, el Stelvio es uno de los puertos de montaña más duros en el Giro de Italia porque a sus 24 km de ascensión con pendiente media del 7,4 % hay que añadir rampas de hasta un 14 %. Otro es el Zoncolan con una longitud de ascenso de 10 km, pendiente media del 12 % y rampas ocasionales de hasta un 23 %. El mítico Alpe D'Huez en el Tour de Francia con 21 curvas, tiene una subida de 13,8 km con pendiente del 8 %. En España, destaca el puerto de Arinsal en Andorra, a más de 1900 m de altitud, tiene 8,3 km de ascenso y una pendiente media del 7,7 %, con tramos del 12 % y 13 %. También, la subida al Observatorio Astrofísico de Javalambre, en Aragón, tiene 10,9 km de ascenso y rampas que llegan al 16 % de pendiente. Finalmente, en Asturias, la conocida como Cueña les Cabres, tiene 1 km de subida y una pendiente máxima del 23,5 %.

Para ciclistas aficionados y principiantes resulta conveniente controlar la frecuencia cardíaca durante la práctica deportiva por cuanto es en las cuestas cuando aumenta notablemente el número de pulsaciones. Existe una fórmula sencilla para tener una idea de la frecuencia cardíaca máxima según la edad:

$$FC_{max} = 220 - edad$$

No obstante, hay quienes prefieren por más precisa la conocida como fórmula de Tanaka:

$$FC_{max} = 208,75 - 0,73 \cdot edad$$

Así, una persona de 60 años, por ejemplo, no debería superar las 165 pulsaciones por minuto si nos atenemos a la última fórmula. En cualquier caso, siempre será un cardiólogo quien dictamine con mayor precisión y fiabilidad los límites a tener en cuenta.

42

ERATÓSTENES Y LA ESTIMACIÓN DEL RADIO DE LA TIERRA

Eratóstenes de Cirene (276 - 194 a. C.), ya mencionado con anterioridad como el autor de la «criba» que lleva su nombre para la obtención de números primos, fue alumno de Arquímedes, vivió en Atenas la mayor parte de su juventud y destacó en campos tan diversos como la poesía, la historia, la filosofía, la música y el teatro (llegó a escribir un tratado sobre la comedia griega). En geografía (fue él quien introdujo este nombre para la ciencia que estudia la Tierra) introdujo las líneas imaginarias llamadas meridianos y paralelos asociadas a las coordenadas geográficas que permiten situar un punto cualquiera sobre la superficie terrestre: longitud y latitud. Llegó a plantear una nueva cronología científica en cuyo origen se situaría la guerra de Troya. Consiguió resultados memorables en matemáticas y astronomía.

Fue Ptolomeo III quien en su madurez le ofreció estar al frente de la Gran Biblioteca de Alejandría. Es muy probable que Eratóstenes, hacia el año 240 a. C., encontrase escrito en algún papiro de esa biblioteca que durante el solsticio de verano, el 21 de junio, y en un lugar próximo al trópico de Cáncer, llamado Siena, próxima a la actual Asuán, los rayos del sol caían totalmente perpendiculares a la superficie terrestre. Así, cuando el sol estaba en su cenit, podía verse reflejado en el fondo de cualquier pozo. Pero lo verdaderamente fascinante de aquel científico es que se dispuso a comprobar si también en su ciudad, Alejandría, sucedía lo mismo que en Siena. Y constató que aquel mismo 21 de junio un obelisco proyectaba cierta sombra al mediodía (ver imagen). Inequívoca señal de que la Tierra era redonda, pues de haber sido plana, no hubiese habido sombra alguna, como en Siena.

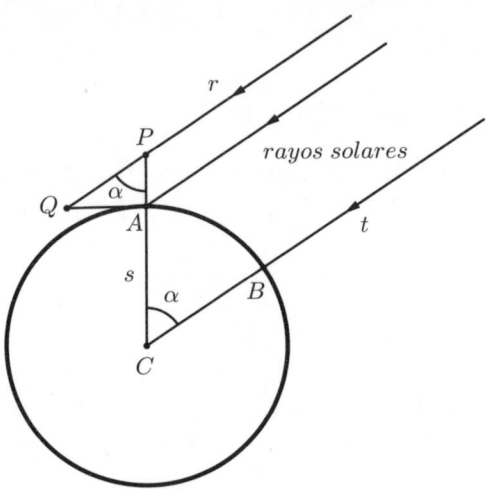

Las rectas *r* y *t* son paralelas y representan los rayos del Sol (al encontrarse tan lejos el Sol de la Tierra puede considerarse que los rayos son paralelos). En Siena (punto *B* en la imagen), esos rayos incidían perpendicularmente a la superficie terrestre mientras que en Alejandría (punto *A* en la imagen), lo hacían oblicuamente. La situación, desde el punto de vista geométrico, consiste en dos rectas paralelas *r* y *t* que son cortadas por la recta secante *s* (en la imagen solo aparece el segmento *PC* de esa recta). Los ángulos *APQ* y *ACB* son iguales por ser ángulos alternos internos entre paralelas. Hemos llamado α a ese ángulo común.

Por otro lado, también se observa en la imagen que la longitud de la sombra *AQ* y la altura del obelisco *AP* son los catetos del triángulo rectángulo *APQ*. Eratóstenes había medido tanto *AQ* como *AP* y no tuvo problema en calcular a partir de esos datos el ángulo α que según él era la cincuentava parte de una circunferencia completa, es decir, unos 7,2°:

$$tan\,\alpha = \frac{AQ}{AP} \Rightarrow \alpha = tan^{-1}\frac{AQ}{AP} = \frac{360}{50} \simeq 7,2°$$

No sabemos cómo lo haría, pero llegó a medir la distancia entre Siena y Alejandría, es decir, la longitud del arco AB = 5000 estadios. Finalmente, con una sencilla proporción, calculó la longitud de la circunferencia terrestre L:

$$\frac{arco\,AB}{7,2} = \frac{L}{360} \Rightarrow L = \frac{5000 \cdot 360}{7,2} \simeq 250000$$

Como 1 estadio $\simeq$ 0,16 km, obtuvo que $L \simeq 250000 \cdot 0,16 = 40000$ km, de donde el radio terrestre R resultaría ser ($L = 2\,\pi\,R$):

$$R = \frac{L}{2\pi} \simeq 6366\,km$$

Es cierto que Eratóstenes cometió un pequeño error considerando que Siena y Alejandría se encontraban sobre el mismo meridiano, pero de todas formas como la diferencia era tan pequeña, llegó a un resultado ciertamente excelente para la época (siglo III a. C.) y los medios de que dispuso. Piense el lector que la longitud real de la circunferencia terrestre es de 40075 km y que el error cometido por tanto no llegó al 1 %. Lógicamente con el radio de la Tierra ocurre igual. El radio medio terrestre real mide unos 6371 km y comparado con los 6366 km que Eratóstenes calculó se incurre de nuevo en un error muy inferior al 1 %.

Lamentablemente, un siglo después, un astrónomo llamado Posidonio, quiso mejorar los cálculos de Eratóstenes y obtuvo que la longitud de la circunferencia terrestre era de unos 28800 km (lo cual suponía que el radio de la Tierra sería de unos 4584 km), aproximadamente un 28 % menos de lo que es en realidad. Posteriormente, otro conocido astrónomo llamado Ptolomeo dio por bueno el errado cálculo de Posidonio y, por ello, hasta el s. XV y principios del s. XVI, se creyó que la Tierra era bastante más pequeña de lo que realmente es. Concretamente y en términos de volumen, casi la tercera parte. Si llamamos V_E al volumen de la esfera terrestre según Eratóstenes y V_P a ese volumen, pero según Posidonio, se tendrá (recordar que el volumen de una esfera de radio R es $V = 4/3\,\pi\,R^3$):

$$V_E = \frac{4}{3}\pi \left(R_E\right)^3 = \frac{4}{3}\pi\, 6366^3$$

$$V_P = \frac{4}{3}\pi \left(R_P\right)^3 = \frac{4}{3}\pi\, 4584^3$$

$$\frac{V_P}{V_E} = \left(\frac{4584}{6366}\right)^3 \simeq \frac{1}{3} \Rightarrow V_P \simeq \frac{V_E}{3}$$

Esta es la razón por la que Colón, siguiendo a Ptolomeo, creyó que había llegado a Asia. Pensaba que había descubierto las islas Cipango, el actual Japón. Erróneamente estaba convencido de que el mundo era más pequeño de lo que realmente es. Había llegado a América, un nuevo continente así denominado en honor al cosmógrafo de origen florentino Américo Vespucio.

Algo parecido le ocurrió a Magallanes durante el épico primer viaje alrededor del mundo en busca de las islas Molucas y que no pudo terminar (aunque Juan Sebastián Elcano tomase el relevo y consiguiese finalmente dar la primera vuelta al mundo). Se percató de que el océano Pacífico, así bautizado por él, era muchísimo mayor de lo que había supuesto y ello tuvo como consecuencia el haber tenido que navegarlo durante más de tres meses sin tocar tierra y en condiciones infrahumanas. Nuevamente, el mundo era mayor de lo que se calculaba en su época teniendo en cuenta las estimaciones de Ptolomeo.

No obstante, a pesar de las repercusiones que hemos visto se derivaron del error de considerar el tamaño de la Tierra como más pequeña de lo que en realidad era, quizás no se hubiesen dado las gestas aludidas de Colón y Magallanes si hubieran conocido el verdadero tamaño de nuestro planeta. A veces un error puede resultar conveniente.

43

POR QUÉ VUELAN LOS AVIONES

Imaginemos que acabamos de embarcar en un avión y comienza a moverse. En la primera fase el piloto nos conduce a la pista de despegue. Partimos con velocidad cero, de pronto notamos una tremenda aceleración porque el cuerpo se pega con fuerza al asiento y en escasos segundos la velocidad alcanzada en pista llega a unos 290 km/h, el morro del avión se levanta y la ascensión es imparable. ¿Qué potente fuerza es la que empuja hacia arriba al avión y cómo se genera? Es la llamada fuerza de sustentación y aparece gracias al perfil del ala del avión (ver imagen), curvado en la parte superior y más plano en la inferior.

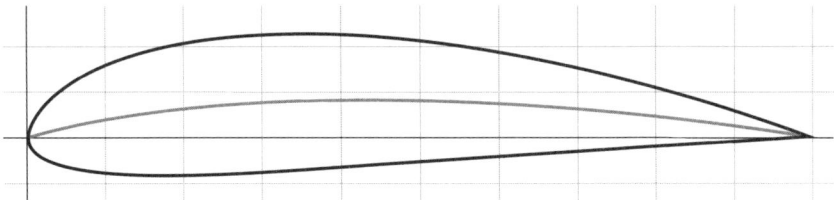

Cuando un fluido como el aire pasa a través de ese perfil alar (en la imagen, de izquierda a derecha) la velocidad del aire, como demostraremos a continuación, es mayor en la parte superior que en la inferior. Esto se debe a la curvatura de la superficie del ala también mayor en la parte superior que en la inferior. Imaginemos que el avión avance a gran velocidad (en la imagen, de derecha a izquierda), el aire que choca con el ala frontalmente se ve obligado a bifurcarse. El aire que viaja por la parte superior del ala recorre un mayor espacio en el mismo tiempo que el que recorre la parte inferior. En consecuencia, la velocidad del aire es mayor por encima del ala que por debajo. Es el momento de recordar el teorema de Bernouilli para fluidos ideales moviéndose en régimen estacionario:

$$p_i + \frac{1}{2}\, d\, v_i^2 + d\, g\, h_i = p_s + \frac{1}{2}\, d\, v_s^2 + d\, g\, h_s = cte$$

En la fórmula, p_i, v_i y h_i representan, respectivamente, la presión, velocidad y altitud (altura sobre el nivel del mar) del fluido en la parte inferior del ala y p_s, v_s y h_s la presión, velocidad y altitud en la parte superior del ala. Por otra parte, d representa la densidad del fluido y g la aceleración de la gravedad terrestre.

Si consideramos que $h_i \simeq h_s$ (razonable aproximación ya que los aviones comerciales suelen volar entre los 9000 m y los 12000 m de altitud de tal forma que $h_s - h_i \approx 0$) y hacemos $d/2 = k$ (donde k es una constante), nos quedará:

$$p_i\, +\, k\, v_i^2 = p_s\, +\, k\, v_s^2$$

De donde, si $v_s > v_i$ (vimos que la velocidad del fluido es mayor en la parte superior del ala que en la inferior) necesariamente y para que se cumpla la relación anterior ha de ser $p_s < p_i$. Así pues, la presión del fluido en la parte inferior del ala es mayor a la de la parte superior y como consecuencia se origina la denominada fuerza de sustentación vertical y hacia arriba que hace que el avión ascienda.

Cuando el avión ha llegado a la altitud debida, se coloca en posición horizontal, la resultante de las fuerzas que actúan sobre él se anula y el sistema se encuentra en equilibrio dinámico.

Esas fuerzas son, en sentido horizontal, la de resistencia del aire R_a al movimiento del avión y la de empuje del avión E por reacción a la propulsión, ambas iguales, pero de sentidos contrarios, y en vertical, el peso del avión P y la fuerza de sustentación F_s. También iguales, pero

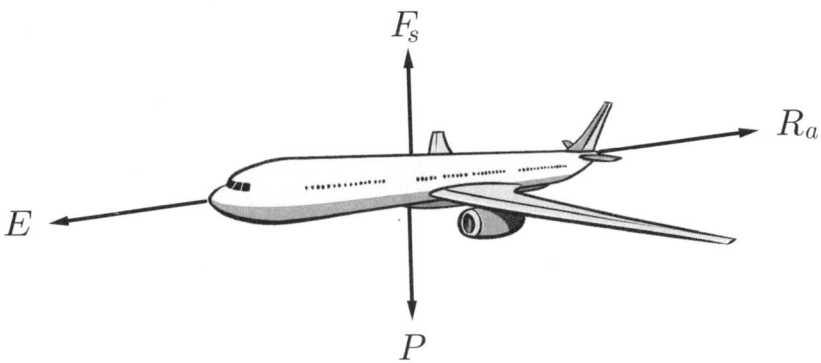

de sentidos contrarios. Esta es la fase de crucero en la que el avión mantiene una velocidad constante. Es posible preguntarse cómo es posible que el avión avance si la resultante de las fuerzas que actúan sobre el mismo es cero. Es más, podría incluso pensarse que la fuerza de empuje E debería ser mayor que la fuerza de resistencia del aire R_a para que el avión avanzase. Sin embargo, vamos a demostrar que no es así. Recordemos el principio de inercia, también conocido como primera ley de Newton:

> Un cuerpo permanece en su estado de reposo o de movimiento rectilíneo y uniforme si no actúa ninguna fuerza sobre él, o la resultante de las fuerzas que actúan es nula.

Desde que el avión despega, va ganando altura y velocidad. Cuando llega a la altitud debida es evidente que posee una velocidad horizontal (al no subir más, la velocidad vertical es cero). Si en ese momento, es decir, con esa velocidad, la resultante de las fuerzas que actúan sobre el avión es cero, aplicando el principio de inercia, el avión mantiene su movimiento rectilíneo y uniforme con velocidad de crucero constante. Si el piloto quisiera aumentar la velocidad, entonces tendrá que acelerar, es decir, conseguir una fuerza externa $F_{ex} = E - R_a = m \cdot a > 0$. Y esto lo conseguirá haciendo que el empuje sea mayor que el rozamiento del aire: $E > R_a$. Evidentemente, estamos ahora aplicando la segunda ley de Newton también conocida como ley fundamental de la dinámica:

> Si sobre un cuerpo actúa una fuerza resultante F, este adquiere una aceleración a directamente proporcional a la fuerza aplicada, siendo la masa m del cuerpo la constante de proporcionalidad: $F = m \cdot a$.

Desde luego, también se verifica la tercera ley de Newton conocida como principio de acción y reacción:

Si un cuerpo ejerce una fuerza F_{12} sobre otro cuerpo, este a su vez ejerce sobre el primero una fuerza F_{21} que tiene el mismo módulo, dirección, pero sentido contrario.

Esto es lo que ocurre en un avión a reacción. El motor aspira aire y lo comprime. A continuación, mezcla ese aire comprimido con el combustible (queroseno habitualmente) y lo quema. Como consecuencia de la combustión se genera un chorro de gas caliente que se expulsa al exterior. Y esta es la fuerza que el avión ejerce sobre el aire exterior que, como consecuencia del principio de acción y reacción, ejerce una fuerza igual en módulo y dirección, pero de distinto sentido que se aplica en el avión y que llamamos empuje E.

Otro aspecto interesante a tener en cuenta para que un avión se mantenga en el aire de forma estable es el denominado ángulo de ataque que es el formado por el ala del avión y la dirección de la corriente de aire.

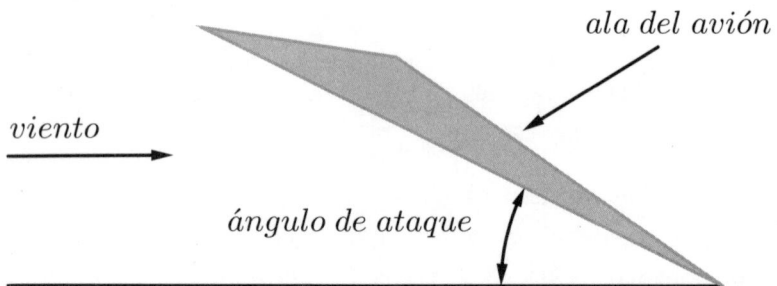

Ese ángulo se encuentra habitualmente entre 3° y 18° en un vuelo normal. A medida que aumenta el ángulo de ataque también aumenta la fuerza de sustentación. Pero existe un límite de forma que al máximo ángulo posible se le conoce como ángulo crítico (18°) porque al superarlo, la fuerza de sustentación disminuye bruscamente, el avión tiende a caer y se dice que «entra en pérdida».

Existen unas superficies de control situadas en el borde de ataque (*slats*) y en el borde de salida (*flaps*) que permiten modificar la superficie del ala y como el piloto, además de la anterior, también puede modificar tanto el ángulo de ataque a través de la superficie de control en la cola del avión (estabilizador horizontal) como la velocidad del mismo, consigue unos valores de la fuerza de sustentación adecuados según la fase del vuelo.

La fuerza de sustentación F_s varía en función del ángulo de ataque, la superficie alar y la velocidad relativa del avión y se calcula mediante la fórmula:

$$F_S = \frac{1}{2}\,d\,v^2\,C\,S$$

Siendo:

d = Densidad del aire

v = Velocidad relativa del avión respecto de la del aire que lo atraviesa

C = Coeficiente de sustentación (adimensional)

S = Superficie del ala

Es interesante resaltar que el valor del coeficiente de sustentación C depende del tipo del perfil alar y varía con el ángulo de ataque α tal y como se observa en la imagen:

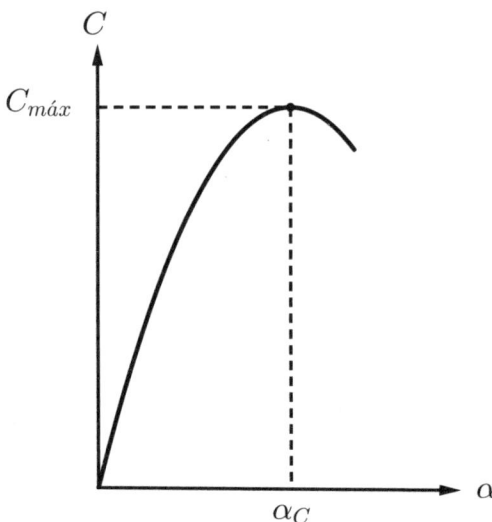

El valor de C va aumentando a medida que lo hace el ángulo de ataque α hasta llegar a un ángulo crítico α_c al que corresponde el valor máximo de C: $C_{máx}$, partir del cual C cae bruscamente, momento en que el avión entra en pérdida.

Finalmente, si queremos mantener una fuerza de sustentación F_s determinada con las variables d y S constantes, la dependencia del coeficiente de sustentación C con la velocidad relativa v será:

$$C = \frac{2\,F_S}{d\,S\,v^2}$$

Que gráficamente genera la curva siguiente:

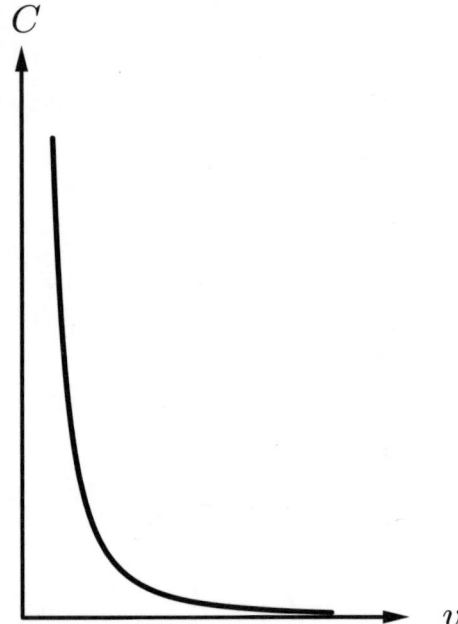

La gráfica nos muestra que si la velocidad v disminuye entonces el coeficiente de sustentación C debe aumentar, aunque sin llegar al valor máximo admisible $C_{máx}$ (correspondiente al ángulo crítico α_c) que provocaría la entrada en pérdida del avión.

El lector puede experimentar en casa el teorema de Bernouilli que, según vimos al principio, explica cómo aparece la fuerza de sustentación F_s necesaria para que el avión se eleve. Para ello nos situamos en la cocina junto al fregadero. Abrimos el grifo y dejamos que caiga un chorro caudaloso de agua. Ahora se sujeta una cuchara con los dedos pulgar e índice por el extremo del mango dejando la cazoleta hacia abajo. Se acerca la cuchara, en la posición descrita, al chorro de agua, pero con la parte abombada como si quisiera tocar tangencialmente al chorro que cae. Y justo cuando lo toque, observará el lector cómo la cuchara se le va casi de las manos porque la cazoleta quiere meterse con fuerza dentro del chorro. La velocidad del aire es mayor en la parte abombada que en la parte interior y por ello la presión aquí es mayor que la existente junto al chorro. Consecuentemente por el teorema de Bernouilli aparece una fuerza horizontal dirigida hacia el chorro. Esa es la misma fuerza de sustentación que actúa sobre el ala del avión haciendo que este se eleve inexorablemente.

44

MOMENTO DE RELAJACIÓN TEATRAL VIII: ZEPHIRUM (SOBRE EL TRASIEGO DE NÚMEROS POR LA RECTA REAL)

En esta ocasión, se trata de un relato fantástico...

Amanecía en la recta real y vista desde las alturas se apreciaba tan concurrida como de costumbre. Desde la creación del mundo de los números habían convivido en paz y armonía los racionales y los irracionales. Los primeros presumían de poder expresarse como cociente de números enteros (siempre que el denominador fuese distinto de cero) y los segundos hacían gala de tener infinitas cifras decimales no periódicas, algo que un racional ni siquiera en sueños podía imaginar. Pero lo cierto es que entre los unos y los otros no dejaban ni un hueco libre en esa senda unidimensional, la recta real. Los números naturales, pertenecientes a la gran familia de los racionales, aprovechaban cualquier ocasión para recordar sus orígenes ancestrales dado que se les asignó el cometido principal de servir para contar.

El más orgulloso y polémico de todos los números era, sin lugar a dudas, el cero. Siempre se jactaba del debate que suscitaba entre los académicos acerca de si era un número natural o entero. Le gustaba precisar que lo habían parido en la India y que tenía dos propiedades características: sumado con cualquier número no lo cambiaba, pero multiplicado por cualquier número anulaba dicho producto. El cero gozaba de una ubicación envidiable, justo a la mitad de la infinita carretera de los números reales. Era él quien separaba los positivos de los negativos, aunque tan dignos fuesen los unos como los otros. A pesar de no ser nada el cero, pero sentía su esencia especular. Se veía como un espejo. Si se orientaba hacia los negativos, entonces reproducía la misma secuencia hacia el lado contrario, pero en positivo, y viceversa. Alguna vez un ser humano, desde una dimensión para él desconocida, le explicó al cero que los espejos tenían esa curiosa característica, y que cuando se colocaba un objeto cualquiera frente a él, el espejo lo transformaba. La derecha, pasaba a ser izquierda y recíprocamente también. Además, el cero era tan filosófico como engreído. Se vanagloriaba una y otra vez de ser el representante de la nada, del vacío, de lo intangible y de que hubiese sido Fibonacci quien le pusiera por nombre Zephirum (viento) del que derivaría su conocido nombre. Le resultaban muy divertidas las situaciones cotidianas en las que se veía envuelto. Citaba, por ejemplo, la desazón causada cuando alguien trataba de dividir cualquier número que no fuese él entre cero porque el resultado era infinito. O, algo mucho más impactante, cuando como consecuencia de actividades matemáticas como el cálculo de límites, salía cero dividido entre cero. Los humanos habían dado un nombre a esa insólita situación: indeterminación, y se afanaban en resolverla. Y por supuesto se quejaba del desprecio recibido cuando lo asociaban a los resultados obtenidos en pruebas de matemáticas o cualesquiera otras materias. Zephirum era consciente de los disgustos que causaba cuando a un examen de un humano le adjudicaban su nulidad conceptual. No obstante, acompañado de la unidad para formar una decena, generaba episodios de euforia y extrema felicidad.

Con razón se consideraba crucial en las escalas termométricas. No era lo mismo una temperatura sobre cero que bajo cero. E incluso, en la más egregia de las escalas llamada absoluta o Kelvin donde no existían temperaturas negativas, el «cero absoluto» se convertía en el límite de más baja temperatura que jamás pudiese alcanzarse. Era pues razonable que se sintiese tan especial. Un día se le presentó un número fraccionario positivo que estaba aburrido de estar siempre ubicado en el mismo sitio de la realidad y le preguntó si no le importaba dejarlo pasar al otro lado para permutarse con su homólogo fraccionario negativo. Zephirum dio una voz al opuesto de su visitante y aquel aceptó diciendo: «Vale, no me vendrá mal una temporadita sintiéndome positivo».

Tras aquel episodio Zephirum tuvo un aluvión de solicitudes. Y la consecuencia fue un auténtico trasiego de números. Todos querían cambiar de signo alguna vez en su vida para experimentar ser opuestos de lo que realmente eran. Y Zephirum fue condescendiente. Y con el juego del intercambio, llegaron a entenderse mucho mejor.

45

LA CORRIENTE ALTERNA Y SU TRANSMISIÓN

C onvivimos con ella, pero no nos damos cuenta de hasta qué punto la energía eléctrica forma parte de nuestras vidas convirtiéndola en algo esencial cuya privación, total o parcial, supone una merma importante de lo que actualmente consideramos como calidad de vida.

Nos ocuparemos de la energía eléctrica que se produce a gran escala en las centrales eléctricas. Se trata de la corriente alterna que no es más que el movimiento de electrones a través de conductores con la peculiaridad que, cíclicamente, cambia el sentido de la circulación. En Europa ese cambio se realiza 50 veces por segundo. Es la frecuencia $f = 50$ Hz.

A finales del s. XIX el prestigioso ingeniero y físico croata Nikola Tesla (1856-1943) ganó la denominada *guerra de las corrientes* al también famoso inventor norteamericano Thomas Alva Edison (1847-1931) que defendía a ultranza la corriente continua, consistente en un flujo de electrones libres que circulan siempre en un mismo y único sentido. Tesla tuvo el apoyo financiero y técnico del ingeniero americano George Westinghouse (1846-1914) con memorables aplicaciones de la corriente alterna como la iluminación de la Exposición Mundial de Chicago de 1983 o la construcción de la central hidroeléctrica en las Cataratas de Niágara. Desde entonces hasta hoy en día se impuso la corriente alterna, en esencia explicada en el párrafo anterior, en lo que se refiere a su distribución porque, como demostraremos, resulta muchísimo más eficiente su transporte a largas distancias que la corriente continua. Para hacernos una idea, representamos a continuación la tensión V (es el voltaje) frente al tiempo t en ambas modalidades (en la corriente alterna $\omega = 2\,\pi\,f$):

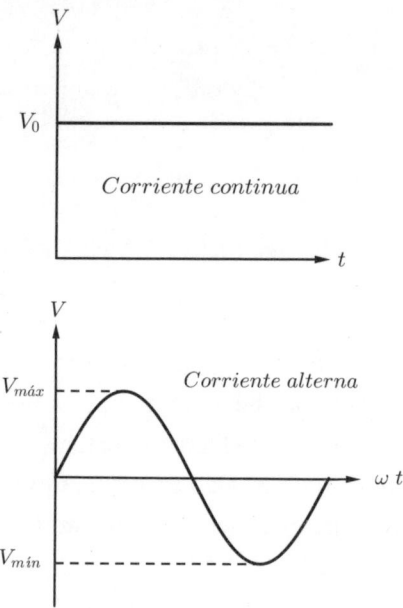

El circuito eléctrico más simple consiste en un generador de tensión V (alterna o continua) y una carga resistiva R por la que circula una intensidad I.

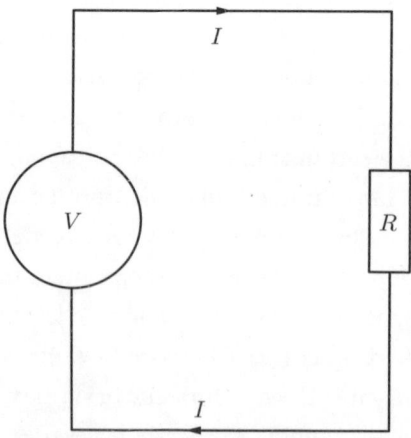

Por la ley de Ohm: $V = I \cdot R$

270

Por otra parte, la potencia $P = I\,V = I^2\,R$ y dado que por definición: $P = W/t$, siendo W el trabajo (energía) y t el tiempo, resultará: $W = P \cdot t = I^2 \cdot R \cdot t$ (julios)

Dado que las unidades de W en la fórmula anterior son julios (suponiendo que todas las unidades de la fórmula estén en el SI), bastará la equivalencia: 1 J = 0,24 cal («cal» es la abreviatura de caloría) para obtener ese valor de la energía W en calorías, al que ahora llamaremos Q:

$$Q = 0,24\, I^2\, R\, t \text{ (calorías)}$$

Este resultado se conoce como «efecto Joule» y nos dice que por todo conductor por el que circula una corriente eléctrica I, sea alterna o continua, siempre hay una pérdida de energía por disipación en forma de calor que viene dada por la fórmula anterior. Esa pérdida inevitable, pero minimizable, es proporcional al producto del cuadrado de la intensidad que circula I, por la resistencia del conductor R y por el tiempo t transcurrido. Como veremos a continuación, lo que se trata de conseguir es reducir la intensidad I para así minimizar las pérdidas por calor disipado en las líneas de transporte. Y esto, como demostraremos, sólo se puede conseguir con corriente alterna.

La descomunal ventaja de la corriente alterna frente a la continua, en lo que al transporte se refiere, estriba en la función que cumplen los transformadores de alta tensión. Imaginemos, por ejemplo, una central hidroeléctrica. La energía mecánica obtenida al girar la turbina como consecuencia del movimiento del agua que pasa de una mayor a una menor altura, genera por inducción electromagnética, una corriente eléctrica alterna con un voltaje y una intensidad determinada. Como vimos, el producto de ese voltaje V (voltios) por la intensidad I (amperios) es la potencia P (vatios). Esa corriente alterna recién producida se lleva a un transformador como el de la figura:

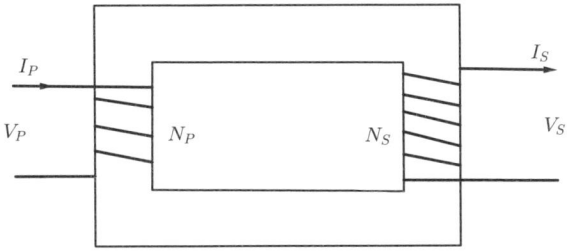

La ley del transformador establece que:

$$\frac{V_S}{V_P} = \frac{N_S}{N_P} = \frac{I_P}{I_S}$$

Donde:

V_S = Tensión en el secundario

V_P = Tensión en el primario

N_S = Número de espiras del secundario

N_P = Número de espiras del primario

I_P = Intensidad en el primario

I_S = Intensidad en el secundario

Si $N_S > N_P$ (el número de espiras en el secundario es mayor que en el primario) entonces resultará: $V_S > V_P$ (la tensión en el secundario es superior a la del primario) y también: $I_S < I_P$ (la intensidad en el secundario es menor que la del primario). Esto es lo que ocurre realmente en los transformadores de alta tensión, se eleva la tensión para conseguir reducir la intensidad que circula por esas líneas. Y como vimos que el efecto Joule consiste en la pérdida de energía por disipación en forma de calor según la fórmula: $Q = 0{,}24\ I^2\ R\ t$, al reducirse la intensidad I, también se reducen las pérdidas en forma de calor Q durante el transporte a través de las líneas de alta tensión.

Lo que caracteriza a una central hidroeléctrica (también a las eólicas y a las solares) es su potencia P. Como ejemplo citaremos la principal central hidroeléctrica de Europa que se encuentra en España, en el Complejo Cortes-La Muela de Valencia, con una potencia de 42 387 MW (1 MW = 10^6 W).

El proceso que hemos descrito resulta inviable con corriente continua pues para obtener una corriente inducida en el secundario del transformador es necesario que exista un campo magnético variable en el primario que se consigue gracias a la corriente alterna que lo recorre. Un transformador con corriente continua no funciona. Y este es el fundamento de la épica victoria, en lo que al transporte de la energía eléctrica se refiere, del ingeniero croata Nikola Tesla frente al inventor estadounidense Thomas A. Edison.

La ley de los transformadores es la que permite también reducir los voltajes de las líneas de alta tensión a las tensiones domésticas habituales de 220 V, que son las que tenemos en los enchufes de casa. De igual manera, mediante transformadores, se obtienen muy bajos voltajes en corriente alterna que con diodos y condensadores (circuitos a los que se les conoce como rectificadores) es posible convertir en corriente continua para ordenadores, móviles, televisores, LEDs, etc.

Para finalizar, veamos en el siguiente gráfico el camino que sigue la energía eléctrica desde la central donde se produce hasta el usuario doméstico o industria que la consume. Los transformadores resultan esenciales para transportar la energía minimizando las pérdidas por el efecto Joule y llevándola a valores de tensión adecuados para su consumo (CT= Centro de transformación):

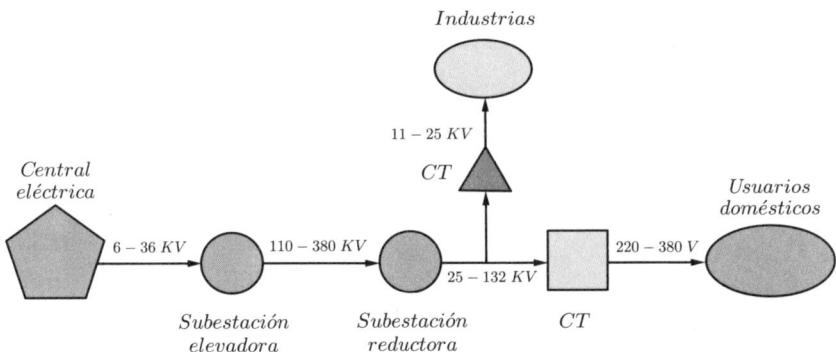

Así pues, la repercusión mundial que ha tenido la corriente alterna tanto en lo que a transmisión de la energía eléctrica se refiere través de las líneas de alta tensión como a su consumo industrial y doméstico, es incuestionable. Y le corresponde a Tesla la gloria de tal hazaña. Lógicamente, no tardó mucho el propio Tesla en inventar los motores de inducción que convertían la energía eléctrica en energía mecánica. Por ejemplo, la gran mayoría de los motores de los ascensores en empresas, comunidades de vecinos, hoteles, hospitales, etc., son de inducción y están controlados por variadores de frecuencia que consiguen transiciones suaves y paradas muy precisas.

No obstante, el sueño de Nikola Tesla de la transmisión inalámbrica de la energía eléctrica a largas distancias constituirá la gran revolución una vez sea tecnológicamente factible. Desde hace ya algunos años hay empresas y *start-ups* investigándolo. Piense el lector lo que supondrá la inexistencia del entramado de cables en las viviendas, en las calles y en general en los espacios habitables. La posibilidad de cargar la batería del coche eléctrico en plena marcha o el funcionamiento de ordenadores, electrodomésticos y cualesquiera otros dispositivos electrónicos como los teléfonos móviles, sin necesidad de cables de alimentación.

46

LA FIBRA ÓPTICA

E l físico indio Narinder Singh Kapany (1926-2020) está considerado como el padre de la fibra óptica. Desde hace algunos años las comunicaciones a través de fibra óptica se han generalizado y el motivo es muy sencillo: permite la transmisión de datos en un ancho de banda muy superior al cable de cobre tradicional y, algo muy importante, no le afecta la interferencia electromagnética circundante. Existe una fórmula fundamental en teoría de la comunicación que es la ley de Shannon-Hartley:

$$C = B \log_2 \left(1 + \frac{S}{N} \right)$$

Donde C es la velocidad máxima de transmisión de la información en bits/s (bits por segundo), B es el ancho de banda en Hz y S/N es la relación señal/ruido (en la práctica el ruido en el canal siempre es distinto de cero, motivo por el que la velocidad de transmisión no puede ser infinita como se deduciría de la fórmula puesto que $\log_2 \infty = \infty$). Así pues, la velocidad de transmisión de datos C es directamente proporcional al ancho banda B. El símil más adecuado para el ancho de banda es el de una autopista, mientras más carriles tenga, más vehículos podrán atravesarla por unidad de tiempo. Y la fibra óptica es una autopista muchísimo más ancha que la del cable de cobre convencional.

A continuación, veremos la ley de Snell de capital importancia en la fibra óptica.

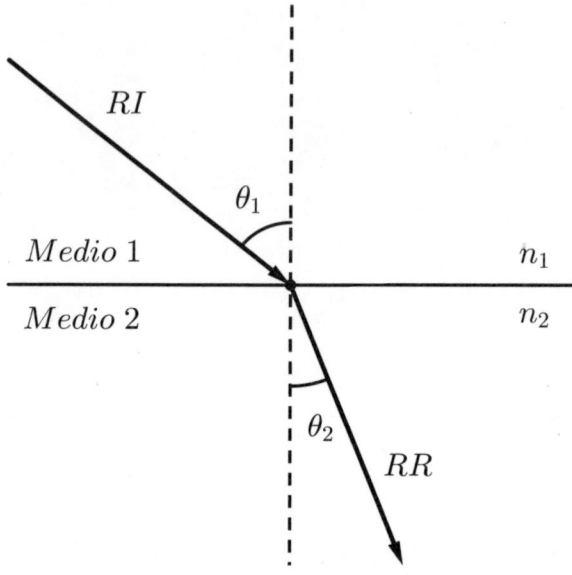

Esta ley establece que cuando un rayo de luz (o una onda electromagnética cualquiera) incide (en la imagen *RI*) bajo un cierto ángulo θ_1 (en relación a la normal a la superficie divisoria, en la imagen con una línea punteada) en la superficie que delimita los medios 1 y 2 cuyos índices de refracción correspondientes son n_1 y n_2, entonces ese rayo se transmite al medio 2 como rayo refractado (en la imagen *RR*) formando otro ángulo θ_2 (también con la normal) cumpliéndose la relación siguiente:

$$n_1 \sin \theta_1 = n_2 \sin \theta_2$$

En la imagen hemos supuesto: $n_1 < n_2$, y por ello a la vista de la ley de Snell, ha de ser $\theta_1 > \theta_2$.

El índice de refracción de un medio (n), por otra parte, se define como el cociente entre la velocidad de la luz en el vacío (c) y la velocidad (v) en el medio de que se trate: $n = c/v$. Podríamos escribir de nuevo la ley de Snell de esta otra forma (simplificando en ambos miembros c):

$$\frac{\sin\theta_1}{v_1} = \frac{\sin\theta_2}{v_2}$$

Como consecuencia de todo lo visto hasta ahora, cuando la luz pasa de un medio menos refringente a otro más refringente ($n_1 < n_2$), el rayo refractado se acerca a la normal ($\theta_2 < \theta_1$) y la velocidad disminuye ($v_2 < v_1$). Si, por el contrario, la luz pasa de un medio más refringente a otro menos refringente, el rayo refractado se alejará de la normal y la velocidad en el segundo medio aumentará. Es evidente por la ley de Snell que si $\theta_1 = 0°$, necesariamente $\theta_2 = 0°$ también, y el rayo de luz no se desvía. En general, cuando un rayo de luz incide en una superficie de separación de dos medios de distinto índice de refracción, una parte de la energía de la radiación incidente se reflejará en el mismo medio (cumpliéndose que el ángulo de incidencia será igual al ángulo reflejado) y otra parte se reflejará pasando al otro medio y cumpliendo la ley de Snell vista anteriormente.

El siguiente gráfico muestra una fuente de luz *FL* situada en un primer medio más refringente que el de salida de los rayos refractados ($n_1 > n_2$). Cuando el ángulo de incidencia es 0°, no existe desviación como ya apuntábamos. A medida que va aumentando ese ángulo se puede observar que existe un rayo reflejado en el primer medio y un rayo refractado en el segundo medio hasta que se alcanza un ángulo límite θ_l (también llamado ángulo crítico) tal que el rayo refractado lo hace formando un ángulo de 90° respecto de la normal y de tal forma que para ángulos de incidencia $\theta > \theta_l$ la refracción desaparece y la reflexión es total *RT*:

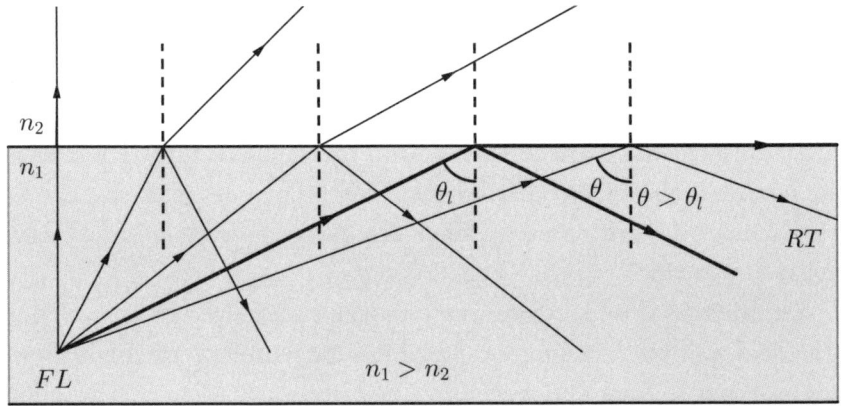

Veamos primeramente un corte transversal de una fibra óptica y, a continuación, un corte longitudinal que nos permitan ver con claridad su funcionamiento interno:

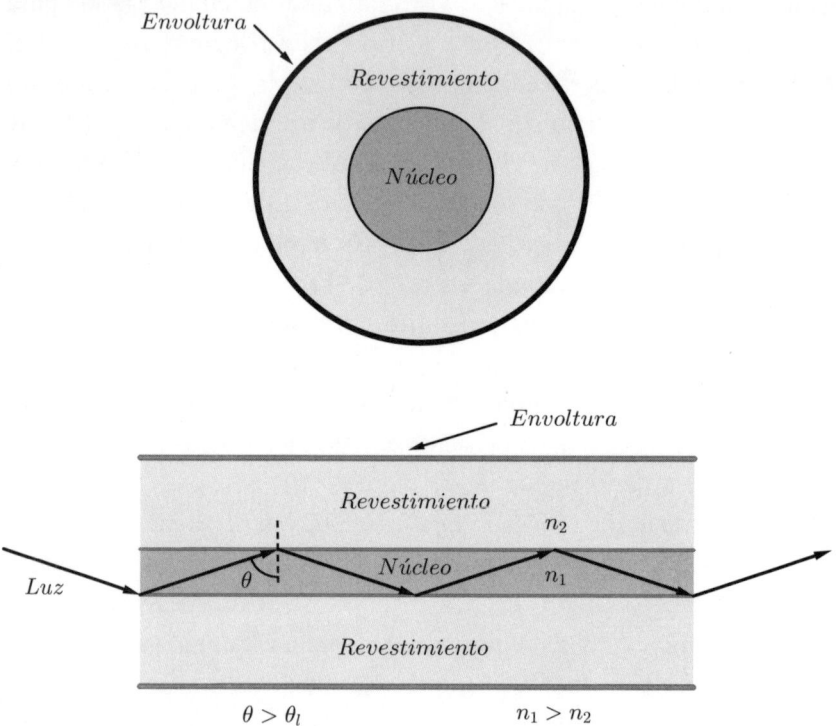

Como vemos, una envoltura externa de protección y un revestimiento interno con índice de refracción n_2 dentro del cual se encuentra un núcleo de índice de refracción $n_1 > n_2$. Normalmente tanto el revestimiento como el núcleo son de materiales transparentes y flexibles como el plástico o la fibra de vidrio. Los datos viajan en forma de luz por el interior del núcleo y en las condiciones anteriores es posible calcular el ángulo límite de incidencia para que la reflexión sea total. La información viaja sin pérdidas reflejándose continuamente en las paredes internas del núcleo, aunque la fibra óptica se doble cuantas veces sea necesario hasta llegar a su destino.

La diferencia fundamental entre un cable eléctrico convencional y uno de fibra óptica es que por el primero fluye una corriente de electrones y por la fibra óptica es luz la que se propaga. Las aplicaciones de la fibra óptica son numerosas: en telecomunicaciones (vemos la TV en alta definición a través de fibra óptica), Internet de alta velocidad, soldadura de precisión por láser de fibra, en la transmisión de sonido digital de suprema calidad (desde hace años los amplificadores disponen de una entrada de fibra óptica para conectar a una fuente de sonido determinada) o en medicina, por ejemplo, una endoscopia consiste precisamente en el empleo de pequeñas cámaras que transmiten por fibra óptica lo que sucede en órganos internos permitiendo diagnósticos precisos y actuaciones quirúrgicas poco invasivas.

47

CONTAMINACIÓN ACÚSTICA

La contaminación acústica es la presencia en el ambiente de sonidos o ruidos provenientes de cualquier tipo de fuente o emisor que lo origine y que implica molestia, dolor o riesgo para las personas, así como para el medio ambiente. La contaminación acústica es un serio problema para la salud pública y la OMS (Organización Mundial de la Salud) considera que es el segundo factor ambiental más perjudicial para la salud en Europa seguido de la mala calidad del aire que respiramos.

El sonido necesita de un medio elástico para su propagación (en el vacío no se puede transmitir el sonido precisamente por la ausencia de un medio para ello) y se genera cuando se hacen vibrar las partículas del medio por el que se transmitirá (aire, por ejemplo) con variaciones en la presión o la densidad del mismo. La perturbación que se propaga a través de las ondas sonoras es lo que nos permite hablar de sonido. Esa perturbación del medio puede provenir de las cuerdas de una guitarra al accionarlas, de las cuerdas vocales al vibrar cuando se canta o habla, o del motor de un vehículo al arrancarlo, etc. El sonido es una onda mecánica longitudinal y tridimensional. En los seres humanos, el intervalo de frecuencias audibles se sitúa entre los 20 Hz (umbral de graves) y los 20 000 Hz (umbral de agudos).

De las tres cualidades del sonido, el tono (que permite diferenciar los sonidos graves de los agudos), el timbre (los armónicos de la frecuencia fundamental permiten distinguir entre sonidos de la misma frecuencia e intensidad producidos por instrumentos musicales diferentes, por ejemplo), y en tercer lugar, la intensidad que es la que más nos interesa a los efectos de la contaminación acústica porque constituye la magnitud física que nos permite distinguir entre sonidos fuertes y débiles. Considerando el sonido como una onda sinusoidal, la intensidad está directamente relacionada con la amplitud de la onda.

Para calcular la intensidad sonora basta aplicar la fórmula: $I = P/S$, donde P es la potencia del foco emisor del sonido en vatios y S la superficie del frente de ondas en m^2 (consideraremos el frente de ondas como una superficie esférica de radio R, y por tanto, $S = 4 \pi R^2$). Así, por ejemplo, un receptor de radio que suene con una potencia de 35 mW (1 $mW = 10^{-3}$ W) será escuchado a 10 m de distancia con la siguiente intensidad I:

$$I = \frac{P}{4\pi R^2} = \frac{35 \cdot 10^{-3}}{4\,\pi\,10^2} \simeq 2,79 \cdot 10^{-5}\,W\,m^{-2}$$

Donde hemos supuesto que el foco del sonido es puntual y el frente de ondas una superficie esférica cuyo centro sea el foco. El oído humano, como vamos a ver a continuación, tiene una sensibilidad extraordinaria. La intensidad mínima para percibir un sonido es $I_0 = 10^{-12}\,W \cdot m^{-2}$ siendo la intensidad a partir de la cual se tiene sensación de dolor: $I = 10^2\,W \cdot m^{-2}$. Es sorprendente comprobar entonces que hace falta una intensidad 10^{14} veces I_0 (100 billones de veces mayor) para llegar al umbral del dolor $10^2\,W \cdot m^{-2}$. Queda de manifiesto la tremenda amplitud del intervalo de intensidades audibles en el ser humano y ello justifica que sea preferible utilizar una escala logarítmica frente a una lineal para definir una importante magnitud relativa en acústica (es conveniente destacar que no se trata de una magnitud absoluta como podría ser la masa o la longitud, sino que siempre está referida a un valor referencial arbitrario I_0 como vemos en la fórmula que damos a continuación) que es el nivel de intensidad sonora de un sonido β que se mide en db (decibelios):

$$\beta = 10\,\log\frac{I}{I_0}$$

Siendo I la intensidad sonora que percibimos e I_0 la intensidad umbral cuyo valor es $10^{-12}\ W \cdot m^{-2}$. Es obvio que si $I = I_0$, $\beta = 0$ db (pues log 1 = 0), siendo I_0 el umbral para oír el sonido.

La unidad de intensidad sonora se denominó decibelio en honor a Alexander Graham Bell (1847-1922) por su contribución al desarrollo de la telefonía en sus comienzos (1 bel = 10 db). Pensó Bell, muy acertadamente, que sería posible convertir las ondas sonoras en una corriente eléctrica ondulatoria (esto es lo que hace un micrófono) que, una vez llegada al receptor, volviese a convertirse en una onda sonora (es el papel de un auricular o altavoz). Y en 1876 patentó el teléfono. Bell también realizó mejoras en el fonógrafo de Edison e incluso inventó un detector de metales que utilizó sin éxito intentando localizar la bala que había penetrado en el cuerpo del presidente de los EE. UU. James A. Garfield en un atentado sufrido el 2 de julio de 1881. Pero el fracaso no se debió a que fallase su invento, sino a no haber tenido en cuenta el colchón de muelles de acero sobre el que reposaba el cuerpo de presidente y que interfería en las mediciones.

Un sencillo cálculo nos permite comprobar que, si tenemos dos sonidos con niveles de intensidades sonoras respectivas, por ejemplo, $\beta_1 = 20$ db y $\beta_2 = 40$ db ($\beta_2 = 2\,\beta_1$), sin embargo, en las intensidades I_1 e I_2 no se cumplirá: $I_2 = 2\,I_1$, sino que $I_2 = 100\,I_1$. Veámoslo:

$$\text{Si } \beta_1 = 20 \text{ db} \rightarrow 20 = 10 \log (I_1 /10^{-12}) \rightarrow 2 = \log I_1/10^{-12}$$

Por definición de logaritmo: $\log a = b \rightarrow a = 10^b$, por ello: $10^2 = I_1/10^{-12}$ de donde: $I_1 = 10^{-10}\ W/m^2$

De igual forma, si $\beta_2 = 40$ db $\rightarrow 40 = 10 \log (I_2/10^{-12}) \rightarrow 4 = \log I_2/10^{-12} \rightarrow 10^4 = I_2/10^{-12}$, y finalmente: $I_2 = 10^{-8}\ W/m^2$.

Ahora podemos comparar I_2 e I_1:

$$I_2/I_1 = 10^{-8}/10^{-10} = 10^2 \rightarrow I_2 = 100\,I_1$$

Por tanto, si duplicamos el nivel de intensidad sonora en db, la potencia queda multiplicada por 100. Y ya estamos en condiciones de calcular el nivel de intensidad en db a partir del cual la sensación es de dolor ($I = 10^2\ W \cdot m^{-2}$):

$$B = 10 \log (10^2/10^{-12}) = 10 \log 10^{14} = 140 \log 10 = 140 \text{ db}$$

Donde hemos aplicado una propiedad de los logaritmos: $\log a^p = p \log a$

La sensación de dolor en el oído humano tiene lugar a partir de los 140 db.

Sin embargo, no es necesario llegar a los 140 db para tener una sensación molesta auditiva. Precisamente para medir la contaminación acústica existen unos sonómetros que permiten conocer los decibelios en un determinado lugar y determinar si exceden los límites establecidos por la legislación vigente.

En la siguiente tabla se consignan determinadas situaciones de ruido en función del nivel de decibelios, así como los previsibles efectos en el organismo humano:

Sonoridad (db)	Tipo de ruido	Efectos en el ser humano
30-55	Conversación tranquila, ordenador encendido.	Ruido ligero que puede alterar el sueño.
55-75	Ronquidos, calle muy animada de gente, camiones de la basura o recoge vidrios, etc.	Ruido molesto que puede impedir una conversación normal e interrumpir el sueño.
75-100	Interior de discotecas y karaokes, comedores escolares, tubos de escape sin silenciador, claxon de un coche, etc.	Ruido muy molesto que puede provocar lesiones auditivas y riesgos psicológicos.
100-140	Aviones sobrevolando edificios, avión despegando a pocas decenas de metros de distancia, taladradoras en las vías públicas, etc.	Umbral del dolor con repercusiones graves fisiológicas si la exposición es excesiva en el tiempo y sin protección.

Para la OMS un ruido es cualquier sonido de más de 65 db y para que el sueño sea reparador, el ruido ambiente no debería exceder los 30 db. El ruido puede afectar la capacidad de concentración y repercutir en un bajo rendimiento escolar. Por todo ello, la OMS considera fundamental una buena concienciación de la ciudadanía para evitar la contaminación acústica porque así se respeta la salud de los demás y se protege el medio ambiente.

48

EL EFECTO DOPPLER (EN ONDAS SONORAS)

E l físico-matemático austríaco Christian Andreas Doppler (1803-1853) tiene un lugar de honor en la historia de la ciencia por su contribución, hacia 1842, en el estudio del cambio percibido en la frecuencia de un sonido emitido por un emisor en movimiento relativo respecto de un observador-receptor. El lector seguro que ha experimentado cómo el sonido de la sirena de una ambulancia que se le acerca le parece cada vez más agudo al tiempo que, a medida que se aleja, lo percibe con un tono más grave.

Resulta curioso que ni el experimento anterior ni tampoco el caso del silbato de una locomotora que se acerca a un observador en reposo fuesen los elegidos por Doppler para su propósito. Su genial ocurrencia consistió en montar a unos músicos en un vagón de un tren que se acercaba o se alejaba de otro grupo de músicos en reposo en el andén de una estación. Así, los músicos en movimiento producían una determinada nota musical y los que estaban en reposo en el andén debían identificarla, tanto cuando los otros se acercaban como cuando se alejaban. Y pudieron comprobar que percibían notas más altas cuando el vagón se acercaba y notas con un tono más bajo cuando se alejaba. Puede imaginar el lector el espectáculo protagonizado por aquellos músicos en aquel contexto ferroviario.

La demostración físico-matemática que presentamos a continuación parte de varias consideraciones importantes:

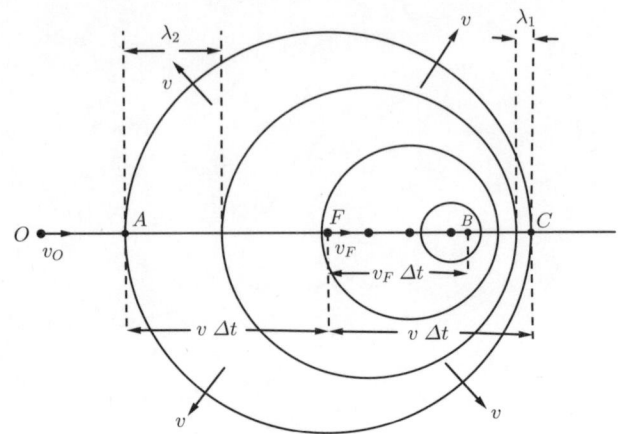

1) Supondremos que tanto el observador O como la fuente F se mueven con velocidades constantes, siendo v_O la velocidad del observador y v_F la de la fuente, ambos con la misma dirección y sentido. En la imagen, el observador O se mueve hacia la fuente F.

2) Dado que la velocidad del sonido v depende del medio por el que se propaga (también de la temperatura), supondremos que $v > v_F$. Esta suposición es razonable si pensamos que la velocidad de propagación del sonido en el aire a 20 °C es del orden de 343 m/s $\simeq$ 1 235 km/h (en el agua esa velocidad asciende a 1 593 m/s a 25 °C).

3) Debido a que las velocidades tanto del observador como de la fuente de sonido pueden tener el mismo sentido o diferente, convenimos en tomar como sentido positivo el que va desde el observador hasta la fuente del sonido. Las ondas sonoras producidas por la fuente F se representan gráficamente como circunferencias. Realmente, en tres dimensiones, esa onda cuyo foco es F tendría forma esférica. En cualquier caso, la propagación de la onda sonora es radial y hacia afuera con velocidad constante v que a los efectos de nuestra demostración la consideraremos siempre positiva.

4) La relación entre la velocidad de una onda v, longitud de onda λ y frecuencia f de la misma viene dada por: $v = \lambda \cdot f$

Es fácil ver que, si la onda es sinusoidal, el espacio recorrido por un ciclo completo λ se realiza en un tiempo T conocido como periodo. Por tanto, $v = \lambda/T$, pero la frecuencia f es el número de ciclos por segundo y el periodo T, como hemos visto, es el tiempo que dura un ciclo. Por tanto: $T = 1/f$, de donde: $v = \lambda/(1/f) = \lambda \cdot f$

Si miramos la imagen de la página anterior, la situación es la siguiente:

El observador O se encuentra a la izquierda de la fuente de sonido F. Por la consideración 3ª que vimos anteriormente, las velocidades del observador v_O, y de la fuente v_F, son positivas. En el instante inicial ($t = 0$), la fuente del sonido se encuentra en el punto F. Transcurrido un tiempo Δt esa fuente F se habrá desplazado al punto B. Y como la velocidad de la fuente F es constante e igual a v_F, el espacio recorrido habrá sido: $FB = v_F \cdot \Delta t$.

Por otra parte, se observa que el radio de la circunferencia máxima medirá: $FC = FA = v \cdot \Delta t$ siendo v la velocidad del sonido en el medio en cuestión. Es claro que $FC > FB$ ya que tal y como establecimos en la consideración 2ª, $v > v_F$.

Con todo lo anterior: $AB = AF + FB = v \Delta t + v_F \Delta t = (v + v_F) \cdot \Delta t$

De igual forma: $BC = FC - FB = v \Delta t - v_F \Delta t = (v - v_F) \cdot \Delta t$

Sabemos que la frecuencia de las ondas sonoras emitidas es f. Y habíamos visto que esa frecuencia se corresponde con el número de ciclos (ondas completas) por segundo. Pues bien, el número de ondas emitidas en un tiempo Δt segundos será: $N = f \cdot \Delta t$.

Queda patente en la imagen que, delante del foco F, las ondas se acercan entre sí (obsérvense las ondas a la derecha del punto B), mientras que detrás de la fuente F las ondas se separan. Podemos estimar entonces la longitud de onda λ_1 delante del foco, así como la de detrás del foco λ_2, mediante los cocientes siguientes:

$$\lambda_1 = \frac{BC}{N} = \frac{(v - v_F) \Delta t}{f \, \Delta t} = \frac{v - v_F}{f}$$

$$\lambda_2 = \frac{AB}{N} = \frac{(v + v_F) \Delta t}{f \, \Delta t} = \frac{v + v_F}{f}$$

Puede ahora comprobarse que: $\lambda_1 < \lambda_2$, ya que $v - v_F < v + v_F$.

Así pues, las ondas que se aproximan al observador O en movimiento hacia la fuente de sonido F tendrán una velocidad relativa respecto del propio observador: $v + v_O$. Y como ya hemos visto que la relación entre velocidad y longitud de onda es la frecuencia ($f = v/\lambda$), resultará que la frecuencia f_2 que percibe ese observador O será:

$$f_2 = \frac{v + v_O}{\lambda_2} = \frac{v + v_O}{\frac{v+v_F}{f}} = f\,\frac{v + v_O}{v + v_F}$$

De la fórmula anterior se pueden deducir todos los casos posibles sin más que tener en cuenta el convenio de signos establecido desde el principio. Así, por ejemplo:

I) Si el observador está inmóvil: $v_O = 0$ y según la fórmula anterior: $f_2 = f{\cdot}v\,/\,(v+v_F)$, de donde resulta que: $f_2 < f$. Esto quiere decir que, si la fuente de sonido se aleja del observador inmóvil, este percibe el sonido de la fuente con una frecuencia f_2 más baja que la de la onda emitida f.

Situaciones equivalentes se darían en el caso de que el observador se alejase de la fuente inmóvil o que tanto fuente como observador se alejasen entre sí. En todos los casos la frecuencia percibida por el observador será menor que la emitida por la fuente y por tanto el sonido lo escucharía con un tono más grave.

II) Si la fuente F está inmóvil, $v_F = 0$, entonces, sustituyendo en la fórmula vista anteriormente: $f_2 = f{\cdot}(v+v_O)\,/\,v$, con lo cual: $f_2 > f$. En consecuencia, cuando es el observador quien se acerca a la fuente de sonido inmóvil, la frecuencia del sonido que percibe es f_2, mayor que la de la onda emitida f.

También en este caso existen dos situaciones equivalentes a los efectos de percepción de la frecuencia en el observador: que sea el observador quien esté inmóvil y se le acerque la fuente o que se acerquen el observador y la fuente. En los tres casos la frecuencia percibida por el observador será mayor que la emitida por la fuente y el sonido lo escucharía en un tono más agudo.

Una de las aplicaciones médicas más exitosas del efecto Doppler con ondas sonoras es la ecografía. Se trata de una tecnología segura y no invasiva que aporta una información relevante. En ginecología, por ejemplo, permite monitorear la salud del feto durante el embarazo, así como evaluar el flujo sanguíneo en arterias como la umbilical y cerebral para detectar posibles riesgos de restricción del crecimiento.

49

EL EFECTO DOPPLER-FIZEAU
(EFECTO DOPPLER EN ONDAS LUMINOSAS)

Como el lector habrá imaginado, el efecto Doppler no queda restringido exclusivamente a las ondas sonoras. También se pone de manifiesto en ondas electromagnéticas y se le conoce en este caso como efecto Doppler-Fizeau.

El propio Doppler había predicho que un efecto similar al estudiado por él en las ondas sonoras se daría en el caso de ondas luminosas, pero no resultó concluyente su estudio. Hubo que esperar unos años hasta que apareció Armand H. L. Fizeau (1819-1896). Fizeau fue un físico francés interesado especialmente por el estudio de la luz, cuya velocidad, por métodos terrestres (no astronómicos), fue el primero en calcular con un error del orden del 5 % sobre el valor real. Lo que hizo Fizeau fue perfeccionar un método ideado por Galileo que no resultó exitoso en su época y que consistía en emitir rayos de luz desde lo alto de una colina hacia otra situada a unos 8 km de distancia en la que un espejo los reflejaba haciéndolos retroceder hacia la primera.

En 1848 investigó acerca del comportamiento de la luz suponiendo que el foco estuviese en movimiento con respecto a un observador; lo que postuló fue que las líneas del espectro visible de la radiación electromagnética correspondiente a un foco que se alejaba, se corrían hacia el rojo, mientras que, si el foco se acercaba, el corrimiento era hacia el azul. Todo un éxito, porque fue ese mismo año cuando se comprobó el efecto Doppler-Fizeau tras los análisis del espectro visible correspondiente a la luz proveniente de galaxias lejanas.

Para entender mejor el efecto Doppler-Fizeau, remitimos al lector a la siguiente imagen:

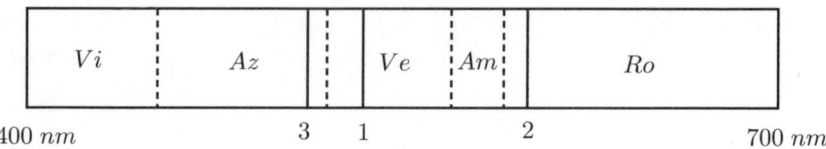

Se trata de una representación en blanco y negro del espectro visible (donde Vi = violeta, Az = azul, Ve = verde, Am = amarillo y Ro = rojo). La luz es una onda electromagnética y el ojo humano es capaz de percibirla desde el color violeta cuya longitud de onda es de aproximadamente 400 *nm* (1 *nm* = 10^{-9} m), en el extremo izquierdo de la imagen, hasta el rojo con una longitud de onda del orden de 700 *nm,* en el extremo derecho. La radiación a la izquierda del violeta se le conoce como ultravioleta y ahí se encuentran las longitudes de onda correspondientes a los rayos X, rayos gamma y rayos cósmicos. De igual forma, la radiación a la derecha del rojo se conoce como infrarrojo y corresponde a las ondas cortas, microondas (el electrodoméstico así llamado que tenemos en la cocina para calentar alimentos funciona con ondas electromagnéticas de frecuencia del orden de 2,45 GHz y lo que hace esta radiación es aumentar la vibración de las moléculas de agua de los alimentos y por ello aumentan su temperatura no revistiendo peligrosidad alguna porque se trata de radiación no ionizante, también los teléfonos móviles 4G y 5G utilizan esta gama de frecuencias), ondas de radio, etc. El espectro visible es por tanto una ínfima parte del espectro electromagnético.

Imaginemos que una galaxia lejana nos envía su luz. Al llegar a la Tierra se comprueba que esa luz se corresponde, por ejemplo, con una serie espectral del hidrógeno. Y el hidrógeno de la galaxia, así como el de la Tierra, es el mismo (el hidrógeno tiene una única *huella digital* en todo el universo). Pues bien, el espectro del hidrógeno en la Tierra aparecería como la línea 1 del gráfico anterior y el que nos llega de la galaxia, correspondiente al mismo elemento químico, lo veríamos desplazado a la derecha como la línea 2 del gráfico. Es lo que se conoce como *corrimiento hacia el rojo*, indicador de que la galaxia se aleja (es el efecto equivalente a escuchar un sonido más grave en el caso de las ondas sonoras cuando la fuente de sonido se aleja de nosotros). Por último, si la galaxia se acercase a la Tierra, entonces veríamos la línea espectral 3 y hablaríamos de un *corrimiento hacia el azul* (situación análoga a escuchar un sonido más agudo cuando la fuente de sonido se nos acerca).

Fue el astrónomo inglés, William Huggins (1824-1910) quien utilizó el efecto Doppler-Fizeau para calcular en 1868 la velocidad a la cual se alejaba la estrella Sirio de la Tierra.

Con el astrónomo americano Edwin Powell Hubble (1889-1953), que como sabemos da nombre al mítico telescopio que lleva su nombre, quedó demostrada la trascendencia del efecto Doppler-Fizeau. En la época de Hubble se había constatado científicamente que un gran número de galaxias se alejaba de nosotros por el desplazamiento al rojo de las líneas espectrales obtenidas por la luz recibida en los telescopios. Especialmente fue el físico, matemático y astrónomo belga (también sacerdote) Georges Lemâitre (1894-1966) quien dos años antes que Hubble relacionó la expansión del universo con el alejamiento de las galaxias. Hubble planteó en 1929 que la velocidad *v* con la que las galaxias se alejaban unas de otras era directamente proporcional a sus distancias *d*. Esta es la razón por la que su descubrimiento ha sido denominado ley de Hubble-Lemâitre. En la imagen se observa esta relación:

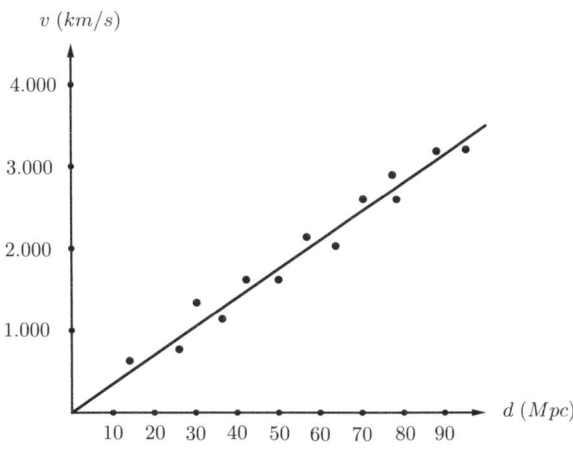

En el gráfico, los puntos alrededor de la recta simulan ser las galaxias que se encuentran a una determinada distancia *d* y tienen una determinada

291

velocidad v. Se observa que, a medida que la distancia aumenta, también lo hace la velocidad. La recta que mejor se aproxima a esa nube de puntos es la de ecuación:

$$v = H_0 \cdot d$$

Una ecuación que establece la dependencia lineal de v y d. La pendiente de esa recta es la constante H_0 y se conoce como constante de Hubble. Su valor aproximado es:

$$H_0 \simeq 71 \, \frac{km}{s \cdot Mpc}$$

El pársec (pc) es una unidad de distancia en astronomía equivalente a 3,26 años-luz, así pues: 1 Mpc = 3,26 · 10^6 años-luz.

Por otro lado, 1 año-luz es la distancia recorrida por la luz en 1 año, resultará (espacio = velocidad · tiempo): 1 año-luz = $c \cdot t$ = 300 000 · 365 · 24 · 3.600 = 9,46 · 10^{12} km

En consecuencia, 1 Mpc = 3,26 · 10^6 · 9,46 · 10^{12} = 3,084 · 10^{19} km, una monstruosa distancia de aproximadamente 30 trillones de km. Y la constante de Hubble nos dice que cuando dos galaxias se encuentran separadas por esa distancia, el universo se expande a una velocidad de 71 km/s que equivale a la también inimaginable velocidad de 255 600 km/h.

Se ha definido el corrimiento hacia el rojo o *redshift* de la siguiente manera:

$$z = \frac{\lambda_1 - \lambda_0}{\lambda_0}$$

Donde λ_1 es la longitud de onda de la luz de la galaxia que se aleja (equivalente a la línea espectral 2 que vimos en el gráfico del espectro visible) y λ_0 la longitud de onda de la luz de la galaxia en reposo (equivalente a la línea espectral 1 del mismo gráfico). Es habitual convertir este *redshift* en la velocidad de alejamiento v de una galaxia mediante la siguiente fórmula: $v = c \cdot z$, siempre que $z \lll 1$.

Así, conociendo el *redshift* de una determinada galaxia es posible estimar su distancia a la Tierra. Si el lector accede a la página web SIM-BAD Astronomical Database de la Universidad de Estrasburgo, puede elegir una galaxia cualquiera para practicar. Por ejemplo, la galaxia NGC4065 cuyo valor $z = 0,02106$:

$v = c \cdot z = 300\,000 \cdot 0,02106 = 6\,318$ km/s (velocidad de recesión o alejamiento)

Pero hemos visto también que: $v = H_0 \cdot d$, luego:

$$d = v/H_0 = 6.318/71 \approx 90 \; Mpc = 90 \cdot 3,084 \cdot 10^{19} = 2,78 \cdot 10^{21} \text{ km}$$

La distancia de esa galaxia a nosotros sería de unos 3 000 trillones de km.

De la representación gráfica correspondiente a la ley de Hubble-Lemâitre que vimos anteriormente podría inferirse que, para una determinada distancia, el universo se expandiría a mayor velocidad de la luz contradiciendo los postulados de la teoría de la relatividad especial que establecen como límite máximo los 300 000 km/s. Sin embargo, lo que en dicha teoría se establece es que ninguna partícula con materia puede superar esa velocidad. Pero el espacio-tiempo en la teoría de la relatividad general de Einstein no es más que pura geometría y no le afecta esta restricción, pudiendo, por tanto, expandirse a velocidad arbitraria. Si pensamos en el símil del universo como si de un globo inflable se tratase, podemos ver claramente que si dibujamos dos puntos cualesquiera en la superficie del globo (dos galaxias), por más que inflemos el globo esos puntos siguen estando exactamente donde los dibujamos, lo único que ocurre es que el espacio se ha expandido y lo que apreciamos al inflar el globo es cómo se alejan los puntos.

Llegados a este punto resulta obligado mencionar al prestigioso astrofísico mexicano Miguel Alcubierre quien en 1994 propuso la revolucionaria y genial idea teórica de la propulsión warp que básicamente consistiría en expandir un trozo de espacio por detrás de una nave espacial y comprimirlo por delante de tal forma que la nave se convertiría en una especie de burbuja de espacio plano que se alejaría de lo que tiene por detrás y se acercaría a lo que tiene por delante a mayor velocidad que la de la luz. Es lo que podría denominarse «viajar con el espacio». No obstante, el propio Alcubierre reconoce que su idea teórica de la propulsión warp requiere de una energía negativa, una especie de antigravedad, que requeriría una masa negativa que nadie sabe lo que es ni ha visto hasta ahora.

No obstante, teniendo en cuenta la ley de Hubble y las consideraciones anteriores, es posible que existan galaxias que se alejen de nosotros a una velocidad superior a la de la luz. A la distancia que esas hipotéticas galaxias se encuentran de nosotros se le conoce como *horizonte cosmológico*.

Volviendo al efecto Doppler-Fizeau, resulta interesante precisar que el hecho de poder calcular la distancia de una galaxia que se aleja de nosotros midiendo su desplazamiento al rojo no significa que esa distancia calculada sea la real ya que desde que se emitió esa luz hasta ser recibida en los telescopios terrestres han transcurrido una serie de años en los que la galaxia se ha alejado aún más. En cualquier caso, la trascendencia del efecto Doppler como hemos visto nos ha llevado a las teorías que explican la expansión súbita del universo desde su comienzo y que conocemos como el Big Bang.

Por último, destacaremos una de las aplicaciones más conocidas del efecto Doppler para ondas electromagnéticas: los radares. Un radar emite una onda electromagnética de frecuencia conocida. Esa onda se dirige a un objetivo determinado, como por ejemplo un vehículo en movimiento. La onda reflejada por el vehículo se recibe en el radar y del valor de la frecuencia recibida (distinta a la frecuencia emitida inicialmente) se deduce la velocidad del vehículo.

50

EL TRIÁNGULO DE REULEAUX

Franz Reuleaux (1829-1905) fue un ingeniero alemán especialista en cinemática que ejercía como profesor al tiempo que diseñaba máquinas industriales. La fama de este ingeniero le viene, principalmente, por el conocido como triángulo de Reuleaux. Se trata de un triángulo curvilíneo con una propiedad fundamental: su anchura es constante. El ejemplo paradigmático de curva de anchura constante es la circunferencia: su diámetro es constante (hemos visto la idoneidad de las formas circulares como tapas de alcantarillas precisamente por ser curvas de anchura constante y, por la misma razón, los triángulos de Reuleaux también lo son).

Induce a error la denominación de este triángulo por cuanto no fue una invención del ingeniero alemán, el cual se dedicó a desarrollar sus posibilidades mecánicas. Esta figura era conocida siglos atrás y de hecho se utilizó en catedrales medievales como forma ornamental en ventanales y arcos. Pero ¿en qué consiste un triángulo de Reuleaux, cómo se construye y por qué resulta tan interesante? Hemos de partir de un triángulo equilátero *ABC*. Una vez dibujado, basta trazar tres arcos. Con un compás cuya abertura sea el lado del triángulo *a*, se colocará un extremo en un vértice y, el otro, dibujará el arco que une los otros dos vértices (ver imagen):

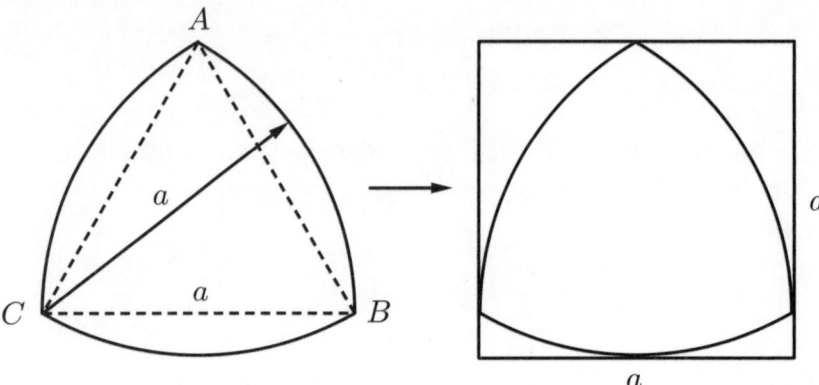

Obsérvese en la imagen que el triángulo de Reuleaux obtenido es de anchura constante. La distancia desde cualquier vértice a cualquier punto del arco opuesto es siempre a. Esta es la razón por la que este triángulo tan peculiar se puede inscribir en un cuadrado de lado igual al del triángulo generador a, de forma que en cualquier posición que adopte el triángulo de Reuleaux dentro del cuadrado, siempre habrá 4 puntos de contacto. El triángulo girará dentro del cuadrado manteniendo siempre cuatro puntos de contacto con él. Esta circunstancia conlleva una aplicación ciertamente curiosa. Estamos acostumbrados a utilizar brocas cilíndricas para obtener agujeros redondos. Pues bien, con una broca con la forma del triángulo de Reuleaux y como habrá advertido el lector sin más que observar la imagen, el taladro que se consigue tiene forma cuadrada, aunque las esquinas queden muy levemente redondeadas. De hecho, se consigue una superficie cuadrada en un 98,77 %.

El perímetro de cualquier curva de anchura constante mide: $P = \pi \cdot a$ (teorema de Barbier), siendo a la medida de esa anchura constante. En el triángulo de Reuleaux es fácil de demostrar:

En el capítulo dedicado a las matemáticas y la física al pedalear, ya vimos que un ángulo en radianes se calculaba como el cociente de la longitud del arco correspondiente (s) entre el radio (a) de la circunferencia. En un triángulo de Reuleaux, cada uno de los tres arcos, teniendo en cuenta lo que acabamos de decir, medirá: $s = \pi/3 \cdot a$. El ángulo es de 60° = $\pi/3$ rad, porque el triángulo de partida es equilátero. Y como hay tres arcos iguales, el perímetro será: $P = 3 \cdot \pi/3 \cdot a = \pi \cdot a$. Como el lector recordará, la circunferencia es otra curva de anchura constante y su perímetro, o longitud de la circunferencia, es $L = 2 \cdot \pi \cdot r = \pi \cdot a$ (ya que a es el diámetro de la circunferencia, la anchura constante, cuyo valor es $a = 2 \cdot r$, siendo r el radio de la circunferencia).

Un resultado que tiene su interés deducir algebraicamente con conocimientos básicos de trigonometría y geometría es el área de un triángulo de Reuleaux:

$$A = a^2 \left(\frac{\pi - \sqrt{3}}{2} \right)$$

Basta calcular primero el área del triángulo equilátero generador:

$$A_1 = (a^2 \cdot \sqrt{3}) / 4$$

Y, a continuación, el área de cualesquiera de los tres lóbulos del triángulo de Reuleaux:

$$A_2 = a^2 (\pi/6 - \sqrt{3}/4)$$

Finalmente: $A = A_1 + 3 \cdot A_2$, que coincide con la fórmula del área de triángulo de Reuleaux que se dio al principio.

A la vista de todo cuanto hemos venido contando, y dado que el círculo es la forma de las ruedas de todo tipo de vehículos, se puede pensar en construir ruedas con forma de triángulo de Reuleaux. De hecho, existen. Con cuatro ruedas de este tipo conectadas dos a dos como en un vehículo de cuatro ruedas, es posible colocar un plano sobre ellas de forma que el sistema podría avanzar, mediante el giro de estas ruedas tan especiales, con cualquier objeto colocado encima sin que en ningún momento perdiese la horizontalidad ni, por supuesto, el equilibrio. Igualmente, se podría construir una bicicleta ciertamente extravagante con las ruedas con forma de triángulo de Reuleaux. Ambos ejemplos pueden verse actualmente en YouTube como muestra fehaciente de los insólitos proyectos que acometen algunas personas.

Por último, reseñar la existencia real en el mercado de lápices cuya sección transversal ni es circular ni hexagonal, que son los habituales, sino con forma de triángulo de Reuleaux. Y tiene su justificación. Los lápices habituales de sección circular ruedan a la perfección. Y esto puede provocar que caigan fácilmente al suelo desde lo alto de la mesa. Pero si el que rueda es un lápiz del tipo triángulo de Reuleaux, el centro de gravedad no se mantiene a la misma distancia del plano del suelo, sino que describe una curva llamada «hipocicloide» de forma que el centro de gravedad sube y baja haciendo que el desplazamiento resulte más lento, disminuyendo la posibilidad de que caiga al suelo. El lector puede encontrar también en el mercado pequeños caramelos refrescantes con forma de triángulo de Reuleaux (la superficie de una de las caras de estos caramelos es menor de $0,5$ cm^2).

51

EL PRINCIPIO DEL PALOMAR

Sorprende que un principio con esta denominación tenga que ver con las matemáticas cuando lo más lógico sería que se refiriese a la colombofilia. Sin embargo, como veremos, se trata de una herramienta matemática ciertamente prolífica.

El matemático alemán Peter Gustav Lejeume Dirichlet (1805-1859) hizo importantes contribuciones en campos tan variados como el álgebra, el análisis matemático, la teoría de números o las transformadas de Fourier. Estudió en una de las universidades más prestigiosas del mundo, la Universidad de Gotinga en Bonn, donde años más tarde sucedió a uno de los más insignes matemáticos de la historia tal y como hemos podido comprobar en páginas precedentes, Carl Friedrich Gauss.

El principio del palomar se le atribuye a Dirichlet y se puede enunciar de diversas formas, entre las que hemos elegido la siguiente:

Si n palomas son colocadas en m palomares (palomas = objetos, palomares = contenedores), y $n > m$, entonces al menos un palomar debe contener más de una paloma.

Aunque por definición un palomar es el lugar donde se crían palomas y cuando se habla de «palomar» nos imaginamos una estructura con numerosos huecos donde anidan las palomas, como hemos convenido anteriormente y a los efectos de aplicar el principio del palomar, se considerará a cada hueco o contenedor como un palomar.

Como el lector puede comprobar, resulta muy intuitivo este principio ya que si, por ejemplo, disponemos de 11 palomas (objetos) y solo 10 huecos (palomares) para ubicarlas, es evidente que si queremos alojar en cada hueco a una paloma, en algún hueco tendrá que haber dos de ellas. Este principio se utiliza en problemas de combinatoria, teoría de grafos, análisis matemático, ciencias de la computación, etc.

Resulta divertido aplicar el principio del palomar a situaciones curiosas como las siguientes:

a) Supongamos que una persona aloja en su cabeza del orden de $m = 150\,000$ pelos (palomares). Imaginemos la ciudad de Sevilla, por ejemplo, que tiene alrededor de $n = 700\,000$ habitantes (palomas). Cada hueco ahora es un número desde 0 hasta 150 000 (claro, el cero es para alguien calvo) e introducimos a cada habitante (paloma) en el hueco que se corresponde con el número de pelos que tiene. Si todos los habitantes fuesen calvos es evidente que tendrían que entrar en el mismo hueco, por ejemplo, el marcado con el número 0. Si todos tuviesen 150 000 pelos, ocurriría lo mismo, se trataría de un hueco diferente al anterior que estaría marcado con el número 150 000. ¿Podría quedar algún hueco vacío? Sí, aunque resulte bastante improbable (sería el caso, por ejemplo, en que entre los 700 000 habitantes no hubiese ninguno con 70 000 pelos, entonces el hueco numerado con 70 000 estaría vacío). Pero esto no invalida el principio del palomar ya que es evidente que existirá algún hueco con más de un habitante. Lógicamente, los habitantes con el mismo número de pelos van todos al mismo hueco. Conclusión: se puede asegurar que en Sevilla hay al menos dos personas con el mismo número de pelos en la cabeza (sin especificar cuántos pelos). Más adelante afinaremos un poco más en cuanto al número de personas con igual cantidad de pelos en la cabeza.

b) En una fiesta supongamos que hay 37 personas, ¿cuántas personas (de esas 37) al menos celebran su cumpleaños en el mismo mes?

Sean las $n = 37$ personas, las palomas y los $m = 12$ meses del año, los palomares. Entonces podemos imaginar que sean como máximo 3 las personas que hayan nacido el mismo mes y por tanto ocupen el mismo palomar. Si esto ocurriese para cada uno de los 12 meses, supondría que

300

36 personas estarían perfectamente ubicadas. Pero como hay 37 personas, se sigue que en al menos un palomar (mes) debe haber 4 personas ya que resulta imposible repartir 37 personas entre los 12 meses sin exceder las tres personas al menos en un mes. Luego, en esa fiesta, al menos 4 personas celebran su cumpleaños el mismo mes.

c) Imagine el lector que es invitado a una fiesta donde en total hay n personas (contándose usted). Vamos a demostrar, por increíble que parezca, que siempre hay al menos dos personas de la fiesta que conocen al mismo número de otras personas también de la fiesta (que no significa que esas dos personas conozcan a las mismas personas, lo que coincide es el número de personas que conocen). Y todo esto, aunque el lector no conozca a nadie.

Vamos a partir conviniendo en que nadie es amigo de sí mismo. Por otro lado, aquí las palomas son las n personas, y cada palomar o hueco será el número de amigos que se tengan. Veremos que siempre el número de huecos $m < n$. Lo planteamos con dos escenarios posibles:

A) Todo el mundo tiene al menos un amigo en la fiesta
En este caso, el número de amigos que una persona cualquiera de la fiesta puede tener, oscilará entre 1 y (lógicamente) $n − 1$, puesto que como habíamos establecido al principio nadie es amigo de sí mismo. Si alguien de la fiesta es amigo de todos los que allí se encuentran y, por ejemplo, en total son 30, pues tiene 29 amigos. También puede ocurrir que una persona solo tenga 1 amigo (30 personas, 29 huecos).

En este primer caso, resulta evidente que siendo $n > n − 1$, hay más personas que huecos, luego por el principio del palomar, tiene que existir un hueco en el que al menos dos personas tengan el mismo número de amigos de la fiesta.

B) Al menos una persona no tiene ningún amigo en la fiesta
Si es una persona solamente la que no tiene ningún amigo se ubicaría en el hueco correspondiente a cero amigos. Entonces, el resto, que son $n − 1$, tienen algún amigo. Fíjese el lector que no puede existir en este caso nadie de la fiesta que sea amigo de todo el mundo ya que, si así fuese, la persona que no tiene ningún amigo sería amiga de quien es amigo

de todo el mundo, en abierta contradicción con la hipótesis de partida. Por tanto, como hay $n - 1$ que tiene algún amigo, y repetimos que uno no puede ser amigo de sí mismo, realmente habría $n - 2$ huecos como máximo (por la misma razón que en el caso A, donde había n personas, pero como máximo $n - 1$ huecos, ahora, en el caso B, consideramos $n - 1$ personas y tendremos como mucho $n - 2$ huecos). En el ejemplo que poníamos en el caso A, si de 30 personas de la fiesta solo hay una que no tiene ningún amigo (este sería el primer hueco, correspondiente a cero amigos), entonces quedan 29 personas que sí tienen algún amigo. Como máximo podrá haber alguna que conozca a los 28 restantes, excluyéndose él mismo (30 personas y 28 + 1 huecos, total 29 huecos).

En definitiva, en este caso, considerando 1 hueco para la persona que no tiene ningún amigo, quedan $n - 2$ huecos posibles. En total habrá: $n - 1$ huecos ($n - 2 + 1 = n - 1$) y n personas. Según el principio del palomar, existen al menos dos personas con el mismo número de amigos. Por supuesto, en el caso de más de una persona que no tenga ningún amigo en la fiesta, el razonamiento es análogo y el resultado final el mismo.

Podría darse el rocambolesco caso de una fiesta en la que nadie tuviese ningún amigo. Seguiría cumpliéndose el principio del palomar, ya que existirían al menos dos personas (en este caso todas) con el mismo número de amigos: cero.

Un problema geométrico de gran belleza, en apariencia sencillo y que se puede resolver también por el principio del palomar, es el siguiente: ¿es posible demostrar que en un triángulo equilátero de lado 2 unidades y si dibujamos 5 puntos cualesquiera en su interior, al menos dos de ellos disten entre sí menos de una unidad? Para entender mejor el problema, imagine el lector una caja que tenga por base un triángulo equilátero de lado 16 cm y de altura, por ejemplo, 20 cm. Lo que tendríamos frente a nosotros es un prisma recto de base triangular pero hueco. Si dejamos caer en su interior 5 bolitas minúsculas, al menos dos de ellas distarán entre sí menos de 8 cm (este experimento es perfectamente realizable con tres rectángulos de cartón con las medidas 16 x 20 cm). Vamos a demostrar que sí es posible. Lo haremos (por comodidad) volviendo al triángulo equilátero inicial de 2 cm de lado.

En la lógica del principio, como sabemos, son necesarios «palomares» (huecos) y «palomas» (puntos). Hemos de tener más puntos que huecos para aplicarlo. Al tener 5 puntos y tener que demostrar que al menos dos puntos disten menos de una unidad, podríamos imaginar cómo crear cuatro huecos iguales en el triángulo de forma que, aunque 4 puntos estén, cada uno en hueco, el quinto no tenga más remedio que ubicarse en alguno de los cuatro huecos y por tanto acompañando al punto allí existente. Otra cuestión diferente será demostrar que la distancia entre esos dos puntos, en caso de que podamos construir geométricamente esos huecos, disten entre sí menos de una unidad.

Veamos en una primera imagen la situación de 5 posibles puntos A, B, C, D y E (cualquier otra disposición de los 5 puntos es equivalente a los efectos de la demostración) en el interior de un triángulo equilátero de lado 2 unidades:

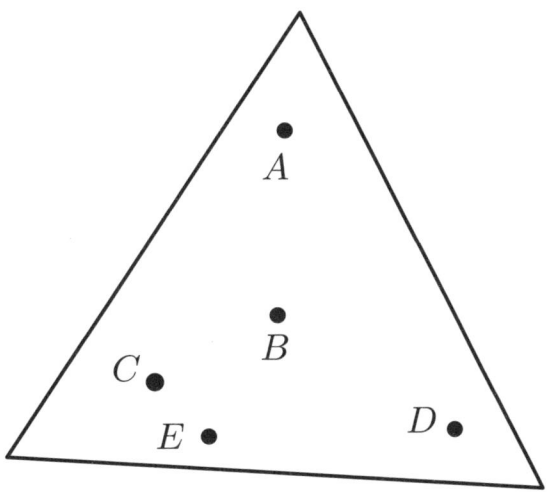

Dado que el lado del triángulo equilátero es de 2 unidades, resulta obvio que la distancia entre dos cualesquiera de los 5 puntos en su interior será siempre menor que dos (para que la distancia fuese de 2 unidades, los dos puntos tendrían que estar necesariamente, cada uno de ellos, en un vértice distinto, y esto es imposible porque el vértice forma parte de la muralla del recinto). La cuestión ahora es ver cómo creamos 4 huecos y si en alguno de ellos, suponiendo un punto en cada hueco, es obligado que existan al menos dos puntos cuya distancia sea menor que una unidad. Observando con atención el triángulo anterior vemos que si unimos entre sí los puntos medios de los lados, se van a formar 4 huecos exactamente iguales (nuevamente 4 triángulos equiláteros de lado unidad ahora):

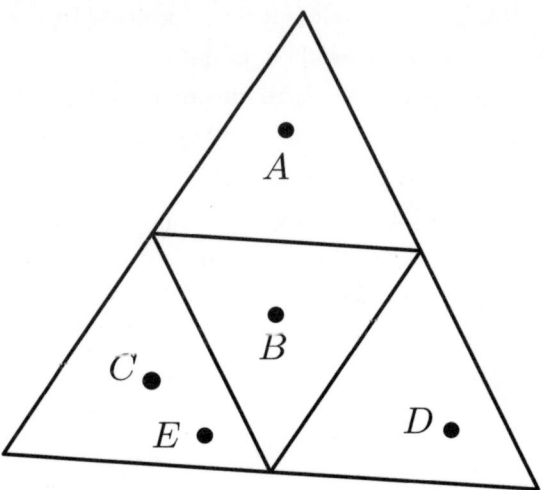

Efectivamente, los puntos C y E de la imagen se encuentran en el mismo hueco. Además, como están inscritos en un triángulo equilátero de lado la unidad, al igual que vimos anteriormente en el triángulo equilátero de lado 2 unidades, cualesquiera dos puntos en su interior distarán entre sí menos que la unidad. Así que los puntos C y E distan menos de una unidad entre ellos. El principio del palomar se ha cumplido. Teníamos 5 palomas y 4 palomares, por tanto, tenía que existir un palomar (hueco) en el que hubiese al menos dos palomas (puntos). El lector puede imaginar cualquier disposición inicial de los 5 puntos, pero lo que siempre se cumplirá es que en algún hueco habrá al menos dos puntos (podrían, por ejemplo, estar los cinco puntos ubicados en el mismo triángulo equilátero de lado unidad donde se encuentran el C y el E de la imagen, pero en este caso no habría dos, sino cinco puntos en un mismo hueco distando entre ellos menos de la unidad).

Para finalizar este capítulo podemos enunciar el principio generalizado del palomar que aumenta la precisión en cuanto al número de palomas en algún palomar. Dice así:

Si se colocan n objetos (palomas) en m contenedores (palomares), con $n > m$, entonces al menos uno de los contenedores contiene al menos $E(n/m)$ objetos. Donde $E(n/m)$ representa el menor número entero mayor que el cociente n/m.

En el ejemplo de los 700 000 habitantes (palomas) de Sevilla, aplicar este principio generalizado implica que en al menos uno de los huecos (de 0 a 150 000) hay al menos $(700\,000/150\,000) = E(4,67) = 5$ personas con el mismo número de pelos. Por tanto, en Sevilla, es seguro que hay al menos 5 personas que tienen el mismo número de pelos en la cabeza, aunque no se conozcan (lo cual es bastante probable).

52

MOMENTO DE RELAJACIÓN TEATRAL IX: SÓLIDOS PLATÓNICOS PARLANTES

Un poco de historia

L a siguiente pieza teatral escrita por el autor fue puesta en escena en el I.E.S Híspalis de Sevilla con la colaboración, en calidad de actores, de alumnos de 2º de ESO a los que las matemáticas se les hacían bastante difíciles y, por tanto, eran inicialmente reacios a participar. Afortunadamente, estos alumnos se entusiasmaron con el proyecto, vencieron el pánico escénico y de alguna forma, una vez al menos en sus vidas, las matemáticas a través del teatro culminaron en una exitosa experiencia memorable. El autor gozó enormemente al comprobar la motivación y entrega de los alumnos que se traducía en una formidable complicidad en las clases.

Es importante destacar que, durante la preparación y los ensayos, se construyeron los cinco sólidos platónicos (tetraedro, cubo, octaedro, dodecaedro e icosaedro) a tamaño humano utilizando varillas de madera con cáncamos cerrados en los extremos que se unían mediante bridas en los vértices de los poliedros. De tal forma, que cada alumno representaba a un sólido platónico y salía al escenario inscrito en el mismo.

La pieza teatral

Música planetaria: (*Así habló Zaratustra*, de R. Strauss)

Los personajes: Platón, Tetraedro, Cubo, Octaedro, Dodecaedro, Icosaedro y Euler.

Procedente de un viaje espacial, entra Platón simulando un efecto a cámara lenta como en un viaje en el tiempo...

Platón: Quisiera presentarme hoy ante ustedes. Vengo de muy lejos, de más de dos mil años atrás. He realizado un viaje en el tiempo impresionante por haber sido invitado por este instituto para contarles parte de mi vida. Me han dicho que aquí hay profes de mates alucinantes. Yo soy griego y filósofo. Me llamo Platón. Algunos creerán que voy a hablar del mito de la caverna... nada más alejado de la realidad, o de mi dialéctica para con Parménides y Heráclito, la eterna dicotomía entre el Ser y el Devenir. Pues tampoco. He venido a presentarles a mi familia geométrica. Es cierto que cuando joven me interesé por saber en qué consistía el Amor. Tanto que los humanos acuñaron la denominación de Amor Platónico, de lo que tampoco me propongo hablar si no fuera porque para mí el Amor es el impulso que nos lleva a la Belleza concebida en todas sus dimensiones. Precisamente se me ocurrió pensar qué cuerpos geométricos podrían construirse exclusivamente con polígonos regulares. Y me di cuenta de que eran posibles cinco y solo cinco. Son mis sólidos platónicos. Han viajado conmigo. Su belleza, como comprobarán, reside precisamente en sus delicadas y exquisitas formas. ¿Os gustaría verlos hoy y aquí totalmente desnudos?

Se supone que el público responde afirmativamente y enfervorecido.

Platón: Os presento al primero de ellos. ¡Sal, Tetraedro! ¡No seas vergonzoso!

Sale y le aplaude el público (música de circo).

Tetraedro: Hola, maestro Platón.

Platón: Mira, Tetraedro, lo primero que se preguntará nuestro auditorio es por qué te llamas así. ¿Podrías explicarlo?

Tetraedro: Sin problema alguno, gran maestro. El prefijo *tetra* procede del griego y significa 'cuatro' al igual que la terminación *edro* que significa 'cara' o 'plano'. Así pues, como todo el mundo puede comprobar, tengo cuatro caras *(se toca las caras)*.

Platón: Oye, tú procedes del plano, ¿verdad? ¿Podrías hablarnos de tu desarrollo?

Ahora se proyecta en una pantalla al fondo del escenario, una imagen del desarrollo del tetraedro en el plano.

Tetraedro: Efectivamente, en el mundo tridimensional concurren en cada uno de mis vértices tres triángulos equiláteros *(como este personaje está inscrito en un tetraedro, él mismo se señala lo que ocurre en sus vértices)*. Precisamente soy sólido platónico porque al medir 60° cada uno de los ángulos interiores de mis triángulos y ser tres quienes confluyen en uno mismo de mis vértices, resultan 60° · 3 = 180° que no llegan a los 360° que harían imposible generar un cuerpo de tres dimensiones.

Platón: ¡Anonadado me dejas, Tetraedro!

Tetraedro: Me conozco bien, maestro, eso es todo. Además, de los cinco hermanos, yo soy el que menos caras tiene. Pero ¿y los demás? ¿No vienen hoy?

Platón: Es tanta tu sabiduría, Tetraedro, que olvidé a las otras criaturas platónicas. Llamaré entonces al más cuadriculado de todos: ¡Cubo! ¡Ven con nosotros! ¡No te cortes tú tampoco!

(Sale danzando el cubo a escena).

Platón: ¡Seas bienvenido! ¡Oh, gran Cubo! Por cierto, ¿no tienes tú otro nombre también griego?

Cubo: En efecto, hay quien me llama Hexaedro, pues seis son las caras que tengo.

Platón: Hijo mío, y tú ¿juegas algún papel en la vida?

Cubo: Soy el embajador de muchos juegos. Los designios del azar soy yo quien los traza. Los casinos del mundo entero de dados están llenos.

Platón: ¿Y no eres también sagrado símbolo de alguna religión?

Cubo: En efecto, maestro Platón. La Alkaba es precisamente un cubo que se encuentra en la Meca y es el símbolo religioso más importante para los musulmanes.

Platón: ¿Y cómo es tu desarrollo, hijo mío?

(Se proyecta en la pantalla el desarrollo del cubo).

Cubo: Pues muy sencillo *(señalándose él mismo las caras de las que está formado)*, estoy formado por seis cuadrados de forma que en cada vértice confluyen tres de ellos. Y como cada ángulo interior del cuadrado es un ángulo recto, pues $90 \cdot 3 = 270°$ que al no cerrar los 360° permiten que salga un cuerpo perfecto como el mío.

(Se oye la voz del Octaedro desde bambalinas: ¿Y a mí qué, Platón? ¿No soy yo otro de los sólidos tuyos?)

Platón: *(dirigiéndose al cubo)* Perdona, Hexaedro, creo que es el Octaedro quien vocifera ahí fuera. Sí, pasa, Octaedro, te estábamos esperando.

Octaedro: ¡Vaya cómo se enrollan el Tetraedro y el Cubo! ¡También soy yo importante poliedro!

Platón: Cuenta, cuenta, poliedro regular sagrado.

Octaedro: En cierto modo, me parezco a mi hermano el Tetraedro, aunque sin duda tengo más caras que él. Ocho para ser exactos. Y todas son triángulos equiláteros. Así, la existencia de este cuerpo serrano mío es posible por concurrir solo cuatro triángulos en cada uno de mis seis vértices. Pues $60 \cdot 4$ son 240° que es menos de 360° y por eso salgo yo, ¡el Octaedro!

Platón: Muchas aristas te veo, Octaedro engreído.

Octaedro: Las mismas del Cubo y el doble del Tetraedro. Una docena de aristas tengo.

Platón: ¡Me pareces, como todos los otros, perfecto! Pero he de llamar a los dos que aún no han venido. ¡Dodecaedro! ¡Ven! ¡Deja lo que estés haciendo!

El Dodecaedro aparece a la velocidad del rayo.

Dodecaedro: Aquí estoy, maestro Platón. Ensimismado estaba pensando en el Número de Oro.

Platón: ¿Y eso por qué, Dodecaedro?

Dodecaedro: ¡Oh! ¡Gran Maestro! Si te fijas en mis doce caras, verás que todas son pentágonos regulares. Y no te lo vas a creer, pero resulta que el cociente entre una cualquiera de las diagonales de mi polígono constituyente y uno cualquiera de mis cinco lados, da precisamente el número de oro.

Platón: Entonces, llevas doce veces el número de oro, ¿no es así, Dodecaedro? Una por cada uno de los cinco pentágonos regulares.

Dodecaedro: Alucinando le voy a ver, gran maestro Platón. No son doce veces, sino infinitas las veces que lo contengo.

(Se proyecta en la pantalla un pentágono regular con sus diagonales generando más pentágonos en su interior).

Dodecaedro: Cuando se trazan las diagonales de mis caras aparecen nuevos pentagonitos más pequeños en una infinita progresión de estos. Por tanto, soy el sólido platónico más áureo del mundo entero.

Platón: ¡De piedra me has dejado! ¡Oh, Gran y Áureo Dodecaedro! Fíjate que sin saberlo a ti te asocié con el Universo. A tu hermano Tetraedro al Fuego lo asocié, al Cubo con la Tierra y el Aire vinculé al Octaedro. Dejando el Agua para el último de vosotros, el Icosaedro. Y, por cierto, vamos a ir llamándole pues se nos está haciendo tarde. ¡Icosaedro! ¡Solo faltas tú para tener la familia al completo!

(Aparece el Icosaedro con cierta chulería andando).

Icosaedro: ¡Aquí me tienes, maestro! Es verdad que tengo más caras que ningún otro de mis hermanos. ¡Exactamente veinte caras tengo!

Platón: ¿Y de aristas cómo andamos? Porque veo que en vértices te gana el Dodecaedro.

Icosaedro: Toda la razón llevas, maestro Platón. Ocho vértices más que yo tiene el Dodecaedro. Sin embargo, feliz estoy con mi docena. Ahora bien, a ese engreído en aristas yo le igualo. Los dos tenemos treinta.

Platón: He pensado que sería bueno que alguno de vosotros actuase de portavoz del resto, así solo uno podría presentaros en las plataformas digitales: X, Instagram o en Facebook.

Cubo: Mirad, he pensado que sea yo quien represente a todos nosotros a partir de ahora. Soy el que más veces aparezco en la vida cotidiana desde todos los tiempos.

Icosaedro: ¡Protesto, maestro Platón! Se olvida el Cubo de que el de más caras soy yo y es por ello que en primer lugar debiera figurar.

Tetraedro: ¡Ególatras es lo que sois vosotros dos! En la sencillez se encuentra la virtud. Y yo soy el más humilde de todos. ¡Tengo menos caras y menos aristas que ninguno! ¡Dejad que sea yo vuestro portavoz!

Dodecaedro: ¿Tan cretinos sois los tres que aún no os habéis dado cuenta de que el límite del mundo represento? La divina proporción se multiplica en mis entrañas. Por tanto, de ser alguno de nosotros elegido, no debería ser otro más que yo… ¡El insigne Dodecaedro! *(con gesto altivo)*.

Octaedro: ¡Engreídos sois los cuatro que me habéis precedido! Yo he preferido estar callado. ¿Acaso mi maestro no me asoció con el Aire? ¿Y no es acaso el aire necesario para todos nosotros estar vivos? Sin mí ninguno existiría. ¡Sea yo el cuerpo cósmico más sublime y alabado!

Platón: Criaturas platónicas mías, no discutáis más por ver cuál de vosotros supera a los demás. Llamo ahora mismo por el móvil a Leonardo Euler que tanto me aprecia y estima.

(Todo lo que sigue es una conversación telefónica).

Platón: ¿Hola? ¿Es el matemático suizo Euler, a la sazón Leonardo?

Euler: Sí, soy yo.

Platón: ¿Dónde te encuentras, Leonardo?

Euler: En Suiza, siglo XIX, con las matemáticas liado.

Platón: ¿Podrías venir conmigo al siglo XXI solo un momento?

Euler: Para allá que voy raudo por un agujero de gusano.

(Se acaba la conversación telefónica y aparece Euler en escena).

Euler: En el baño me habíais cogido *(atándose el cinturón)* y afortunadamente todo concluido. ¿Cuál es mi misión ante estos sólidos que veo, querido maestro?

Platón: Pues creo que has hecho algún interesante descubrimiento geométrico que ahora puede resolver este entuerto. Están peleados entre ellos. ¿Tienen algo en común estas mis criaturas platónicas?

Euler: ¡Me complace *ad infinitum* poder contarlo! Es una curiosa propiedad que en todos los poliedros convexos he descubierto. Y estos tus sólidos platónicos lo son. ¿Estáis dispuestos a llevaros bien de nuevo?

(Todos responden a la vez: ¡Sí, maestro Leonardo!).

Euler: Veamos… Tú, Tetraedro, ¿cuánto suman tus vértices y caras?

Tetraedro: Ocho, gran maestro *(saca una cartulina que pone: $C + V = 8$).*

Euler: ¿Y cuántas aristas tienes?

Tetraedro: Pues son seis las que tengo *(ahora le da la vuelta a la cartulina que pone $A = 6$).*

Euler: ¿Cuánto a tus aristas has de sumar para a tus vértices y caras igualar?

Tetraedro: Dos nada más.

Euler: Dime ahora tú, Hexaedro o Cubo… ¿cuánto en tu caso tus vértices y caras suman?

Cubo: Catorce es lo que da ($C + V = 14$).

Euler: Y tus aristas, ¿cuántas son?

Cubo: Doce son las que tengo y si les sumo dos, igualan también al catorce anterior ($A = 12$).

Euler: Prueba tú ahora, Dodecaedro querido.

Dodecaedro: A ver, si sumo a mis vértices las caras que tengo, me salen 32 (C + V = 32) que lo mismo me da si sumo dos a mis treinta aristas (A = 30).

Octaedro: ¡Me parece realmente increíble pues, en mi caso, catorce suman mis vértices y caras que es el mismo número cuando sumo dos a mis doce aristas!

Icosaedro: Quedo solo yo, por tanto. A ver, son treinta y dos la suma de mis vértices y caras. Si sumo a mis aristas que son treinta el número dos, ¡me sale también que cuadra la ecuación!

Euler: Pues id en paz, sólidos platónicos. Cualquiera de vosotros puede representar a los demás. Cantemos juntos esta hermosa ecuación que os equipara a todos por igual al cumplirse esta propiedad:

(Los sólidos platónicos unidos por las manos junto a Platón y Euler en los extremos, cantan henchidos de emoción).

Todos: Si a las caras los vértices yo sumo
Y dos a las aristas añado,
Una hermosa identidad hemos generado.

(Se proyecta el eslogan «teorema de Euler: Caras + Vértices = Aristas + 2»).

Podría sonar el minueto de Boccherini y con sencilla coreografía danzar con gracia (o quizás también un fragmento de la flauta mágica de Mozart) para al final, abandonar la escena y dar por concluido el sketch.

53

MATEMÁTICAS EN EL SUPERMERCADO

54.1. La teoría de colas

E l lector seguro que en numerosas ocasiones ha formado parte de una cola en el supermercado, con el consiguiente tiempo de espera que ello conlleva, hasta ser atendido en la caja. A veces nos encontramos una cola por cada caja y otras veces una única cola con un sistema que va enviando a los clientes a las distintas cajas según se van quedando libres. Básicamente, un sistema de colas responde al gráfico siguiente:

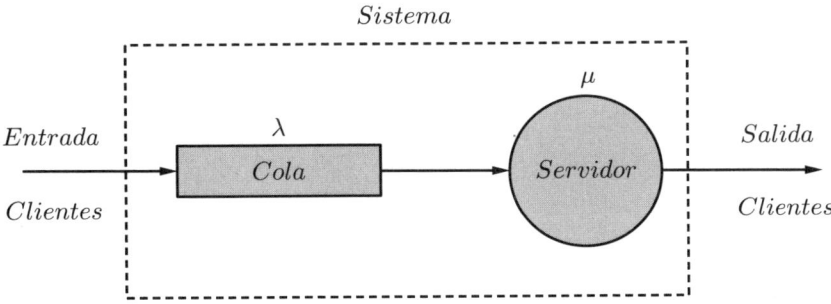

Los clientes entran en el sistema y se encuentran formando parte de una cola (más adelante explicaremos el significado de los parámetros λ y μ) para ser atendidos, tras un tiempo de espera, por un servidor. Tras un tiempo de atención por parte del servidor, los clientes salen del sistema.

Fue el matemático e ingeniero danés llamado Agner Krarup Erlang (1878 – 1929) quien elaboró a principios del siglo pasado un modelo matemático para analizar la congestión del tráfico de llamadas en un sistema telefónico y publicó en 1909 el primer artículo sobre teoría de Colas. Posteriormente, el físico estadounidense llamado John Duttont Conant Little (1928-2024), profesor del Instituto Tecnológico de Massachusetts (MIT), publicó en 1961 la ley que lleva su nombre: ley de Little, válida en general para cualquier escenario de colas (como el que reproducimos en el gráfico anterior), que básicamente establece que el promedio de clientes L en un sistema (en la cola) es igual a la tasa promedio de llegada de clientes λ multiplicada por el tiempo promedio de cada cliente en el sistema W. Matemáticamente se expresa de la siguiente manera:

$$L = \lambda \cdot W$$

Hay que precisar que W es la suma del tiempo de espera en la cola más el tiempo en recibir el servicio.

No es de extrañar que, aparte de los supermercados, se haya aplicado esta teoría también en el mundo de la empresa para tratar de mejorar la eficacia en lo que a la atención de los clientes se refiere cuando esa atención requiere del uso de puestos de servicio que generan las temidas colas (aeropuertos, autopistas, etc.). Es el momento de recordar las situaciones frecuentes en las que llamamos a un número de teléfono para resolver algún problema con, por ejemplo, nuestra compañía telefónica o la empresa suministradora de electricidad y nos ponen en cola para ser atendidos, con esperas que en ocasiones se hacen eternas. A nadie le gusta guardar una cola y es habitual que nos dé la impresión de que la nuestra marcha más despacio que la de los demás. En general, cambiar de cola no tiene por qué mejorar la situación.

La ley de Little podría servirnos para estimar cuánto tiempo estaremos esperando en una cola en el supermercado. Por ejemplo, imaginemos que llegamos a una cola que tiene su caja al final de la misma. Supongamos que hay: L = 15 personas en la cola y que nos han facilitado el dato estadístico en el supermercado de que la media de personas que se incorporan cada 5 minutos a la cola es de 2 personas: λ = 2 personas/5 min = 24 personas/h. Entonces, el tiempo medio de espera que estaremos en la cola, aplicando la ley de Little, sería: $W = L/\lambda$ = 15/24 = 0,625 h = 37,5 min. Con lo cual, probablemente, desistiríamos de mantenernos en la cola. Ahora bien, si cronometramos nosotros el número de personas que se incorporan a la cola en un tiempo determinado, lo más probable es que ese dato no nos resulte útil por no ser un dato obtenido estadísticamente.

Gracias a la ley de Little muchas empresas han mejorado sus servicios de atención a los clientes llegando, por ejemplo, a la conclusión de que resulta más eficaz que todas las ventanillas de atención al público ofrezcan todos los servicios en vez de especializar cada ventanilla en un servicio concreto (de esta manera se optimizan los tiempos de espera).

Siguiendo la notación que Kendall introdujo en 1953: $A/B/S$ donde la A se refiere a la distribución del tiempo entre llegadas de clientes a la cola, la B a la distribución del tiempo del servidor para atender a los clientes y la S el número de servidores disponibles (número de cajas en un supermercado, por ejemplo), hemos elegido la más sencilla de todas conocida como $M/M/1$. En esta situación se supone que hay una única cola y un único servidor (una persona que atiende por ejemplo en la caja) al final de la misma. La doble M del código significa markoviano, en alusión a las cadenas de Markov que constituyen procesos al azar variables con el tiempo que no guardan memoria del pasado. Esto es que, si estamos esperando en una cola en el supermercado, la historia del cliente que tenemos delante de nosotros no ejerce influencia alguna, por ejemplo, sobre el tiempo que nosotros tardaremos en pagar cuando lleguemos a la caja (no nos influye el tiempo que tardó en pagar la persona que iba delante, si era más joven o más viejo, hombre o mujer, si lo hizo con tarjeta de crédito o en metálico, el tiempo que esa caja llevaba abierta al público, etc.). En las condiciones anteriores es posible utilizar dos datos esenciales para definir una nueva magnitud adimensional de gran interés que será la tasa de utilización del sistema que llamaremos ρ. Uno de los datos ya ha sido visto con anterioridad: λ = tasa de llegada de clientes a la cola (por ejemplo, clientes/h) y el otro que definimos ahora: μ = ritmo de atención del servicio al cliente (por ejemplo, clientes/h). La definición de ρ tiene sentido cuando $\mu > \lambda$:

$$\rho = \frac{\lambda}{\mu}$$

Esta tasa convertida en porcentaje nos informa del promedio de la eficiencia del sistema. Si en un supermercado el valor de $\lambda = 35$ clientes/h, y el valor de $\mu = 40$ clientes/h, resulta que la eficiencia es: $\rho = 35/40 = 0{,}875 \to \rho = 87{,}5\,\%$. La tasa de ocupación del servidor es del 87,5 %.

En el ejemplo anterior, con $\rho = 0{,}875 < 1$, el número de servidores es suficiente (en nuestro caso solo uno) y el sistema se mantiene estable. Pero si fuese $\rho > 1$, la cola tendería a crecer con el tiempo, el número de servidores sería insuficiente y el sistema sería inestable.

Con todo lo visto hasta ahora y siguiendo con el ejemplo inicial para los valores de λ y μ, se pueden realizar unas interesantes estimaciones:

1) El tiempo medio de espera en el sistema W:

$$W = \frac{1}{\mu - \lambda}$$

Con lo cual: $W = 1/5 = 0{,}2\,\text{h} = 12\,\text{min}$

2) El tiempo medio de espera en la cola W_q:

$$W_q = \rho \cdot W = \frac{\rho}{\mu - \lambda}$$

En nuestro caso, $W_q = 0{,}875/5 = 0{,}175\,\text{h} = 0{,}175 \cdot 60 = 10{,}5\,\text{min.}$

3) El número medio de clientes en el sistema L, por la ley de Little: $L = \lambda \cdot W$, de donde:

$L = 35 \cdot 0{,}2 = 7$ clientes (obsérvese que, dado que λ viene dado en clientes/h, necesariamente W hemos de expresarlo en h)

4) El número medio de clientes en la cola L_q:

$$L_q = \rho \cdot L$$

En nuestro caso, $L = 0{,}875 \cdot 7 = 6{,}125$ clientes

54.2. LAS OFERTAS 2X1, 3X2, 4X3, ETC.

Otra experiencia con la que estará familiarizado el lector sin ningún género de dudas en el supermercado y en otros establecimientos, es la de encontrarse con ofertas del tipo 2 x 1, 3 x 2, 4 x 3, 5 x 4 etc. A veces, sorprendentemente, incluso con excentricidades del tipo: 7 x 5 (en tiendas de ropa interior, por ejemplo) y otras similares. Veamos cómo elegir la mejor opción y por qué. En el gráfico siguiente se verá con claridad:

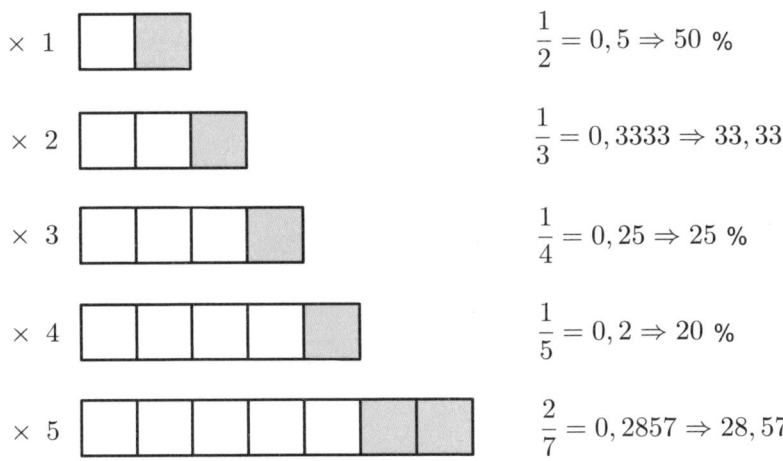

$\times$ 1 $\quad\quad\quad$ $\dfrac{1}{2} = 0,5 \Rightarrow 50\ \%$

$\times$ 2 $\quad\quad\quad$ $\dfrac{1}{3} = 0,3333 \Rightarrow 33,33$

$\times$ 3 $\quad\quad\quad$ $\dfrac{1}{4} = 0,25 \Rightarrow 25\ \%$

$\times$ 4 $\quad\quad\quad$ $\dfrac{1}{5} = 0,2 \Rightarrow 20\ \%$

$\times$ 5 $\quad\quad\quad$ $\dfrac{2}{7} = 0,2857 \Rightarrow 28,57$

En el gráfico anterior y en cada oferta, se dejan en blanco las unidades que pagamos y en sombreado las unidades que no pagamos y nos «regalan». Por ejemplo, en la oferta 3 x 2, pagamos dos unidades y la tercera nos la regalan. Considerando las tres partes como una unidad, es evidente que nos regalan 1/3 del total. De ahí que, el tanto por uno de regalo, sea: 1/3 = 0,3333…, y el tanto por ciento: 33,33 % (hemos multiplicado por 100 el tanto por uno).

En general y en una oferta genérica: *m x n* (lógicamente con *m > n,* ya que *m* son las unidades que nos llevamos siendo *n* las que pagamos) para conocer el porcentaje que nos ahorramos, bastará aplicar la sencilla fórmula:

$$\frac{m - n}{m} \cdot 100$$

Si lo aplicamos a la oferta 7 x 5, m = 7, n = 5 → (2/7) · 100 = 28,57 % de ahorro.

54.3. El IPC

Por supuesto en el supermercado, pero en general en nuestra vida cotidiana, el IPC o Índice de precios de consumo juega un papel esencial en la economía familiar y los medios de comunicación informan continuamente de su valor. Realmente el IPC mide la inflación, es decir, el encarecimiento de la vida. Se trata de una magnitud estadística que mide la evolución de los precios de una selección de bienes y servicios. En España se seleccionan unos 500 artículos (conocidos como «cesta de la compra») que se reparten en 12 grupos. Y a cada grupo se le asigna un peso porcentual (ponderación) en función de la importancia que tiene en el consumo de los hogares. A modo de ejemplo, reproducimos los 12 grupos y sus ponderaciones establecidos por el INE (Instituto Nacional de Estadística) para 2024:

Grupo	Sector	Ponderación (%)
1	Alimentación y bebidas no alcohólicas	19,2
2	Bebidas alcohólicas y tabaco	3,8
3	Vestido y calzado	3,9
4	Vivienda	12
5	Menaje	5,3
6	Medicina	5,8
7	Transporte	14,4
8	Comunicaciones	3,3
9	Ocio y cultura	8,6
10	Enseñanza	1,9
11	Hoteles, cafés, restaurantes	13,9
12	Otros	7,8

Se observa que los grupos 1, 7, 11 y 4, por ese orden, son los de mayor ponderación en la cesta de la compra. Es probable que, si el lector hace un estudio de esos mismos grupos en su economía particular, no coincida en las ponderaciones. Ello es debido a que la tabla es un resumen estadístico que tiene en cuenta numerosos hogares y consumos diferentes en toda España.

Todos los meses, el INE, publica el IPC del mes anterior. Una bajada del IPC no significa que los precios hayan bajado, sino que el aumento de los mismos sigue un ritmo más lento que en el pasado. Un IPC del 3 % va a suponer que para adquirir los mismos productos y servicios del periodo anterior (en conjunto) tendremos que pagar un 3 % más que en el periodo anterior, y si los sueldos no se incrementan en ese mismo porcentaje, que es lo habitual, nuestro poder adquisitivo va menguando.

Para hacernos una idea de cómo se calcula el IPC podemos utilizar la siguiente fórmula general:

$$IPC = \frac{C_{t_1}}{C_{t_0}} \cdot 100$$

Donde C_{t_1} indica el coste de la cesta de la compra en el periodo t_1 y C_{t_0} el coste en el periodo t_0. Podemos precisar más la fórmula:

$$IPC = \frac{p_1^{t_1} q_1^{t_1} + ... + p_n^{t_1} q_n^{t_1}}{p_1^{t_0} q_1^{t_0} + ... + p_n^{t_0} q_n^{t_0}} \cdot 100$$

Con esta fórmula se calcularía el IPC del periodo t_1 tomando como base el periodo anterior t_0. Donde:

$$p_i^{t_j} = precio\ producto\ i\ en\ t_j$$

El subíndice i variará desde 1 hasta n (p se refiere al precio de cada uno de los n artículos) mientras que el subíndice j solo podrá tomar los valores de los periodos 1 y 0w (t_1 para el periodo en el que se calcula el IPC y t_0 para el periodo que se toma como referencia). Así, p_3 en t_0 significa el precio del artículo $n = 3$ en el periodo que se toma como referencia t_0.

De igual forma:

$$q_i^{t_j} = ponderación\ producto\ i\ en\ t_j$$

Ahora q se refiere a las ponderaciones de cada uno de los n artículos, con los subíndices i y j con el mismo significado visto en el párrafo anterior. Por ejemplo, q_5 en t_1 significa la ponderación del artículo $n = 5$ en el periodo donde calculamos el IPC, es decir, t_1.

Como ejemplo de aplicación de la fórmula para el IPC, vamos a suponer en la siguiente tabla que solo tenemos cuatro grupos de artículos

A, B, C y D. Se proporcionan los precios de cada artículo en cada periodo, así como las ponderaciones correspondientes, que se han supuesto se mantienen constantes en ambos periodos t_0 y t_1:

Grupos	t_0	t_1	Ponderación %
A	125	150	30
B	95	98	20
C	355	370	10
D	210	200	40

$$IPC = \frac{150 \cdot 30 + 98 \cdot 20 + 370 \cdot 10 + 200 \cdot 40}{125 \cdot 30 + 95 \cdot 20 + 355 \cdot 10 + 210 \cdot 40} \cdot 100 = 103,18$$

En consecuencia, el aumento de los precios en el periodo t_1 con relación al periodo t_0, es decir, el IPC, ha sido del 3,18 % (la referencia es el IPC en el periodo t_0 que se le asigna 100). La vida se habría encarecido un 3,18 %. Importante tener en cuenta que, aunque un mes determinado el IPC baje, eso no significa que los precios hayan bajado, sino que han subido más lentamente.

54

UN HOMENAJE A ALAN TURING

E l matemático, criptógrafo y lógico británico Alan Mathison Turing nació en 1912 y falleció a los 42 años en circunstancias que siguen sin estar claras. Era hijo de Julius Mathison Turing, un funcionario británico en la India, y de Ethel Sara Stoney, perteneciente a una familia de la nobleza protestante angloirlandesa. Debido al cargo de su padre en India, pasaba largas temporadas sin sus padres en Gran Bretaña donde estos deseaban que estudiase.

Es célebre la anécdota acaecida en el internado de Sherborne cuando tan solo contaba con catorce años. El primer día de clase coincidió con una huelga general en Inglaterra. Como el internado se encontraba en Southampton a más de 96 km de la escuela, decidió no perderse la primera clase y acudir en bicicleta, aunque tuviese que pernoctar en una posada. Quizá el lector se pregunte cuántos jóvenes de hoy en día estarían dispuestos a la misma aventura con tal no de perderse la primera clase del instituto.

Turing demostraría desde muy joven su interés por lo abstracto y las notaciones simbólicas, hasta el punto de detenerse al pie de las farolas por las que pasaba para estudiar los números de serie troquelados en las mismas.

Se ganó el apodo de *Math Brain* (cerebro matemático) en el internado por su gusto por leer en soledad libros de matemáticas de alto nivel. Consiguió ingresar con una beca en 1931 en el King´s College de la Universidad de Cambridge, uno de los centros más importantes de investigación matemática en el mundo. En 1933 tuvo la suerte de ser iniciado en los fundamentos lógicos de la matemática nada más y nada menos que por Bertrand Russell, y un año antes ya había leído *Fundamentos matemáticos de la mecánica cuántica* de Von Neumann. Le preocupaba especialmente el problema de la mente y la materia y, por ello, buscó respuestas a sus preguntas tanto en el mundo de las matemáticas como en el de la física. Finalmente, conseguiría su licenciatura en matemáticas por esa universidad en 1934. Fueron años especialmente felices para Turing pues respiraba aires de libertad en su entorno académico, con el prestigioso economista británico John Maynard Keynes como director, en un clima liberal frente a la sociedad puritana inglesa.

En 1936, publicó un artículo crucial para el desarrollo posterior de la informática y ciencias de la computación titulado *Sobre los números calculables y su aplicación al problema de la decibilidad* donde define rigurosamente el concepto de «algoritmo» y acuña el concepto de «Autómata Algorítmico Universal».

La primera acepción de «algoritmo» que da el diccionario de la Lengua de la Real Academia Española es la siguiente: «conjunto ordenado y finito de operaciones que permite hallar la solución de un problema». Ejemplos de algoritmos sencillos conocidos por el lector: el cálculo del m.c.m. (mínimo común múltiplo) o el m.c.d. (máximo común divisor) de varios números, el procedimiento de cálculo de una raíz cuadrada, el método de Ruffini para hallar las raíces enteras de un polinomio, el método para averiguar sin un determinado número es primo o no lo es, etc. Un algoritmo es un proceso secuencial y ordenado donde cada paso debe estar perfectamente definido para que sea preciso y no existan ambigüedades en su ejecución. Para que veamos que los algoritmos son muy frecuentes en la vida cotidiana, especificamos a continuación el correspondiente a freír un huevo:

1. Inicialmente
   • Ingredientes y útiles: se necesita al menos un huevo, aceite o mantequilla, una sartén, una espátula, un plato y opcionalmente sal y pimienta.

- Calentar la sartén: coloca una sartén en la placa de que dispongas, a fuego medio.

2. Añadir grasa
   - Aceite o mantequilla: añade una pequeña cantidad de aceite o mantequilla en la sartén caliente. Espera a que la grasa se caliente, pero que no llegue a humear.

3. Romper el huevo
   - Cascar el huevo: rompe el huevo cuidadosamente sobre el borde de un bol o la encimera, asegurándote de no romper la yema.
   - Verter el huevo: vierte el huevo suavemente en la sartén.

4. Cocinar el huevo
   - Freír el huevo: deja que el huevo se cocine. Puedes inclinar la sartén de vez en cuando para que la clara se distribuya uniformemente.

5. Ajuste de temperatura y tiempo
   - Controlar el fuego: ajusta la temperatura según sea necesario. Un fuego demasiado alto puede quemar el huevo antes de que la clara esté completamente cocida.
   - Tiempo de cocción: cocina hasta que la clara esté completamente cuajada y la yema tenga la consistencia deseada. Esto suele tardar entre 2 a 4 minutos.

6. Condimentar
   - Sal y pimienta: agrega sal y pimienta al gusto sobre el huevo.

7. Servir
   - Retirar de la sartén: usa una espátula para transferir el huevo cocinado a un plato.
   - Servir caliente.

Turing es conocido sobre todo por su concepción teórica de la máquina que lleva su nombre, la máquina de Turing, que consiste básicamente en «un dispositivo matemático abstracto capaz de leer y escribir informaciones unitarias, al nivel más elemental de su análisis lógico, en una cinta potencialmente infinita, procediendo para ello casilla por casilla» (Ifrah, 2022, 1617). Se trata, por tanto, de una «máquina» ideal que es capaz de modificar por sí misma su estado interno así como de leer y escribir informaciones elementales mediante un proceso secuencial.

Existe una infinidad de máquinas de Turing posibles: la máquina de Pascal, las antiguas calculadoras mecanográficas de tarjetas perforadas, la máquina de Charles Babbage (aunque no llegase a construirse), las máquinas inglesas para descifrar mensajes encriptados durante la Segunda Guerra Mundial como Bombe (de la que hablaremos más adelante) y Colossus, los ordenadores actuales, etc.

También hay que destacar otra de sus invenciones: el célebre y revolucionario test de Turing, un test que podría servir para decidir si un ordenador puede pensar, sentir y emocionarse como un ser humano (como vemos una herramienta vinculada a la inteligencia artificial tan en boga en la actualidad). Esta idea la publicó en un artículo de la revista académica de filosofía *Mind* en 1950 titulado *Computing Machinery and Intelligence* (*Máquinas de Cálculo e Inteligencia*). Así, para poder aceptar que un ordenador piensa, el test de Turing requiere tres actores principales: un ordenador, un voluntario humano y un interrogador también humano.

El ordenador y el voluntario humano quedarían ocultos a la vista del perspicaz interrogador. De lo que se trata es de intentar decidir cuál de los dos es el ordenador y el ser humano, mediante preguntas de prueba que el interrogador les formula. Como es lógico, las respuestas tanto del ordenador como del voluntario humano se transmiten de modo impersonal, como por ejemplo proyectadas en una pantalla de ordenador. Además, la persona que interroga no dispone de más información de sus interlocutores que la que obtiene en la sesión de preguntas y respuestas. Obviamente el ser humano tratará de persuadir al interrogador de que él es realmente el ser humano, pero el ordenador estará programado para mentir y convencer al interrogador de que el humano es él. Pues bien, si tras la aplicación de una serie de test de este tipo el interrogador es incapaz de identificar de una forma definitiva al sujeto humano real, entonces se considera que el ordenador ha superado la prueba y, por tanto, es capaz de pensar y tiene una conciencia como la de un ser humano. Por ahora, parece ser que ningún ordenador ha superado completamente el test de Turing. El lector puede hacerse una idea de un test de este tipo visionando la película de 1982 de Ridley Scott, *Blade Runner*, en la que un test parecido al de Turing trata de decidir, basándose en las respuestas emocionales y de empatía obtenidas, si se está frente a un ser humano o un «replicante» no humano.

Gran Bretaña entró en guerra contra Alemania el 3 de septiembre de 1939 iniciando así su participación en la Segunda Guerra Mundial. Un día después, Alan Turing fue contratado por el Departamento de Criptoanálisis del ejército británico en Bletchley Park (una instalación militar ultrasecreta situada en el condado de Buckinghamshire, aproximadamente a 80 km al noroeste de Londres), para descifrar los mensajes que componía la máquina alemana Enigma que utilizaban principalmente las fuerzas armadas alemanas (Wehrmacht) por tierra, mar o aire. El equipo de Alan Turing desarrolló para ello una máquina llamada Bombe que consiguió descifrar del orden de 2,5 millones de mensajes codificados a lo largo de la guerra. El trabajo de Turing y su equipo no solo contribuyó a interceptar y decodificar los mensajes alemanes, sino que también jugó un papel decisivo en acortar la duración de la guerra con el consiguiente ahorro de pérdida de vidas. El primer ministro británico Winston Churchill reconocería a lo largo de la guerra el papel crucial que jugó Bletchley Park en la victoria final de los aliados describiendo a aquel equipo de científicos como: «Los gansos que pusieron los huevos de oro y nunca cacarearon» (*Bletchley Park was the goose that laid the golden eggs but never cackled*). Un claro homenaje al equipo de científicos anónimos cuyo trabajo oculto resultó decisivo en el devenir de la guerra.

La homosexualidad de Turing, a causa del puritanismo victoriano de los años 50, en los que se consideraba ilegal, determinaría su vida personal y profesional, sobre todo en los años posteriores a la finalización de la Segunda Guerra Mundial. Acusado de indecencia grave en 1952, se le ofrecieron dos opciones, espantosas ambas: ir a prisión o someterse a un proceso de castración química. Turing eligió la segunda.

El 8 de junio de 1954 fue descubierto el cadáver de Alan Turing por su ama de llaves en su domicilio de Wilmslow. Estaba en la cama junto a una manzana mordida. La explicación oficial que se dio fue la de suicidio por envenenamiento con cianuro, sin embargo, existen otras teorías a tener en cuenta que dejan abierta a la especulación las posibles y auténticas causas de su fallecimiento: posible accidente provocado por la manipulación indebida por parte de Turing de ciertos compuestos químicos como el cianuro o asesinato debido al conocimiento de los secretos de Estado que tenía como criptoanalista en Bletchley Park durante la guerra, entre otras.

El 24 de diciembre de 2013, convencida de la flagrante injusticia cometida contra el científico Alan Turing por su homosexualidad, la reina Isabel II le otorgó un indulto póstumo. En 2014 se estrenó la película dirigida por Morten Tyldun y dedicada a su vida: *The Imitation Game (Descifrando Enigma)* basada en el libro *Alan Turing: The Enigma* de Andrew Hodges.

55

TE QUIERO UN MOL

Amadeo Avogadro (1776-1856) fue un físico italiano, catedrático de física en la Universidad de Turín, famoso por la hipótesis que lleva su nombre y que fue enunciada en 1811: «Volúmenes iguales de todos los gases, en iguales condiciones de presión y temperatura, contienen igual número de moléculas».

Una aplicación práctica en la vida cotidiana de esta hipótesis se pone de manifiesto, por ejemplo, a la hora de preparar pan casero. Si estamos en la cocina, necesitaremos agua, harina y, fundamental, levadura. La levadura es un hongo microscópico que fermenta los azúcares de la harina produciendo un gas, el CO_2 (dióxido de carbono), en forma de pequeñas burbujas que quedan atrapadas en la masa con la consiguiente expansión de la misma. Entonces, según la hipótesis de Avogadro, siempre que las condiciones de presión y temperatura sean las mismas, el número de moléculas de CO_2 será el mismo, con lo cual, con la cantidad de levadura establecida y de harina, podremos predecir cuánto CO_2 se producirá, y con ello controlaremos el volumen del pan y su textura.

Cuando Avogadro presentó su hipótesis en 1810 no fue aceptada por la comunidad científica. En 1860 volvió a presentarla un químico italiano llamado Stanislao Cannizaro a quien ya se la aceptaron. No obstante, Avogadro había fallecido en 1856 y no pudo disfrutar de este reconocimiento en vida. En honor a este científico se estableció el número de Avogadro, a saber, la cantidad de entidades de cualquier tipo (átomos, iones, moléculas, etc.) en un mol de cualquier sustancia: $6,022 \cdot 10^{23}$. Un mol es una monstruosa cantidad del orden de la mitad de un cuatrillón de entidades. Ahora entenderá el lector por qué iniciábamos este capítulo bajo el título: «Te quiero un mol». Es previsible que si alguien declara el amor a su pareja en estos términos y se lo explica, el triunfo esté prácticamente asegurado. Un mol de naranjas, por ejemplo, sería del orden de 602 200 trillones de naranjas.

Realmente el número de Avogadro representa el número de átomos que hay en 12 gramos del isótopo del carbono más abundante en la Tierra que es el Carbono-12. Así, si tenemos un compuesto químico como el dióxido de carbono, CO_2, cuyo peso molecular es 44 ($C = 12$, $O = 16$, $PM = 12 + 2 \cdot 16 = 44$), significa que en un mol de CO_2, o lo que es igual, en 44 gramos de CO_2, hay $6,022 \cdot 10^{23}$ moléculas de CO_2.

Imagine el lector que disponemos de una bolita de 12 gramos de carbono puro y que la ampliásemos hasta tener el tamaño de la Tierra. Vamos a demostrar que, cada uno de los $6,022 \cdot 10^{23}$ átomos de carbono que hay en la bolita, se aproximaría al tamaño de un balón de fútbol. Para ello, tomaremos como radio de la Tierra, $R = 6.370$ km ($6,37 \cdot 10^6$ m) y como radio del balón de fútbol, $r = 7,544$ cm (0,07544 m). Recordemos que el volumen de una esfera es: $V = 4/3 \cdot \pi \cdot R^3$. ($R$ = Radio de la esfera).

Por una parte, el volumen de la Tierra será:
$V_T = 4/3 \cdot \pi \cdot (6,37 \cdot 10^6)^3 = 1,083 \cdot 10^{21}$ m^3

Por otro lado, el volumen del balón de fútbol será:
$V_b = 4/3 \cdot \pi \cdot 0,07544^3 = 1,7984 \cdot 10^{-3}$ m^3

Para ver cuántos balones de fútbol entran en la esfera terrestre aproximadamente, bastará dividir V_T / V_b. Veamos:

$$\frac{V_T}{V_b} = \frac{1,083 \cdot 10^{21}}{1,7984 \cdot 10^{-3}} = 6,022 \cdot 10^{23}$$

Efectivamente, hemos obtenido el número de Avogadro de balones de fútbol.

Si en un periódico norteamericano encontrásemos escrito: 6.02 10 23, podría significar las 6.02 horas del mes 10 del día 23. Entonces, al igual que vimos que el número pi tenía su día de celebración el día 14 de marzo (3,14) porque en inglés norteamericano las fechas se escriben colocando en primer lugar el mes y a continuación el día, el mol también tiene el suyo: todos los días 23 de octubre entre las 6.02 a.m. y las 6.02 p.m. se celebra el Día Mundial del Mol.

56

ANTOINE L. LAVOISIER: DE LA ALQUIMIA A LA QUÍMICA MODERNA CON TRÁGICO FINAL

Rendimos un merecido homenaje en esta ocasión al químico francés llamado Antoine Laurent Lavoisier (1743-1794), quien jugaría el mismo papel que Galileo en el ámbito de la física dos siglos antes, sentando las bases de la química moderna tras demostrar la inconsistencia de la teoría del flogisto, una sustancia hipotética que se creía presente en toda materia susceptible de entrar en combustión como veremos más adelante.

La conocida ley de Lavoisier o de conservación de la masa supuso una revolución para la química debido a que permitió plantear las reacciones químicas como auténticas ecuaciones matemáticas que había que ajustar para posteriormente realizar cálculos estequiométricos. Esa ley establece que la masa total de los reactivos ha de ser igual a la masa total de los productos obtenidos. Tiene una única excepción: las reacciones nucleares en las que la pérdida casi insignificante de masa es la causa de la ingente cantidad de energía obtenida según la ecuación de Einstein: $E = mc^2$ (E = energía, m = masa, c = velocidad de la luz).

Lavoisier estudió la carrera de Derecho y se interesó por la literatura inicialmente. Pero su amistad con el mineralogista francés Guettard y su asistencia a las conferencias del químico Ruelle y del astrónomo Lacaille le llevaron a dedicarse por completo a la ciencia y, en especial, a la química. Además, perteneció a la Ferme Générale, un organismo privado de recaudación de impuestos para la Corona en Francia que existió antes de la Revolución francesa. Como agente recaudador de esta entidad privada, Lavoisier obtenía un porcentaje del impuesto cobrado que le ayudaba a financiar sus investigaciones científicas. Sin embargo, años después, la Ferme Générale fue considerada por un sector revolucionario como una entidad opresiva y corrupta que explotaba al pueblo. Esta pertenencia de Lavoisier a la Ferme Générale tendría fatales consecuencias para su vida tras la instauración de la primera República francesa en 1792.

Lavoisier estableció, igualmente, la definición precisa de elemento químico como una sustancia básica que no puede descomponerse en otras más simples, y «compuesto químico» como una sustancia formada por la combinación de elementos químicos (como ejemplo, el hidrógeno H y el oxígeno O serían elementos químicos, mientras que el agua H_2O sería un compuesto químico).

En 1787, Lavoisier junto a Antoine Francois de Fourcroy, Guyton de Morveau y Claude Louis Berthollet, publicaron un método de nomenclatura química, esto es, un tratado revolucionario con un nuevo lenguaje para la química, riguroso y preciso que se basaba en nombrar los compuestos químicos en función de los elementos que contenían. Resultó tan claro y lógico que básicamente ha perdurado hasta nuestros días. Como consecuencia, algunas viejas denominaciones cambiarían drásticamente: el *aceite de Vitriolo* pasaría a ser el ácido sulfúrico, el *azafrán de Marte* se llamaría óxido férrico, la *lana filosófica* quedaría como óxido de zinc o el *vitriolo de Chipre* que se convertiría en el sulfato cúprico.

También escribió un libro llamado *Tratado Elemental de Química* en 1789 (el mismo año en el que tuvo lugar la toma de la Bastilla con la que se inicia la Revolución francesa) que supuso un duro golpe para la alquimia, con una lista de los 33 elementos conocidos en su época que se constituyeron como una base sólida para lo que más tarde se conocería como la tabla periódica de los elementos.

El alquimista alemán J. J. Becher (1635-1682) junto a su discípulo, el químico alemán Georg E. Stahl (1660-1734), desarrollaron la teoría del flogisto que suponía que toda sustancia combustible contenía una sustancia inflamable a la que llamaron flogisto, de forma que una sustancia no combustible se pensaba que ya había expulsado su flogisto inicial. Sin embargo, había serias incongruencias en esta teoría, como por ejemplo el hecho de que determinados objetos pesaban más tras la combustión que antes de esta. Si el flogisto formaba parte del objeto antes de la combustión y desaparecía después, no tenía explicación que, tras la combustión, el objeto pesara más (se llegó a especular con la absurda hipótesis de que el flogisto tuviese un peso negativo). Además, se observó que el aire era necesario para la combustión. Observe el lector que la definición de combustión que actualmente proporciona el diccionario de la Real Academia Española es «Reacción química entre el oxígeno y un material oxidable, acompañada de desprendimiento de energía y que habitualmente se manifiesta por incandescencia o llama».

Lavoisier destruye definitivamente la teoría del flogisto al establecer la verdadera naturaleza de la combustión como una combinación del oxígeno existente en la atmósfera con la sustancia combustible. Explica que, por ejemplo, el azufre combinado con el oxígeno en la combustión producía ácido sulfúrico que pesaba más que el azufre inicial o que el fósforo también en combinación con el oxígeno producía ácido fosfórico con mayor peso que el fósforo inicial. El flogisto resultó ser una quimera.

El aire y el agua se consideraban dos de los cuatro elementos simples tradicionales junto a la tierra y el fuego desde la Grecia clásica. Y Lavoisier demuestra que el aire no es un elemento simple, sino un compuesto, una mezcla de dos gases principales: el «aire vital» que bautizaría en 1777 como oxígeno (del griego, que origina ácidos), necesario para la combustión, y el azoe (del griego, sin vida) que el químico francés Jean-Antoine Chaptal (1756-1832) en 1790 denominaría como nitrógeno. La proporción que encontró de ambos elementos químicos fue extraordinariamente precisa: 79 % de N_2 y 21 % de O_2 (los valores actuales son: 78 % de N_2, 21 % de O_2 y el 1 % restante de gases como el argón Ar o el dióxido de carbono CO_2, no muy conocidos en aquella época). Igualmente, en el caso del agua, Lavoisier demuestra que no se trata de un elemento simple, sino de un compuesto de dos elementos, hidrógeno y oxígeno (con la nomenclatura actual: H_2O). Llegó a calcular incluso la proporción de ambos con bastante precisión: 27 % de O_2 y 73 % de H_2 (en realidad, las proporciones son: 21 % de O_2 y 78 % de H_2).

Lavoisier también hizo grandes aportaciones científicas a la sociedad que le tocó vivir. Investigó ciertos métodos para mejorar la iluminación de los pueblos (en 1766 recibió la medalla de oro de la Academia de Ciencias Francesa por su propuesta de alumbrado público para grandes poblaciones) así como para incrementar la productividad agrícola y modernizar la agricultura (en concreto la conveniencia del uso del nitrógeno en los fertilizantes).

El 18 de mayo de 1768 Lavoisier había ingresado en la Academia de Ciencias Francesa y doce años después se topó con un periodista con ínfulas de científico llamado Jean Paul Marat que quiso entrar en la academia sin conseguirlo, algo que Marat no le perdonaría nunca a Lavoisier ni al resto de miembros de la academia que lo rechazaron alegando falta de rigor y fundamentación científica en los trabajos que había presentado.

En 1792, Marat se había convertido en un poderoso cabecilla revolucionario, un político radical que consideraba enemigos de la revolución a la aristocracia y, en general, a la élite económica y científica. Debieron influir en el fatal destino del científico y de forma determinante, tanto la hostilidad de Marat hacia Lavoisier, como el hecho de haber ejercido este último de recaudador de impuestos en la Ferme Générale. Aunque Marat fue asesinado en 1793, Lavoisier fue acusado de formar parte de absurdos complots y se le condenó a la guillotina en una farsa de juicio improvisado. Cuando Lavoisier fue arrestado y alegó que era un científico, el tribunal revolucionario que le juzgó, respondió: «La Republique n'a pas besoin de savants» ('La República no necesita científicos'). Muere el 8 de mayo de 1794, con cincuenta años. El prestigioso matemático francés Joseph Louis Lagrange (1736-1813), coetáneo de Lavoisier, se lamentó diciendo: «En un solo instante le habéis dejado sin cabeza, pero harán falta más de cien años para que aparezca otro igual».

Dos meses después, los radicales fueron depuestos y al cabo de pocos años Francia reconocía el craso error cometido decapitando a uno de sus más ilustres científicos.

57

LISE MEITNER, LA FÍSICA QUE DEBIÓ GANAR EL PREMIO NOBEL

Al igual que hicimos con Alan Turing en capítulos anteriores, resulta obligado rendir un merecido homenaje también a la física austríaca Lise Meitner (1878-1968) por su decisiva contribución en el estudio de la física nuclear y, en especial, en la fisión nuclear cuyas devastadoras consecuencias militares pudo atisbar y que la hicieron alejarse de todo lo que implicase un uso militar desde el principio. No obstante, la energía obtenida a través de la fisión nuclear también ha tenido aplicaciones pacíficas, algunas controvertidas como las centrales nucleares (con defensores y detractores) y otras de enorme interés tecnológico como los generadores de energía en submarinos, sondas espaciales, etc. En cualquier caso, la física nuclear ha resultado crucial en campos como la medicina o en aplicaciones industriales diversas como los controles de calidad.

De familia judía, Meitner tuvo que superar los obstáculos casi infranqueables de la época por el hecho de ser mujer, encontrarse dentro de la Alemania nazi y querer investigar en la recién inaugurada física nuclear desde la universidad. En Austria, durante el siglo xix, las mujeres estaban excluidas de las universidades, pero en 1897 el gobierno lo consintió no sin exigir que aprobasen un examen preliminar que solo cuatro mujeres superaron. Una de ellas fue Lise Meitner.

Meitner asistía fascinada a las clases del eminente físico de la época Ludwig Boltzmann y años después, en 1906, tras explicar unos experimentos del físico inglés lord Rayleigh que él mismo no llegaba a entender, consiguió el grado de doctora, algo insólito en una mujer en aquella época. Entonces, en 1907, decidió marcharse a la Universidad de Berlín para asistir a las clases del eminente físico Max Planck y allí conoció al químico nuclear Otto Hahn con quien trabajaría activamente durante treinta años. La física y el químico se complementaban a la perfección. Publicaron juntos importantes artículos durante 1908 y 1909, aunque ella, al contrario que él, no recibía ninguna compensación económica por sus trabajos de investigación.

En 1912 comienza Meitner su andadura en el Kaiser-Wilhelm-Institut de Berlín, un prestigioso centro de investigación en física y química, precursor de los actuales Institutos Max Planck. Nuevamente se produjo un tratamiento desigual, Otto Hahn fue contratado como científico con remuneración, pero a Lise Meitner la consideraron «colaboradora gratuita». No obstante, un año después, fue Planck quien la nombró primera ayudante científica de Prusia consiguiendo su primer sueldo. Se creó el laboratorio Hahn-Meitner para investigación en física nuclear. Einstein la llamaba afectuosamente «nuestra Marie Curie», y en 1919 Meitner consiguió la primera plaza de profesora de la universidad alemana.

Durante los años veinte se conocían dos partículas subatómicas fundamentales: el electrón, con carga eléctrica negativa y girando alrededor del núcleo atómico, descubierto por Thomson en 1897, y el protón, descubierto por Rutherford en 1917, con carga eléctrica positiva, pero confinado en el núcleo. Hasta 1932 y gracias al físico inglés James Chadwick (que estuvo prisionero de los alemanes durante toda la Primera Guerra Mundial), no se descubre la existencia del neutrón, una partícula subatómica sin carga eléctrica y una masa similar a la del protón que compartía el núcleo con los protones. A partir de este descubrimiento fue posible explicar la existencia de los isótopos, elementos químicos que tienen el mismo número de protones en el núcleo (llamado número atómico: Z), pero diferente número de neutrones (N). El neutrón resultó determinante en las investigaciones sobre la fisión nuclear. Y un año más tarde, en 1933, Hitler llegaba al poder.

Durante los primeros años del régimen nazi, Meitner estuvo a salvo por tener nacionalidad austríaca, aunque se le privó del título de profesora. Entonces recibió una oferta del prestigioso físico danés Niels Bohr para irse a Copenhague, pero Planck le hizo ver que su trabajo en el laboratorio de física nuclear en Berlín era fundamental. Y Meitner se quedó. Posteriormente, tras la anexión de Austria por Alemania en 1938, le quitaron la nacionalidad austríaca e incluso el pasaporte para que no pudiera exiliarse. Sin embargo, pudo escapar primero a Holanda y después a Estocolmo.

En diciembre de 1938, el equipo formado por Otto Hahn y Fritz Strassmann en Berlín realizó experimentos consistentes en bombardear núcleos de uranio con neutrones obteniendo productos más ligeros como el bario y el kriptón que no podían explicar. Sorprendidos por los resultados, fue Otto Hahn quien escribió a su amiga y colaboradora Lise Meitner, exiliada como hemos visto en Suecia, para que ella lo intentase.

Así fue como Lise Meitner y su sobrino Otto Robert Frisch que se encontraba en Dinamarca, se reunieron durante las vacaciones de Navidad de 1938 para analizar esos experimentos de sus colegas Hahn y Strassmann. Llegaron a la conclusión de que el uranio se fisionaba dando lugar a elementos más ligeros de forma que la pérdida de masa sufrida en la reacción nuclear era la causa de la impresionante energía liberada cuyo valor se calculaba utilizando la conocida fórmula de Einstein: $E = mc^2$. Un año después, el 11 de febrero de 1939, Meitner y Frisch, publicaron este histórico resultado en la revista científica *Nature* en un artículo titulado *Disintegration of Uranium by Neutrons: A New Type of Nuclear Reaction* ('Desintegración del uranio por neutrones: un nuevo tipo de reacción nuclear'). La importancia de esta publicación estriba en el hecho de que fue la primera en la historia con relación a la fisión nuclear y su explicación científica.

Merece la pena reproducir en qué consiste este tipo de reacción nuclear de fisión que explica la ingente cantidad de energía liberada:

$$\prescript{235}{92}{U} + \prescript{1}{0}{n} \rightarrow \prescript{144}{56}{Ba} + \prescript{90}{36}{Kr} + 2\,\prescript{1}{0}{n} + E$$

Los subíndices indican el número atómico del elemento o número de protones del mismo. Los superíndices proporcionan el número másico del elemento: número de protones + número de neutrones. Así, por ejemplo, el uranio U, tiene 92 protones y 235 – 92 = 143 neutrones. El neutrón n solo tiene superíndice 1 pues no tiene ningún protón.

Se observa en la reacción anterior que 1 neutrón golpea el núcleo del átomo de uranio U obteniéndose como productos los elementos más ligeros, bario Ba cuyo número atómico es 56, kriptón con número atómico 36, dos neutrones y la energía liberada E.

Puede comprobarse que el número de neutrones en los reactivos coincide con el de los productos (el número de protones también, 92 = 56 + 36).

Reactivos	(235 – 92) + 1 = 144
Productos	(144 – 56) + (90 – 36) + 2 = 144

Sin embargo, cuando hagamos el cómputo de las masas que intervienen en la reacción, comprobaremos que existe una pequeña diferencia entre la de los reactivos y la de los productos.

Debido al tamaño de los átomos, la unidad de masa que se utiliza es la uma o unidad de masa atómica (1 uma = $1,7 \cdot 10^{-27}$ kg). En cualquier tabla periódica pueden encontrarse las masas atómicas de los elementos químicos de la reacción. Los datos de las masas atómicas que necesitamos son:

Masa U = 235,12 uma; Masa neutrón = 1,009 uma;
Masa Ba = 143,92 uma; Masa Kr = 89,94 uma.

Masa total reactivos	235,12 + 1,009 = 236,129 uma
Masa total productos	143,92 + 89,94 + 2 · 1,009 = 235,878 uma

Salta a la vista que no coinciden la masa total de los reactivos y la de los productos. Veamos la diferencia, convirtámosla a kg, y apliquemos, como hizo Meitner, la equivalencia entre la masa y la energía según la fórmula de Einstein: $E = mc^2$, para darnos cuenta de la ingente cantidad de energía que se libera precisamente debido a esa aparente «pérdida» de masa en la reacción. Necesitamos saber que $c = 3 \cdot 10^8$ m/s es la velocidad de la luz:

Masa total reactivos – Masa total productos = 236,129 – 235,878 = 0,251 uma = 0,251 · 1,7 · 10^{-27} kg = 4,27 · 10^{-28} kg

La energía liberada E en la reacción procede de esa «pérdida» de masa que acabamos de calcular, por tanto:

$$E = m \cdot c^2 = 4,27 \cdot 10^{-28} \cdot (3 \cdot 10^8)^2 = 3,843 \cdot 10^{-11} \, J$$

Si pasamos los julios obtenidos (unidad de energía en el SI) a otra unidad habitual en reacciones nucleares (el electrón-voltio): 1 eV = 1,6 · 10^{-19} J, resultará:

$$E = 3,843 \cdot 10^{-11} \cdot 0,625 \cdot 10^{19} = 2,4 \cdot 10^8 \, eV = 240 \cdot 10^6 \, eV = 240 \, MeV$$

Se han liberado 240 millones de eV de energía. Y si el lector vuelve a echar un vistazo a la reacción nuclear de fisión que hemos estudiado, se dará cuenta de que esos 2 neutrones que se obtienen como producto de la reacción pueden impactar en otros núcleos de uranio provocando un proceso exponencial creciente que se conoce como reacción en cadena.

Otto Hahn y Lise Meitner fueron nominados conjuntamente al Premio Nobel en 1939 por sus investigaciones sobre la fisión nuclear del uranio. Sin embargo, sería Otto Hahn quien recibiría en exclusividad el Premio Nobel en 1944. Lisa Meitner fue injustamente excluida del premio como reconocen hoy día la mayoría de historiadores de la ciencia.

Albert Einstein había escrito una carta al presidente Roosevelt el 2 de agosto de 1939 conminándole a la creación de algún grupo de investigación en física nuclear en los EE. UU. ante los avances que él conocía en la Alemania nazi en un intento por adelantarse a Hitler evitando que pudiera hacerse con esta potencial arma de destrucción masiva. Y ese fue el germen del Proyecto Manhattan. Lise Meitner, de reconocido prestigio mundial por sus conocimientos teóricos en física nuclear, fue invitada en 1943 a exiliarse a los EE. UU. y trabajar con otros físicos exiliados en el Proyecto Manhattan para la puesta a punto de la bomba atómica, pero se negó desde el primer momento debido a su firme convicción de no trabajar en ningún proyecto militar cuyo objetivo final fuese la creación de armamento nuclear.

A pesar de no habérsele concedido el Premio Nobel en 1944, tuvo otros galardones y premios a lo largo de su carrera como la Medalla Max Planck en 1949 o los premios Otto Hahn y Enrico Fermi en 1966. En 1997, la IUPAC (Unión Internacional de Química Pura y Aplicada), en honor a Lise Meitner, denominó Meitnerio al elemento químico cuyo número atómico es el 109 en la tabla periódica.

58

LA TEORÍA GENERAL DE LA RELATIVIDAD DE EINSTEIN, UNA HISTORIA DE CINE

> Ninguna persona que haya entendido
> realmente la teoría general de la relatividad
> de Einstein puede escapar de su magia.
>
> Arthur Eddington (1882-1944)

Desde principios del s. XVII, y gracias al astrónomo alemán Johannes Kepler (1571-1630) que utilizó las precisas observaciones astronómicas de Tycho Brahe (1546-1601), se sabía que los planetas se movían en órbitas elípticas alrededor del Sol, situándose este en uno de los focos (primera ley de Kepler). A principios del s. XX, existía una importante discrepancia entre lo que observaban los astrónomos y lo que predecía la teoría de la gravitación de Newton en la órbita del planeta más cercano al Sol, Mercurio, conocida como precesión del perihelio de Mercurio. El perihelio es el punto de la órbita de un planeta más cercano al Sol (el más alejado se denomina afelio). Y el problema era que la posición del perihelio de Mercurio no coincidía con lo predicho por Newton. La anomalía observada en la órbita de Mercurio, consistente en el movimiento de su perihelio de 43 segundos de arco por siglo, vino a explicarla Albert Einstein en 1915 con su teoría general de la relatividad. Sin embargo, la prueba definitiva de la validez de su teoría llegaría cuatro años más tarde como veremos a continuación.

La nueva teoría de la gravedad de Einstein aseguraba que la gravedad era una consecuencia de la curvatura del espacio-tiempo provocada por la presencia de objetos muy masivos como el Sol. Por tanto, según esta revolucionaria teoría, un rayo de luz proveniente de una estrella lejana que pase por las inmediaciones del Sol, debería curvarse dando lugar a una posición aparente de la estrella. Gráficamente, la idea queda plasmada en la siguiente imagen:

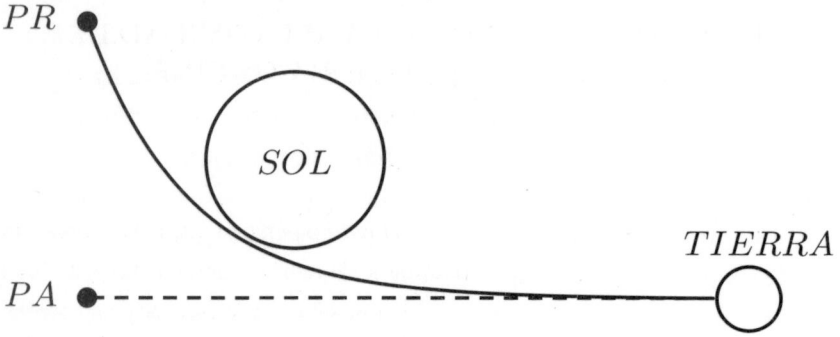

Este efecto desviador del Sol también es conocido como *lente gravitacional* (se ha exagerado la desviación en la imagen para una mejor comprensión del efecto). En la imagen, *PR* representa la posición real de una estrella lejana y *PA* su posición aparente vista desde la Tierra. La deformación del espacio-tiempo (se trata de las tres dimensiones clásicas *x*, *y*, *z* incluyendo el tiempo *t*) provocada por el Sol es lo que hace que el rayo de luz se curve.

La teoría general de la relatividad fue comprobada experimentalmente por vez primera el 29 de mayo de 1919, durante un eclipse total de Sol (que duró 6 minutos y 50 segundos), cuando el astrofísico británico Arthur Eddington (1882-1944), profesor de astronomía en Cambridge, se desplazó a la isla de Príncipe (en el golfo de Guinea) para observarlo. En condiciones normales, sin eclipse, el brillo del Sol es tan impresionante que impide que puedan verse las estrellas que hay a su alrededor. Y como el Sol no se puede encender ni apagar a voluntad del experimentador, Eddington buscó el momento y el lugar adecuados para poder contemplar el eclipse total de Sol y así poder ver esas estrellas. Y de esta manera confirmó que los rayos luminosos procedentes de una estrella lejana se curvaban al pasar cerca del Sol porque daban una posición aparente de la estrella distinta de la real que se conocía. El lector puede que se pregunte: ¿y cómo se conocía la posición real de la estrella? Pues gracias a los telescopios de la época y a la observación nocturna de esa misma zona del cielo, pero seis meses antes del eclipse, cuando el Sol no se encontraba tan cerca de la estrella. En 1919 existían catálogos muy precisos que permitían conocer las posiciones reales de numerosas estrellas.

La razón por la que debería llevarse al cine esta epopeya se expone, resumidamente, a continuación:

Eddington zarpó junto a su tripulación del puerto de Plymouth en Inglaterra y estuvo varias semanas viajando por mar hasta llegar a la isla de Príncipe, en el golfo de Guinea, frente a la costa occidental de África. Una vez desembarcó, estuvo un mes construyendo el telescopio que necesitaba para la observación del eclipse total en mitad de la jungla. Llovió durante los diecinueve días previos al 29 de mayo y a punto estuvo de desfallecer cuando llegado el día del eclipse el cielo apareció cubierto de nubes. Era algo que podía ocurrir y, de mantenerse esta situación, hubiese arruinado por completo el proyecto. Pero tuvo suerte porque minutos antes de producirse el eclipse el cielo se despejó. Otro astrónomo norteamericano, William Campbell, escéptico inicialmente sobre la teoría de la lente gravitacional, había intentado lo mismo que Eddington el año anterior, pero en otro lugar. Y las condiciones meteorológicas impidieron sus observaciones. Fue definitivamente Eddington quien presentó sus fotografías ante la Royal Society y la Royal Astronomical Society el 6 de noviembre de 1919 en Londres, demostrando la validez de la teoría general de la relatividad de Einstein. Quedaba demostrado por tanto que un cuerpo masivo como el Sol distorsionaba el espacio-tiempo circundante. Algo así, como si en una cama elástica en reposo (el espacio-tiempo) dejásemos caer una pesada bola de acero (el Sol). En las proximidades de la bola, la superficie elástica estaría curvada hacia esta. La gravedad ahora quedaba explicada de una forma absolutamente inédita y sorprendente: era la consecuencia de la curvatura del espacio-tiempo, algo que nada tenía que ver con la extraña fuerza newtoniana de atracción gravitatoria entre dos masas.

Uno de los principios fundamentales de la teoría general de la relatividad es el principio de equivalencia, el cual establece que en cualquier región pequeña del espacio los efectos producidos por la gravitación son los mismos que los producidos por una aceleración y esto es lo que convirtió a esta teoría en una revolucionaria teoría de la gravitación.

La teoría de la relatividad general sirvió para impulsar la cosmología física en el estudio del origen, evolución y destino del universo. Por ejemplo, esta teoría predecía la existencia de ondas gravitacionales (perturbaciones en la curvatura del espacio-tiempo) que fueron detectadas por vez primera en 2015 por el observatorio LIGO (Laser Interferometer Gravitational-Wave Observatory). La alteración violenta del espacio-tiempo provocada por la colisión y posterior fusión de dos agujeros negros (que también los predecía la teoría general de la relatividad) a una distancia de la Tierra de unos 1 300 millones de años-luz generó las ondas gravitacionales detectadas por LIGO. El resultado de la fusión de esos dos agujeros negros fue otro agujero negro equivalente a 62 masas solares. Este descubrimiento de la existencia de las ondas gravitacionales ha sido de tal impacto en la comunidad científica que en 2017 se otorgó el Premio Nobel de Física a Rainer Weiss, Barry C. Barish y Kip Thorne por sus contribuciones decisivas al detector LIGO y la observación de ondas gravitacionales. Hasta la primavera de 2024 se habían detectado unas 200 ondas de este tipo. Constituyen una nueva forma de observar el universo.

Dos consecuencias también predichas por la teoría general de la relatividad y comprobadas experimentalmente son la expansión del universo y la relatividad del tiempo y el espacio como consecuencia de un campo gravitacional.

Para concluir, quizá lo verdaderamente fascinante de esta teoría es que, si la masa del universo fuese lo suficientemente elevada, la distorsión del espacio-tiempo sería tan descomunal que podría llegar a cerrar el universo sobre sí mismo y entonces nuestro universo sería cerrado e ilimitado. Un símil que puede ayudar a comprender lo anterior es el de un plano de papel de aluminio (por tanto, infinito) en el que se van colocando bolas que lo irán arrugando y curvando. En las condiciones anteriores, el tiempo también podría cerrarse ya que forma parte de un todo continuo que es el espacio cuatridimensional (x, y, z, t).

59

¿CÓMO FUNCIONA UN GPS?

Desde hace años la presencia de los GPS (Global Positioning System o Sistema de Posicionamiento Global) en la vida cotidiana no ha hecho más que incrementarse. Utilizamos el GPS desde el teléfono móvil con aplicaciones como Google Maps para llegar a cualquier sitio, cuando salimos a hacer senderismo o bicicleta de montaña, el GPS nos guía de forma inexorable y segura hasta el destino deseado al tiempo que nos indica la velocidad y la altitud en cada instante. Si practicamos natación o carrera, nuestro reloj deportivo dotado de GPS, aparte de otros datos de interés para nuestra salud, nos informa de la distancia recorrida, velocidad, etc.

Merece la pena adentrarse, aunque lo hagamos someramente, en el funcionamiento de estos dispositivos que como veremos utilizan tecnologías basadas en las matemáticas y en la física. Para que nuestro GPS pueda funcionar necesita recibir las señales de radio de al menos cuatro satélites entre los 24 que orbitan alrededor de la Tierra con este propósito. Las emisiones consisten en ondas electromagnéticas en la banda de microondas con frecuencias entre 1,2 y 1,6 GHz. Estos satélites se encuentran a unos 20 000 km de altitud y con velocidades del orden de los 14 000 km/h, no son geoestacionarios y le dan dos vueltas a la Tierra al día. La red de satélites está configurada de tal manera que desde cualquier punto de la Tierra puedan recibirse señales de al menos 8 de ellos.

Veamos por qué son necesarios al menos 4 satélites para que el GPS pueda calcular nuestra posición con un error mínimo que puede estimarse entre los 2 y 10 m (dependiendo de la fiabilidad del reloj interno del GPS). Imaginemos que el satélite S_1 (ver imagen) ha enviado su señal de radio y es recibida por el GPS al cabo de, por ejemplo, $t_1 = 80$ *ms*. (1 *ms* = 10^{-3} s). Posteriormente veremos que conocer ese dato del tiempo transcurrido desde que la emisión abandona el satélite hasta que llega al GPS requiere importantes consideraciones relativistas, sin las cuales, los GPS darían tales errores que los harían inservibles. Una vez que el GPS conoce el dato del tiempo transcurrido por la onda electromagnética en llegar desde el satélite S_1 hasta el GPS, automáticamente conoce la distancia entre ambos aplicando la sencilla fórmula: $d_1 = c \cdot t_1$, donde d_1 = distancia desde el GPS hasta el satélite S_1, c = velocidad de la luz = $3 \cdot 10^5$ km/s y t_1 = tiempo invertido = 80 *ms* = $80 \cdot 10^{-3}$ s. Con lo cual: $d_1 = 3 \cdot 10^5 \cdot 80 \cdot 10^{-3} = 24\,000$ km.

Con el cálculo anterior lo único que sabe el GPS es que se encuentra en algún punto de una superficie esférica en cuyo centro se encuentra el satélite S_1 y cuyo radio es la distancia calculada d_1. Hará falta que el GPS reciba la señal de otro satélite S_2 para calcular una nueva distancia entre ambos d_2. La nueva superficie esférica tendrá en el centro el satélite S_2 y su radio será d_2.

Como es lógico, el GPS se encontrará ubicado en algún punto intersección de las dos superficies esféricas. Y la intersección de dos superficies esféricas es una circunferencia. El GPS estará en algún punto de la misma aún por determinar. Se requiere por tanto la señal de un tercer satélite S_3 que aportará una nueva distancia d_3 y otra tercera superficie esférica cuya intersección con la circunferencia del párrafo anterior nos dará dos puntos. En uno de los dos se encuentra el GPS. Para determinarlo es posible recurrir a la señal de un cuarto satélite S_4 (también podría elegirse de los dos puntos aquel que estuviese más próximo a la Tierra) que finalmente ubicará inequívocamente el GPS. De esta forma, el GPS nos proporciona la longitud, la latitud y la altitud del punto sobre la superficie terrestre donde se encuentre. Todo con un error mínimo.

Una aproximación bidimensional del sistema formado por los cuatro satélites aparece en la imagen. En la zona común a los cuatro círculos estaría localizado el GPS. Evidentemente, si aumentase el número de satélites, el error cometido en la ubicación sería cada vez menor.

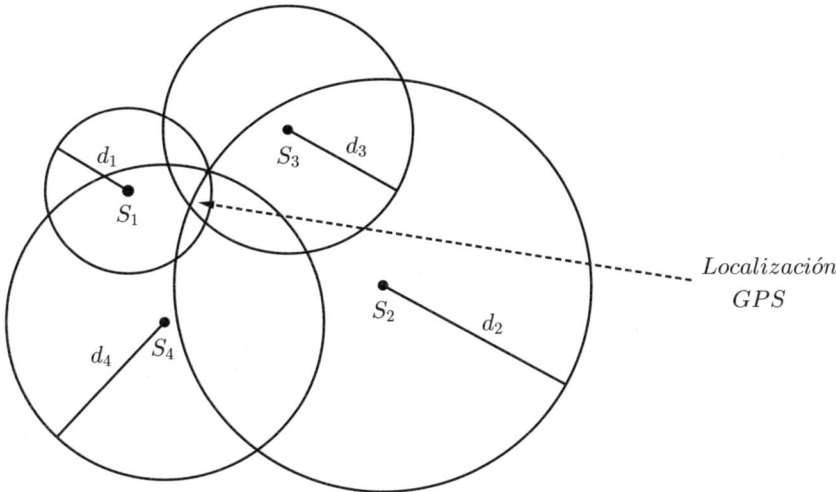

Apuntábamos al principio la gran importancia que tiene la sincronización de los relojes del GPS y de los satélites. De ello depende la precisión del GPS y, por tanto, su fiabilidad. Obviamente no es posible incorporar un reloj atómico de precisión en el GPS ya que su precio sería inviable. Sin embargo, sí que están presentes en los satélites. Y es en los satélites donde hemos de tener en cuenta los errores en la medida del tiempo provocados por dos hechos físicos determinantes: 1) la velocidad orbital del satélite 2) la fuerza gravitatoria terrestre sobre el mismo.

La teoría de la relatividad especial de Einstein establece que el tiempo no transcurre igual dentro del satélite que se mueve respecto de la Tierra con una velocidad v, que en la superficie de la Tierra que se considera en reposo (se verá claramente en el capítulo dedicado a la paradoja de los gemelos). Existe una contracción del tiempo dentro del satélite, más acusada cuanto más cercana a la velocidad de la luz sea dicha velocidad v. Y aunque la velocidad del satélite sea mucho menor que la de la luz, pero el tiempo discurre algo más lento que en la superficie de la Tierra. Y hay que tenerlo en cuenta. Se ha medido y resulta ser de - 7,3 μs/día (1 μs = 10^{-6} s). Hemos elegido el signo menos como convención de que ese reloj atrasa.

Por otra parte, la gravedad en la superficie de la Tierra es mayor que la existente en el satélite que se encuentra como dijimos a unos 20 000 km de la superficie terrestre (la fuerza de la gravedad es directamente proporcional al producto de las masas e inversamente proporcional al cuadrado de la distancia que las separa). Y ahora entra en acción la teoría general de la relatividad de Einstein. Según esta teoría, una masa como la de la Tierra curva el espacio-tiempo a su alrededor. De forma que esa curvatura es mayor en la superficie de la Tierra y menor en el satélite que se encuentra alejado de ella. Como consecuencia, el tiempo corre más rápido dentro del satélite que en la superficie terrestre. Ahora el reloj se adelanta. Se ha medido y resulta ser de + 45,7 µs/día.

En definitiva, teniendo en cuenta el retraso provocado por la teoría especial de la relatividad y el adelanto debido a la teoría general de la relatividad, el tiempo corre más rápido en el satélite que en la superficie de la Tierra: 45,7 − 7,3 = + 38,4 µs/día. El reloj del satélite adelanta esa cantidad diaria en relación al reloj del GPS en la Tierra. Y lo que se hace es precisamente corregir ese error en la puesta a punto del reloj atómico del satélite para que la sincronización entre los relojes sea casi perfecta y la precisión del GPS resulte máxima. Piense el lector que si no se corrigiese el error anterior ocurriría lo siguiente en la medida del GPS:

$$e = c \cdot t \rightarrow e = 3 \cdot 10^8 \cdot 38,4 \cdot 10^{-6} = 11,520 \text{ km diarios}$$

Un error excesivo si se busca a un accidentado o un lugar para aparcar.

60

MOMENTO DE RELAJACIÓN TEATRAL X:
LA PARADOJA DE LOS GEMELOS

Justificación teórica

Dentro de la teoría especial de la relatividad de Einstein, el postulado fundamental es el de la constancia de la velocidad de la luz en el vacío con independencia del movimiento relativo entre observador y fuente emisora de la luz. Este carácter absoluto de la velocidad de la luz tendrá importantes repercusiones en la relatividad del espacio recorrido, la masa o el tiempo invertido por una nave que se desplaza a una velocidad cercana a la de la luz. Así, se demuestra que el intervalo de tiempo entre dos sucesos simultáneos es menor en el sistema que se mueve a una velocidad próxima a la de la luz que en el sistema que se considera en reposo. Si el tiempo que mide el observador en movimiento es Δt_0, el medido por el observador en reposo Δt, v la velocidad de la nave espacial y c la velocidad de la luz en el vacío, entonces se cumple:

$$\Delta t = \frac{\Delta t_0}{\sqrt{1-\frac{v^2}{c^2}}}$$

En esta pieza teatral, uno de los personajes, Istenio, va a darse un paseo por el espacio viajando a una estrella situada aproximadamente a 12 años-luz de la Tierra: Tau Ceti. Y lo hará a una velocidad que es el

60 % de la velocidad de la luz: $v = 0,6\,c$, con $c = 3 \cdot 10^5$ km/s. La hermana gemela de Istenio, llamada Neutonia, se quedará esperándole en la Tierra. Ambos tienen 30 años en el momento de partir Istenio al espacio.

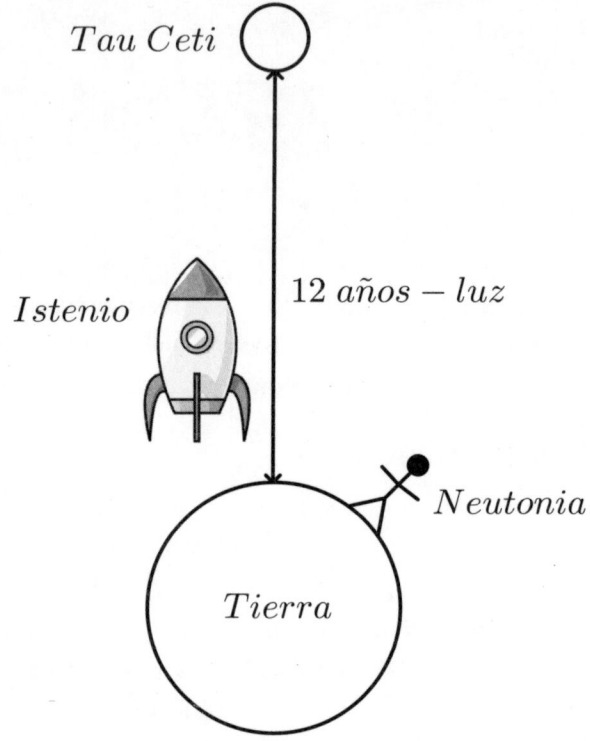

Los sucesos simultáneos, en este caso, son: la salida de Istenio en el cohete dejando a su hermana en la Tierra y el momento en el que Istenio vuelve a la Tierra y su hermana está esperándole. Vamos a ver cómo el tiempo que ha transcurrido entre esos dos sucesos simultáneos no es el mismo para Istenio que para Neutonia.

Neutonia, que se ha quedado en la Tierra, calcula el tiempo Δt que tardará su hermano gemelo en volver con ella, de la siguiente forma ($t = e/v$):

$$\Delta t = \text{espacio total recorrido/velocidad} = e_t/v$$

Como la estrella Tau Ceti se encuentra a 12 años-luz de la Tierra, Istenio tendrá que recorrer esa distancia tanto a la ida como a la vuelta. O sea, 24 años-luz. Pero 1 año-luz es la distancia que recorre la luz en un año y la distancia la calculamos como el producto de la velocidad (en este caso de la luz, $c = 3 \cdot 10^5$ km/s) por el tiempo (1 año = 365 · 24 · 3 600 s):

$$1 \text{ año-luz} = 3 \cdot 10^5 \cdot 365 \cdot 24 \cdot 3\ 600 = 9{,}46 \cdot 10^{12} \text{ km}$$

El espacio total e_t recorrido por Istenio será:

$$e_t = 24 \text{ años-luz} = 24 \cdot 9{,}46 \cdot 10^{12} = 2{,}27 \cdot 10^{14} \text{ km}$$

De tal forma que, el tiempo invertido entre los dos sucesos simultáneos y según la gemela que se queda en la Tierra será:

$$\Delta t = e_t/v = 2{,}27 \cdot 10^{14}/(0{,}6\ c) = 2{,}27 \cdot 10^{14}/(1{,}8 \cdot 10^5)\ s = 40 \text{ años}$$

Con lo cual, Neutonia tendrá 30 + 40 = 70 años, cuando llegue su hermano gemelo Istenio. Veamos, para Istenio, que ha sido el viajero interestelar a velocidad 0,6 c, cuánto tiempo ha transcurrido entre los dos mismos sucesos simultáneos. Para ello, despejemos Δt_0 en la fórmula relativista que dimos al principio:

$$\Delta t_0 = \Delta t \cdot \sqrt{1 - \frac{v^2}{c^2}} = 40\sqrt{1 - \frac{0{,}6^2 c^2}{c^2}}$$

$$\Delta t_0 = 40\sqrt{1 - 0{,}36} = 40 \cdot 0{,}8 = 32$$

Con lo cual, Istenio, cuando regresa a la Tierra va a tener: 30 + 32 = 62 años. Así que estos hermanos gemelos tendrán distinta edad. Ahora se llevarán ocho años de diferencia.

La teatralización de la paradoja de los gemelos:

Personajes: Istenio y su hermana gemela, Neutonia.

Neutonia: Istenio, ¿tú crees que el tiempo es absoluto? Me explico, ¿mi reloj y el tuyo marcan la misma hora con independencia de nuestro estado de movimiento?

Istenio: Tengo la impresión que depende de si uno se desplaza a una velocidad cercana a la de la luz o no.

Neutonia: Vamos a ver, si tú vas en un avión desde Sevilla a Hamburgo, por ejemplo, y transcurren dos horas según mi reloj, ¿también en el tuyo habrá transcurrido el mismo tiempo?

Istenio: Es que la velocidad de los aviones comparada con la de la luz, es ridícula. Despreciable. Fíjate, lo habitual en un avión de pasajeros es que lleve una velocidad en torno a los 220 m/s. Y la velocidad de la luz en el vacío es de $3 \cdot 108$ m/s. En esos casos, con velocidades mucho menores que la de la luz, los relojes miden prácticamente lo mismo. Ahora, querida Neutonia, si yo volase a una velocidad cercana a la de la luz, casi seguro estoy de que por mi reloj habría transcurrido mucho menos de esas dos horas.

Neutonia: ¿Me estás diciendo entonces que, viajar a velocidades próximas a la luz nos rejuvenecería en relación a quienes se quedan en la Tierra esperando? ¡Esto me parece fantástico, querido Istenio!

Istenio: Mira, se me ocurre una idea. He diseñado una nave espacial prodigiosa con propulsión nuclear para acercarme a la velocidad de la luz. Hace tiempo que me apetecía darme un paseo por la estrella Tau Ceti que se encuentra a unos 12 años-luz de nosotros.

(Istenio se prepara colocándose un traje espacial y se mete dentro de la nave que aparecerá con una ventanita desde la cual ve a su hermana gemela Neutonia).

Neutonia: ¡Cuídate, hermano, y llévate libros para aprovechar el tiempo!

Istenio: No te preocupes, hermana, cuídate tú también y, por favor, ven a esperarme cuando llegue.

Neutonia: ¡Ay, se me va a hacer tan larga la espera que… creo voy a sufrir mucho!

Istenio: Pero ¡qué exagerada eres, hermana! ¡Solo voy a estar unos años por ahí!

Neutonia: ¿Y a qué velocidad vas a ponerte en el cohete?

Istenio: Pues voy a ir rapidito, a unos 180 000 km/s, un 60 % de la velocidad de la luz. No vayas a asustarte. ¡Ea! ¡Hermanita, que me voy! ¡No te olvides de nuestra edad, que tenemos 30 años los dos! ¡Qué misterio la edad que tendremos cuando yo vuelva!

(Es importante que aparezca en el lugar de la despedida un almanaque con el año en el que se están despidiendo. Por ejemplo: 2025. Debe sonar un ruido estruendoso con Neutonia agitando compungida un pañuelito mientras se proyecta en un cielo azul un cohete moviéndose por el espacio con otro pañuelito agitándose mientras desaparece. Se oscurece por completo la escena.

De nuevo se ilumina la pantalla con un almanaque que informa que estamos en el año 2065. Han transcurrido, por tanto, 40 años en la Tierra. Se ve al cohete que regresa. Neutonia, lógicamente, ha envejecido durante ese tiempo y ahora tiene 70 años. Aparece proyectado en vídeo Istenio dentro del cohete, próximo ya a la Tierra…).

Istenio *(dentro del cohete):* ¡Qué ganas tengo de ver a mi hermana! Lo primero que voy a hacer es darle un abrazo inmenso. Ya aterrizo, ¡qué emoción!...

(Por fin, los hermanos gemelos aparecen juntos, recién aterrizado Istenio).

Neutonia: ¡Hermano! ¡Cómo me engañaste, malvado! ¿Con que ibas a estar por ahí unos años? ¿Te parecen pocos los 40 años que he estado esperándote?

Istenio: ¡Anda ya! ¡Pero si yo he estado por el espacio solo 32 años! Tengo ahora exactamente 62 años. He visto perfectamente cómo pasaban los minutos, las horas, y los días en la cabina de mi cohete hasta completar los 32 años del viaje.

Neutonia: ¡Pues vaya si atrasan los relojes de ese cohetito!

Istenio: ¿A que esta historia resulta alucinante?

Neutonia: Desde luego. Se ve claro que cuando se viaja a velocidades cercanas a la de la luz los relojes se atrasan en relación a los terrestres. Oye, y a este experimento ¿se le podría sacar alguna utilidad?

Istenio: Pues yo creo que sí, imagina alguien que ha desarrollado una grave enfermedad como el SIDA o el cáncer que no tiene solución de momento en la Tierra. Se le pone en órbita terrestre a esas velocidades de locura y mientras para él transcurren algunos días o pocos años, en la Tierra da tiempo a que se invente la vacuna o el medicamento que le cure la enfermedad.

Neutonia: ¡Ah, que inteligente!

Istenio: El problema, aún no resuelto, estriba en conseguir velocidades cercanas a la de la luz. Hace falta mucha energía para ello y, de momento, no es posible.

(Los hermanos gemelos abandonan el escenario cogidos del hombro y estupefactos ante la dilatación del tiempo vivida por Istenio).

61

CARTA ABIERTA A ALBERT EINSTEIN

Querido Albert Einstein:

En el año 2030 habrán transcurrido ya 75 años desde que nos dejaste y 125 desde la publicación de tu revolucionaria teoría especial de la relatividad.

Todo ocurrió en ese *Annus mirabilis* de 1905 mientras tu vida discurría entre la oficina de patentes de Berna y la ebullición de tus insólitas ideas plasmadas en los cuatro artículos que agitaron los pilares de la física del momento publicados en los *Annalen der Physik,* la más prestigiosa revista de física en Alemania. Un análisis teórico del movimiento browniano que permitió demostrar la existencia de átomos de tamaño finito, la explicación del efecto fotoeléctrico por el que ganarías el Nobel en 1921, la teoría especial de la relatividad válida para sistemas inerciales donde quizás el más novedoso postulado fue la constancia de la velocidad de la luz en el vacío con independencia del estado de movimiento de la fuente o del observador y un corolario de tu teoría, la conocida fórmula: $E = m\,c^2$, que se convertiría en el eslogan de la nueva era causando auténtico furor mediático a lo largo de todos estos años.

Es en el más fabuloso reactor nuclear conocido, el Sol, donde a cada instante los humanos hemos percibido los efectos de la prolífica fórmula a lo largo de nuestra dilatada existencia, salteada como sabes de gloriosos y atroces momentos. Persuadido por Leo Szilard y Paul Wigner, te dirigiste en dos ocasiones por escrito al presidente Roosevelt conminándole al desarrollo de la energía nuclear con fines defensivos militares ante la posibilidad de que Hitler pudiera adelantarse con los catastróficos efectos que se hubieran derivado. Sin embargo, un nudo se te hizo en la garganta cuando la radio te llevó aquel 6 de agosto de 1945 la tragedia de la bomba atómica de Hiroshima, completamente inesperada para ti por cuanto había tenido ya lugar la derrota de Alemania y creías que no sería necesario utilizarla.

Tú, que subiste en innumerables ocasiones a la tribuna de oradores en reuniones pacifistas y que clamabas por el total desarme de todas las naciones, así como por el respeto de los derechos humanos, estabas ingenuamente persuadido de que los pueblos no se odian. Y que, si no se sublevara uno contra los otros, podrían vivir en paz llegándose a la utopía de un paraíso terrenal donde la felicidad se consolidase como norma de vida planetaria. Quién sabe, querido Einstein, si el conflicto palestino-israelí se hubiese resuelto pacíficamente aceptando la presidencia del Gobierno de Israel que te ofreciera el primer ministro israelí, David Ben-Gurión, allá por 1952. Pero ni tu ya avanzada edad, ni tu delicada salud con un principio de aneurisma aórtico, ni tu obsesión por conseguir una teoría del campo unificado que todavía hoy no tenemos, te dejaron intentarlo. Por todo ello permite que hoy te hagamos llegar nuestro testimonio de infinito afecto y reconocimiento.

Uno de las características más sobresalientes de tu personalidad que hemos querido rescatar es la sensibilidad que ya se manifestaba desde tus primeros años de vida y que no te abandonó jamás. Sensibilidad que, muy probablemente, ha influido en toda tu producción científica, especialmente en la teoría de la relatividad tanto especial como general. Nos dejaste escrito el fuerte impacto que un regalo de tus padres dejó dentro de ti cuando solo contabas apenas cinco años: una sencilla brújula. Detuviste el tiempo, que contigo dejó de tener ese carácter absoluto que antaño tuviera, y absorto miraste aquella aguja que tras algunos giros perezosos terminó por quedar inmóvil marcando una determinada dirección. Una insaciable curiosidad te embargaba queriendo entender esa extraña fuerza invisible subyacente. Solo un genio como tú podía, en edad tan temprana, intuir la existencia de algo especial no visible que causaba el enigmático movimiento de la aguja. Estabas percibiendo uno de los conceptos más prolíficos de la física: el campo magnético.

Viajaste por el mundo entero, pero pocos conocen tu visita a España allá por 1923. El 4 de marzo de ese año, Alfonso XIII, te recibe en la Real Academia de Ciencias y Blas Cabrera Felipe actúa de anfitrión junto a Ortega y Gasset. Menos conocido aún es el hecho que el Gobierno de la II República, nada más subir Hitler al poder, te ofreciese una cátedra extraordinaria de física en Madrid que no llegaste a aceptar, entre otras razones, probablemente, por la inestabilidad política de nuestro país en aquellas fechas.

En efecto, el 28 de marzo de 1933 comunicaste a la Academia de Berlín que con aquel Gobierno a la cabeza no prestarías más servicios al Estado. Y así subiste a bordo del buque belga *Westenland* con Elsa, tu segunda esposa, y tu inseparable violín camino de Nueva York para nunca más volver. Todavía no vislumbrabas las luces de la Estatua de la Libertad cuando en una plaza de Múnich ardían vorazmente muchos libros, incluidos los tuyos, de grandes poetas y pensadores de la época. Pero tú sabías que, aunque el papel pudiese arder, era imposible quemar las ideas. Finalmente te instalaste en el Instituto Avanzado de Princeton en Nueva Jersey (Advanced Institute of Princeton, New Jersey) donde esperarías el último viaje.

Tenías 10 años cuando tu tío, el ingeniero Jacob Einstein, simplemente te enunció el teorema de Pitágoras. Tal conmoción supuso para ti aquella elegante propiedad geométrica que, durante varias semanas, anduviste indagando una demostración, que finalmente, conseguiste. Sabemos que no te cautivaba el tono desabrido de tus maestros, el método que seguían que no permitía disfrutar de las bellezas de la antigüedad clásica y la desmesurada cantidad de fechas que te hacían memorizar y que para ti no eran sino un auténtico calvario, un lastre. No es de extrañar entonces que pasaras por alumno mediocre en la enseñanza secundaria. Años más tarde escribiste:

> La educación debería ser recibida más como un regalo que como una amarga obligación. Es casi un milagro que los modernos métodos de enseñanza todavía no hayan estrangulado totalmente la sagrada curiosidad de investigar; porque este delicado germen necesita algo más: además de estímulo, libertad.

Reflexiones que cobran un interés especial para nosotros que permanentemente estamos sumidos en un debate sobre los cambios necesarios para una educación de calidad.

Tu sentido del humor no solo quedó patente en algunas fotografías tuyas que se han hecho célebres. Fuiste invitado a depositar un mensaje en una cápsula del tiempo dirigido a la posteridad, con ocasión de unas obras para una librería, allá por 1936. Y dejaste escrito:

Querida posteridad:

Si no has llegado a ser más justa, más pacífica y generalmente más racional de lo que somos (o éramos) nosotros, entonces que el diablo te lleve.

Habiendo, con todo respeto, manifestado este piadoso deseo,

Tuyo (soy o era),

Albert Einstein

AGRADECIMIENTOS

En primer lugar, el autor desea agradecer a editorial Pinolia la confianza que desde el principio depositó en el proyecto de este libro y muy especialmente a su editor, colega físico, escritor y divulgador científico, Eugenio Manuel Fernández Aguilar, por su atención continuada que ha resultado crucial durante todo el proceso, así como a sus editoras, Sofía Soltero y Aida Ordás, por la exhaustiva lectura del texto original que generó numerosas e interesantes sugerencias que han redundado en un texto de mayor calidad.

El autor agradece especialmente al filólogo y escritor, Francisco Deco Prados, la gentileza que tuvo de leer el manuscrito original al completo, para hacerle observaciones que, sin lugar a dudas, han contribuido a mejorar el texto original.

De igual forma, un agradecimiento especial al físico e informático, empedernido lector desde edades muy tempranas, Antonio Castro Gutiérrez, por su detallada lectura de todo el aparataje matemático en la obra que se presenta, con aportaciones que han clarificado determinados resultados.

Y otro agradecimiento obligado al catedrático de física de la Universidad de Sevilla, Alberto Criado Vega, entrañable amigo del autor desde que se conocieron en el Instituto San Isidoro de Sevilla hace ya muchas décadas, por sus puntuales observaciones aclaratorias en capítulos esenciales de la obra.

También agradecer a quien ha sido profesor de álgebra de la Universidad de Granada, escritor y divulgador científico, Álvaro Martínez Sevilla, por la lectura que hizo del libro y las acertadas sugerencias para mejorarlo.

Y como no, otro agradecimiento entrañable a mi hijo Ismael Roldán Illanes, ingeniero aeronáutico, por las conversaciones memorables que tuvimos acerca de determinados capítulos de este libro y que arrojaron luz sobre los mismos.

Como toda obra humana, esta no estará exenta de errores, de los cuales el autor asume plena responsabilidad.

Por último, no quisiera olvidar a mis profesores del Instituto San Isidoro de Sevilla, D. Luis García Anguiano, D. Ciriaco Criado, Doña Paqui Bravo, D. Antonio Aranda, D. Manuel Iglesias, D. Manuel Ventura, D. Tomás Girón, D. Francisco Ortiz, D. Bibiano Torres, D. Lorenzo Oropesa, D. Juan Manuel García Junco, y otros, gracias a quienes se fraguó en mí el amor por la enseñanza en el segundo lustro de los años sesenta.

También he de agradecer a mis profesores de la Facultad de Ciencias Físicas de la Universidad de Sevilla, D. Alejandro Conde, D. Antonio Díaz del Barrio, Doña Rosario Vega, D. Antón Civit, D. Vicente Hernández, D. José Acha, D. Antonio Criado, D. José Luis Huertas, D. Julio Couce, y otros, por la excelente formación científica que recibí de todos ellos.

El entorno afectivo del autor, microclima psicológico esencial para que el proyecto llegase a buen puerto, constituido por sus hijos Ismael y Claudia, así como por su pareja África Galeas, resultó determinante. A ellos también se dirige este agradecimiento.

BIBLIOGRAFÍA

ABBOTT A., Edwin. *Planilandia*. Barcelona: José J. De Olañeta Editor, 2004.

ALSINA, Claudi. *Vitaminas matemáticas*. Barcelona: Ariel, 2008.

ARGÜELLES R., Juan. *Historia de la matemática*. Madrid: Akal, 1989.

ASIMOV, Isaac. *Biografía de Ciencia y Tecnología*. Madrid: Alianza Diccionarios, 1982.

BOYER, Carl B. *Historia de la matemática*. Madrid: Alianza Universidad Textos, 1994.

CHANDRASEKHAR, Subrahmanyan. *Eddington, the most distinguished astrophysicist of his time*. Cambridge: Cambridge University Press, 1983.

CORBALÁN, Fernando. *La proporción áurea*. Navarra: RBA, 2010.

CORBALÁN, Fernando. *Matemáticas de la vida misma*. Barcelona: GRAO, 2007.

DE GUZMÁN, Miguel. *Aventuras matemáticas*. Madrid: Pirámide, 1996.

ESCOHOTADO, Antonio. *Caos y orden*. Madrid: Espasa Calpe, 1999.

FERNÁNDEZ AGUILAR, Eugenio M. *Arquímedes*. Navarra: RBA, 2012.

GARCÍA A., Pilar y Julio Rodríguez T. *Las matemáticas del arte*. Madrid: Catarata, 2018.

GARCÍA DEL CID, Lamberto. *Números notables*. Navarra: RBA, 2011.

GLEICK, James. *Caos, la creación de una ciencia*. Barcelona: Seix Barral, 1988.

GRACIÁN, Enrique. *Un descubrimiento sin fin*. Navarra: RBA, 2011.

GRACIÁN, Enrique. *Los números primos*. Navarra: RBA, 2011.

GUILLEN, Michael. *Cinco ecuaciones que cambiaron el mundo*. Barcelona: Debolsillo, 2004.

HONSBERGER, Ross. *Ingenuity in mathematics*. Mathematical Asociation of America, 1970.

IBÁÑEZ, Raúl. *La cuarta dimensión*. Navarra: RBA, 2011.

IFRAH, George. *Historia universal de las cifras*. Madrid: Espasa Calpe, 2002.

LIVIO, Mario. *La proporción áurea*. Barcelona: Ariel, 2006.

LORENZ, Edward N. *La esencia del caos*. Madrid: Debate, 1995.

MANDELBROT, Benoit. *La geometría fractal de la naturaleza*. Barcelona: Tusquets, 1997.

MAZA G., Carlos. *Las matemáticas de la antigüedad y su contexto histórico*. Sevilla: Universidad de Sevilla, 2000.

NAVARRO, Joaquín. *Ideas fugaces, teoremas eternos*. Navarra: RBA, 2011.

NAVARRO, Joaquín. *Los secretos del número pi*. Navarra: RBA, 2011.

NIKLITSCHEK, Alexander. *El prodigioso jardín de las matemáticas*. Barcelona: Iberia, 1944.

PEITGEN, Heinz-Otto, Hartmut Jürgens y Dietmar Saupe. *Chaos and Fractals: New frontiers of science*. Nueva York: Springer-Verlag, 1992.

PEITGEN, Heinz-Otto, Hartmut Jürgens y Dietmar Saupe. *Fractals for the classroom*. Nueva York: Springer-Verlag, 1992.

PENROSE, Roger. *La nueva mente del emperador*. Madrid: Mondadori, 1991.

PETERSON, Ivars. *El reloj de Newton: Caos en el Sistema Solar*. Madrid: Alianza, 1995.

POBLACIÓN, Alfonso Jesús. *Las matemáticas en el cine*. Granada: Proyecto Sur de Ediciones, 2006.

PRADO-BASSAS, José A. *Historia del infinito*. Córdoba: Pinolia, 2023.

ROLDÁN C., Ismael. *Caos y Comunicación: la teoría del caos y la comunicación humana*. Sevilla: Mergablum, 1999.

ROLDÁN C., Ismael. *Teatromático*. Madrid: Nivola, 2002.

SALES, Josep y Francesc Banyuls. *Curvas peligrosas*. Navarra: RBA, 2011.

SÁNCHEZ RON, José Manuel. *El jardín de Newton*. Barcelona: Crítica, 2002.

SMITH, Leonard. *Chaos, a very short introduction*. New York: Oxford University Press, 2007.

VV. AA. *Matemáticas, cotidianidad y belleza*. Sevilla: Universidad de Sevilla, 2020.

VV. AA. *Las matemáticas en la vida cotidiana*. Madrid: Addison-Wesley/Universidad Autónoma de Madrid, 2006.

ZEMANSKI, Sears. *Física General*. Madrid: Aguilar, 1973.

Este libro se terminó de imprimir en el mes de febrero de 2025
en Liberdúplex, S. L. (Barcelona).